계통신뢰도
공　　　학

제무성 지음

Σ 시그마프레스

계통신뢰도 공학

발행일 | 2014년 3월 10일 1쇄 발행

저자 | 제무성
발행인 | 강학경
발행처 | (주)시그마프레스
편집 | 이책기획
교정 · 교열 | 문수진

등록번호 | 제10-2642호
주소 | 서울특별시 영등포구 양평로 22길 21 선유도코오롱디지털타워 A401~403호
전자우편 | sigma@spress.co.kr
홈페이지 | http://www.sigmapress.co.kr
전화 | (02)323-4845, (02)2062-5184~8
팩스 | (02)323-4197

ISBN | 978-89-6866-160-0

* 이 도서의 국립중앙도서관 출판시도서목록(CIP)은 서지정보유통지원시스템 홈페이지
  (http://seoji.nl.go.kr)와 국가자료공동목록시스템(http://www.nl.go.kr/kolisnet)
  에서 이용하실 수 있습니다.(CIP제어번호: CIP2014007230)

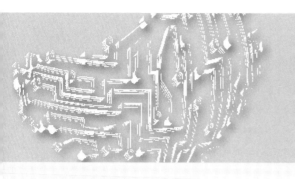

Preface
머리말

이 책은 계통신뢰도 공학의 입문을 위한 기초적인 내용으로 저술되었다. 계통신뢰도 공학이 주목받기 시작한 것은 1975년부터로, 미국의 WASH-1400 보고서가 발표되면서 우주항공, 석유화학 플랜트, 철도와 육상 교통, 지진, 화재, 소프트웨어 신뢰성, 물리적 방호 시스템 설계 분야의 분석에 사용되는 기법으로 그 개념이 정립되고 점점 그 활용 범위가 확대되고 있다. 이 책은 계통의 신뢰도 문제를 정량적으로 다루어야 하는 현장의 실무자와 복잡한 설비의 안전한 설계에 관심을 갖고 있는 발전소 안전성을 해석하는 공학도를 위하여 쓰여졌으나 석유화학 플랜트, 가스밸브 기지 등 위험 설비를 다루는 엔지니어에게도 도움이 되리라 생각한다.

그동안 대학에서 신뢰도 공학을 수강한 학생들에게 감사하며 그들의 관심이 이 책을 쓸 용기를 주었다. 이 책이 위험 설비의 안전성을 제고하는 기술 개발에 기여하여 더 안전하고 풍요로운 사회를 만드는 데 다소나마 보탬이 되기를 기대해 본다.

이 책은 모두 10장으로 구성되었으며 그 내용을 간단히 요약하면, 제1장에서는 계통신뢰도의 정의 및 위험도와 재해의 정의를 설명하였고, 제2장에서는 계통신뢰도 분석에 필요한 기본적인 확률 이론을 예제와 함께 소개하였다. 제3장에서는 복잡한 계통의 신뢰도를 분석하는 데 사용되고 있는 여러 가지 정성적 분석 방법론을 장단점과 함께 소개했으며 기술적인 적용 과정들이 제시되었다. 제4장에서는 제3장에 이어서 최소 단절군, 부울 대수, 고장 수목과 사건 수목 등의 정량적인 계통신뢰도 분석 방법을 소개하였다. 그리고 제5장에서는 여러 분야에서 활용되고 있는 신뢰도 물리 이론을 소개하였다. 이 이론을 바탕으로 제6장에서는 복잡한 시스템의 불확실성과 다중 설계가 필요한 원전 설비의 시스템 불이용도를 평가하는 방법론을 설명하였다. 그리고 제8장에서는 계통신뢰도 분석의 불확실성 저감화를 위하여 공통원인 고장 분석 방법의 장단점 검토와 실질적인 분석 사례를 실었고, 제9장에서는 계통의 운전과 정비에서 유발될 수 있는 인적 실수를 정량화하는 인간신뢰도 분석 방법을 소개하였고 인간 오류를 줄이기 위한 안전 문화 요소를 제시하였다. 마지막 장에는 계통신뢰도 분석 기술의 적용 분야를 간략하게 소개하였다.

이 책의 출판을 맡아 준 (주)시그마프레스의 지원에 깊이 감사드리고 이 책을 쓰는 동안 도와준 연구실의 사랑하는 제자들과 가족, 특히 은영에게 감사의 뜻을 표한다.

2014년 2월
제무성

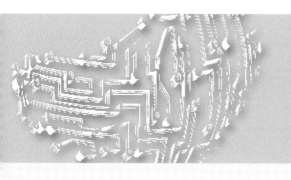

Contents
차례

chapter **03** 계통신뢰도 분석 방법론

chapter **04** 계통신뢰도

chapter **08** 공통원인 고장

chapter **09** 인간신뢰도 분석과 안전 문화

chapter **10** 계통신뢰도 분석의 적용

01

서론

1.1 신뢰도의 개념

세계 경제에서 각종 제품과 설비의 기능 향상을 위한 수요는 급증하는 반면 그것들에 대한 비용은 감소하고 있다. 경제적 비용을 증가시키고 대중의 안전을 위협하는 부품이나 계통의 고장률을 최소화하기 위해 신뢰도에 대한 중요성이 강조되고 있다. 신뢰도 개념의 등장과 함께 제시된 수많은 배경이 소개되면서 고장률을 분석하고 최소화하기 위해 개발되고 있는 방법론은 실질적으로 모든 공학에 널리 영향을 미치고 있다. 실제로 고장과 그것의 발생 방지에 대한 깊은 통찰이 필요한데, 그것은 컴퓨터, 전자제품, 에너지 변환 시스템, 화학 재료 공장 등의 특성을 시스템의 신뢰도 특성과 비교해 봄으로써 얻을 수 있다.

넓은 관점에서 신뢰도는 의존성, 고장 없는 성공적 기능 수행과 연관되어 있으며, 공학적 분석을 위해 확률을 통한 신뢰도의 정량적인 정의가 필요하다. 그러므로 신뢰도는 주어진 여러 조건에서 특정 기간 동안 시스템이 그 기능을 성공적으로 수행하는 확률로 정의된다. 신뢰도의 정의를 대규모의 복합적인 원자력 계통뿐 아니라 석유화학 플랜트, 우주항공, 육상교통, 화재, 소프트웨어, 환경, 물리적 방호 시스템과 그 하부 시스템, 각종 구성기기 등에까지 적용하기 위해 이 책에서의 시스템은 포괄적인 의미로 사용된다.

제품이나 시스템의 고장은 그 기능의 수행 중단을 의미한다. 엔진 작동이 멈춘다거나 구조물이 붕괴하거나 통신 장비가 끊기는 등의 전체적인 기능 수행 중단과 같은 사건은 시스템의 고장 사례이다. 그러나 종종 기능 저하나 불안정성에도 불구하고 고장의 민감한 특성을 고려하기 위해 확률 개념을 이용한 고장의 양적인 정의가 필요하다. 따라서 회전력이 기준치에 이르지 못하는 모터나 변형이 그 기준치를 초과하는 구조물 등의 고장도 고려되어야 하며, 전자 장비가 때때로 기능 수행을 멈춘다거나 과부하 상태가 되는 경우, 기계 제품이 그 내구력을 잃은 경우에도 고장으로 정의될 수 있다.

신뢰도의 정의에서 시간을 지정하는 방법은 고려되는 시스템의 특성에 따라 매우 다양할 수 있다. 예를 들어, 때때로 제 기능을 수행하지 못하는 시스템에 대하여 작동 일수가 사용될지 또는 작동 시간이 사용될지를 명시하여야 한다. 만약 스위치의 작동과 같은 주기적인 작동이라면 시간이 작동 수로 계산되며, 신뢰도가 일수로 정의된다면 작동의 시작과 중단 그리고 총시간에 대한 가용 비율을 지정하는 것이 필요하다.

더불어 시스템의 신뢰도를 특성화하기 위해 다른 양적 변수들이 사용되기도 하는데, 고장이 발생하는 평균 수명 시간과 고장률이 그 예이다. 또한 유지 보수를 하는 시스템의 경우에는 이용불능도와 평균 보수 시간이 중요한 양적 변수이다. 앞으로 이와 같은 변수에 대한 상세한 정의를 주제에 따라 소개할 것이다.

1.2 신뢰도와 안전성

성능을 향상시키기 위하여 많은 공학적 노력이 설계와 제작, 건설에 연관되어 있다. 우리는 지금 더 가볍고 더 빠른 비행기, 열역학적으로 더욱 효율적인 에너지 변환 시스템, 더욱 빠른 컴퓨터, 더 크고 안전한 구조물 등의 개발을 위해 노력하고 있다. 그러나 이러한 열망은 신뢰도에 있어서 고도의 복잡성을 지닌 특징들을 통합하는 설계를 요구한다. 기능 수행 및 신뢰도, 비용 사이의 관계는 시스템의 복잡성과 새로운 재료나 주변 환경에 주는 위해도 등을 포함하여 종종 이해하기가 쉽지 않다.

하중은 구조물의 스트레스에 대한 기계적 관점에서 종종 사용된다. 그 하중은 온도에 의해 야기되는 열적 하중일 수 있고, 발전기에 대한 전기적 하중일 수도 있으며, 통신 시스템에 대한 정보 하중일 수도 있다. 따라서 하중을 확률이나 통계를 이용하여 일반적으로 해석할 필요가 있다.

기능 향상을 위하여 시스템과 그 구성 기기들의 물리적 한계에 접근할 때 이에 대한 적절한 보상 조치를 취하지 않으면 고장 발생 빈도가 증가한다.

시스템의 성능은 증가한 복잡성에 기인하여 종종 향상될 수 있다. 그 복잡성은 대개 요구되는 구성 기기의 수와 관련이 있으며, 만약 보강 조치를 취하지 않으면 신뢰도는 감소할 것이다. 따라서 구성 기기들의 신뢰도가 증가하거나 시스템에 여분의 구성 기기들이 설치되어 있어야 비로소 신뢰도가 유지될 수 있고, 각각의 조치에서 발생하는 경제적 손실을 줄일 수 있다.

시스템의 성능 향상에 있어서 최선의 방법은 새로운 분석 기술의 개발과 적용일 것이다. 증가된 하중과 복잡성에 대한 보다 상세한 분석 방법론 개발과 적용을 통하여 향상된 성능과 신뢰도에 대한 불확실성 저감화 달성을 가능하게 할 수 있기 때문이다. 시스템 분석 기술은 이런 근본적인 연구를 통해 이루어진다. 도구나 구조물에 있어서 금속이 목재를 대체한 것, 피스톤을 제트기 엔진으로 발전시킨 것, 그리고 진공 튜브를 고체 상태의 전자공학으로 발전시킨 것 모두가 비용을 절감하면서 성능과 신뢰도를 향상하는 근본적인 진보를 이끌었다. 비용의 증가 없이 향상된 성능과 신뢰도를 가진 제품은 중요한 기술적 진보를 이끌어 낸다.

하지만 새로운 기술의 도입은 특히 제품의 수명 초반에 신뢰도에 영향을 미칠 수 있다. 새로운 제품의 하중 한계에 대한 불확실성을 줄이고 환경에 주는 영향을 이해하기 위하여 계통신뢰도 공학은 경험적 연구를 통해 진보해 나가야 한다.

새로운 개념의 수행 단계나 기존 기술의 적용 단계에 있어서 신뢰도와 성능 그리고 비용 등을 토대로 수립된 기준은 공학의 본질과 깊이 연관되어 있다. 이런 고려 사항이나 기준은 기술의 사용만큼 다양하기 때문에 다음의 예를 통해 살펴보자.

경주용 차의 설계를 생각해 보자. 해마다 열리는 자동차 경주의 역사, 특히 자동차의 평균 속력을 관찰해 보면 자동차 성능의 지속적인 발전 정도를 쉽게 알 수 있다. 그러나 경주를 무사히 끝마칠 수 있는 자동차에 대한 신뢰도는 50% 이하로 낮다. 성능만을 우선시하는 상황을 고려해 본다면 이것은 그리 놀랄 만한 일이 아니다. 경주에서 이긴다는 기회만 있다면 높은 고장률도 감수해야 하기 때문이다.

이와는 반대로 여객기의 설계에 대해 살펴보자. 여객기의 기계적 고장은 수많은 인명 피해를 야기할 수 있다. 이런 경우 설계 과정에서 신뢰도가 최우선적으로 고려되어야 한다. 이에 비해 속도나 경제성 등은 치명적 고장률을 최소화한 후에 고려되어야 할 것이다. 신뢰도와 성능의 중요성을 비슷하게 생각하는 전투기의 설계는 중간 단계의 예라 할 수 있다. 신뢰도의 감소는 치명적 사고 발생의 증가를 야기할 수 있다. 그러나 만약 전투기의 성능이 충분히 우수하지 못하다면, 전투에서 전투기는 그것의 임무를 수행하지 못할 뿐만 아니라 많은 인명 피해도 야기할 것이다. 더불어 최근까지 미국(1979년)과 구소련(우크라이나, 1986년) 그리고 일본(2011년)에서 발생했던 치명적인 원전사고도 마찬가지이다.

이런 삶과 죽음과의 관계와는 대조적으로, 대부분의 부품은 경제성이 신뢰도의 주된 관점이 된다. 기계 제품의 설계를 살펴보자. 제품의 높은 신뢰도 확보는 기본 비용의 증가를 초래하지만, 기본 비용의 절감을 위해 낮은 신뢰도를 선택한다면 보수나 반품 등에 의한 비용을 증가시킬 것이다. 여기서 더 중요한 것은 소비자에 대한 제품의 이미지이다. 신뢰도가 낮은 제품에 있어서 교체나 보수 등에 대한 비용 부담뿐만 아니라, 그 과정에서 발생하는 불편함 때문에 소비자는 가격은 좀 비싸지만 신뢰도가 높은 제품을 선호할 것이다.

경쟁 시장에서 저질의 값싼 제품은 더 이상 경쟁력을 가질 수 없으므로, 고객의 요구를 만족시키는 제품의 질 향상을 위해 제작사들은 지난 기간 동안 수많은 노력을 경주했다. 일반적으로 제품의 질은 제품의 실용성, 모양, 그 제품만이 갖고 있는 종합적 특성으로 나타내진다. 또한 제품의 질과 신뢰도는 매우 밀접한 관계를 가지므로 제품의 질은 최적의 성능과 최소의 비용을 의미할 수 있다. 따라서 품질과 신뢰도, 안전성 간의 관계를 주의 깊게 고찰해 보는 것이 중요하며 설계, 제작 과정에서 이러한 세 가지 개념이 중요하다.

부품 제작 과정에서, 시장 분석은 적절한 성능 특성과 부품의 수량 결정을 우선적으로 요구한다. 연료의 소비와 배출과 같이 상한치를 설계 기준으로 정하는 경우도 있고, 가속기나 전력과 같이 하한치를 설계 기준으로 정하는 경우도 있다. 반면 설계 기준을 특정한 목표치의 좁은 범위로 국한시키는 경우도 있다. 시스템 설계에 있어서 창의성이란 적절한 비용으로 적합한 성능 특성을 갖는 최고의 시스템을 구현하는 능력을 의미한다. 상세한 의미의 설계는 이런 개념을 도구화함으로써 이루어진다.

적절한 개념이 개발되고 상세한 설계의 최적화가 성공적으로 수행되면, 그 결과로 만들어진 시작품은 소비자에게 적합한 성능 특성을 가져야 한다. 이 과정에서 제품을 만드는 데 발생하는 비용은 최소화되어야 한다. 이러한 설계를 높은 질의 성능 특성이라고 한다. 그러나 적합한 성능 특성을 갖는 기능을 하는 시작품을 만드는 것만으로는 제품이 높은 질을 가졌다고 단정하기 힘들다. 각각의 제품은 성능 특성에 있어서 제품 간의 차이 역시 작아야 한다.

예를 들어 매우 최적화된 성능 특성을 가진 엔진을 구입한 소비자는 온도나 습도, 먼지 등의 다양한 환경에서 엔진을 작동할 때 엔진의 성능 특성이 주위 환경에 영향을 받지 않고 본래의 기능을 잘 수행할 것을 기대한다. 마찬가지로 노화나 사용에 의한 성능 특성의 마모가 빨리 발생한다면 소비자들의 만족은 오래가지 못한다. 그러므로 각각의 엔진은 최적화된 시작품과 매우 동일한 성능을 가져야 한다.

따라서 다음의 두 조건이 높은 질의 성취를 위해 만족되어야 한다. 첫째, 제품 설계는 소비자가 요구하는 최적의 성능 특성에 기인해야 한다. 둘째, 이러한 성능 특성은 견고해야 한다. 즉 이 특성은 제조공정에 있어서의 결점, 작동 환경의 다양성, 노화에 의한 마모 등 성능이 변할 수 있는 원인에 영향을 받아서는 안 된다.

부품의 의존성을 언급할 때, 우리의 주된 관심은 공정의 다양성과 불리한 환경, 부품의 마모에 맞서 성능 특성을 유지하는 데 있다.

　자동차의 자동기어변속기를 생각해 보자. 고객이 가장 만족할 만한 속력에서 자동기어 변속기는 기능을 수행해야 한다. 이때 변속기 질의 목표는 변속이 가능한 한 최적의 속도에서 이루어지도록 어떠한 환경에서도 매번 같은 상태의 변속을 수행하는 것이다. 그러나 다양성이 증가하면 질이 떨어진다. 변속되는 속도의 다양성이 변속 전 엔진이 급격히 작동하도록 할 만큼 크다면, 운전자의 불만은 커질 것이다.

　신뢰도 공학에서 고장은 성능의 다양성이 제품의 질을 떨어뜨릴 경우에 나타날 수 있다. 예를 들면 제초기의 엔진에 있어서, 대부분의 고장은 엔진이 작동을 멈추는 것이며, 안전상에는 거의 영향을 주지 않는다. 안전상의 문제는 단지 엔진 연료에 불이 붙는다거나 제초기 날이 날아가 작업자를 다치게 하는 경우와 같이 위험을 발생시킬 경우에만 존재한다.

　신뢰도와 안전성, 품질에 대한 엔지니어의 활동에 있어 중요한 점은 유용한 자료의 생산과 특성 분석이다. 이것은 각각의 분야에 종사하는 기술자가 자주 다루는 자료의 형태에 대한 성능 특성을 연관시킴으로써 이해할 수 있다. 제품의 품질을 위해 기술자는 제품의 성능 특성을 설계 기준과 직접 측정 가능한 변수, 재료 구성 성분, 전기적 특성 등에 연관시켜야 한다. 기술자의 임무 중 중요한 부분은 다양성을 최소화하는 성능 특성을 성취하기 위해 변수들과 제품의 강도를 정하는 것이다. 요구되는 성능 특성을 성취하기 위한 많은 적합한 변수 중 현대적 장비를 통하여 많은 변수와 다양성에 대한 자료가 생산 과정에서 얻어질 수 있다. 문제는 방대한 양의 자료를 처리 및 분석하는 것이다. 치밀한 설계 과정과 통계적으로 제품의 질을 통제하는 것은 성능 특성의 다양성을 감소시키기 위해 유용한 자료를 다루는 것이다.

　신뢰도 자료 수집은 제품이나 구성 기기 고장 등의 관찰을 통해 얻어진다. 일반적으로 수많은 기기가 특정 시간이나 특정 변수의 고장을 일으킬 때까지 검사를 하는 수명 검사를 수행한다. 기기들이 완전히 망가지기도 하고 의미 있는 통계값을 얻기 위해 샘플의 고장이 발생하는 검사를 많이 수행해야 하는데 이러한 검사는 많은 비용과 시간을 필요로 한다. 물론 신뢰도 자료는 제품을 사용하면서 발생하는 고장으로부터 즉시 수집되기도 한다. 그러나 이것은 제품 개발 단계 초기에 얻은 결과만큼 유용하지 못하다. 신뢰도를 위해 기술자는 고장 자료를 성능 특성의 다양성과 설계상의 변수와 강도에 적용할 수 있어야 한다. 이때 부품 자료의 분석은 신뢰도를 가장 높일 수 있는 제품의 특성에 중점을 두어야 한다.

　충분한 안전성이 확보된다면 위험한 고장의 방지책은 더욱더 질적인 방법론에 초점을 맞추어야 한다. 위험성을 지닌 설계 특성은 부상이나 생명을 위협하는 자료가 수집 및 분석되기 전에 미리 제거되어야 한다. 그러므로 지난 사고와 잠재적인 사고를 발생시킬 수 있는 사용 조건이나 환경에 대한 연구가 필요하다. 종종 위험은 주의 깊은 관찰 및 분석 작업을 통해서만 발견되고 제거될 수 있기 때문에, 제품을 제대로 사용하거나 잘못 사용하는 것을 통하여 발생하는 위험의 징후에 대한 주의 깊은 연구가 필요하다.

특히 안전성이 요구되는 원전 부품의 경우 기기의 신뢰도가 중요하다. 기기가 얼마나 자주 고장이 발생하여 수명 기간 동안 주어진 기능을 성공적으로 수행하지 못하는지를 평가할 수 있는 고장률 자료와 어느 특정 시점에 기기의 고장이나 보수로 인하여 기기를 사용할 수 없는 이용불능도 자료의 수집과 분석이 정량적인 계통신뢰도 분석의 관점에서는 중요한 부분이다. 부품의 품질이 충분한 수준에 이르지 못하여 비록 기기의 기능은 상실하지 않더라도 기능 저하나 고장 징후가 나타나면 예방정비 차원에서 기기에 대한 보수가 미리 수행되어야 하며, 보수를 고려하는 계통의 신뢰도 분석에 대한 자세한 내용은 제8장에서 다룬다.

1.3 신뢰도와 리스크

1.3.1 서론

일상생활에서는 위험하지 않은 것의 선택을 통해 위험을 피할 수 있다. 그래서 이성적인 의사결정을 하기 위해서는 관련된 모든 손익과 함께 위험도를 적절히 평가할 수 있도록 정량적으로 위험도를 적절히 나타낼 수 있어야 한다.

따라서 이 설에서는 위험도를 정량화하고 개념 설정을 위한 개념적/언어적 틀을 정의하고자 한다. 여기에서 제시하는 위험도의 정의는 다양한 위험 상황에 적용할 수 있는 개념이다. 이러한 개념과 정의는 위험도와 관련된 결정을 해야 할 경우 종종 발생하는 혼동과 논쟁을 줄일 수 있으며, 의사소통을 원활히 할 수 있게 해 준다.

여러 가지 정성적인 측면에서 위험도 개념을 살펴보자. 우선 위험(리스크)에 대하여 1단계로 정량적인 정의를 내리고, '확률'이라는 개념이 근본적으로 위험도의 정의와 뒤얽혀 있기 때문에 이 용어의 정확한 의미를 명시할 필요가 있다. 특히 '확률'과 '발생빈도'는 서로 구별된다. 이러한 구분을 통하여 2단계 위험도 정의를 제시하며, 위험도의 모든 측면과 민감한 부분을 포함하는 충분히 포괄적이며 유연한 개념을 제시하고자 한다.

1.3.2 위험도 개념의 정성적 측면

위험도라는 주제는 일본 후쿠시마 원전사고 이후 더 흥미 있는 논의 사항이 되었으며, 학계, 연구계, 산업계 등에서 최근 많이 논의된다. '위험도'라는 말은 매우 다양한 의미, 즉 사업 위험도, 사회적 위험도, 경제적 위험도, 안전성 위험도, 투자 위험도, 군의 위험도, 정치적 위험도 등으로 사용되고 있다. 이 개념에 대한 명료한 이해를 위해 용어가 명확히 정의되어야 한다. 이를 위해 먼저 우리가 사용하는 다양한 단어 사이의 구별되는 점을 이끌어 냄으로써 그것들을 분류하고자 한다. 이제 리스크라고도 지칭되는 '위험도'와 발생 빈도와 유관한 '불확실성'의 개념부터 정의하자.

1.3.3 위험도와 불확실성

한 부유한 친척이 죽으면서 당신을 유일한 상속인으로 정했다고 가정해 보자. 회계사가 그의 재산의 총합을 구할 것이다. 그 일이 끝날 때까지 당신은 세금을 낸 후 얼마나 갖게 될 것인지 알 수 없다. 그러한 경우, 당신은 불확실한 상황에 놓여 있다고 말할 수 있을 것이다. 하지만 위험에 처해 있다고 말할 수는 없을 것이다. 그러므로 위험도의 개념은 불확실성과 당신이 받게 될 손실의 정도와 관계가 있다. 위험도(리스크)를 식으로 나타내면 다음과 같다.

$$위험도(리스크) = 불확실성(uncertainty) \times 피해(damage) \tag{1.1}$$

이렇게 첫 번째 구별은 위 식으로 나타나며, 두 번째로 '위험도'와 '재해(hazard)'의 차이를 구별해 보자.

1.3.4 위험도와 재해의 구별

식 (1.1)에서 정의된 위험도는 위험(danger)이나 인명사망(death), 재해(hazard), 재산 손실(economical loss) 등의 부정적 결과의 발생 가능성에 대한 기댓값이다. 보통 분석 대상 설비의 1년간 발생빈도로 나타낸다. 위험도와 재해는 다르다. 두 개념의 차이를 구별하는 것은 원전이나 석유화학 시설, 철도 등 교통시설물의 안전 이슈를 이해하는 데 유용하다. 사전상으로 재해(hazard)는 'a source of danger'로 정의된다. Risk는 'possibility of loss or injury' 또는 'degrees of probability of such loss'이다. 그러므로 재해는 단순히 근원으로서 존재하고 리스크(위험도)는 그러한 근원이 실질적인 손실, 상해, 손상으로 나타날 가능성까지 포함한다. 이것이 여기에서 우리가 위험도라는 단어를 쓸 때의 의미이다. 예를 들면, 바다는 재해라 말할 수 있다. 만약 우리가 그 바다를 노로 젓는 배를 타고 건너려 한다면, 우리는 큰 위험(리스크)에 처해 있는 것이다. 만약 우리가 호화 유람선인 퀸엘리자베스호를 타고 바다를 건너면 위험도는 낮아질 것이다. 왜냐하면 퀸엘리자베스호는 위험도를 줄이기 위해 재해에 대비해 안전장치가 보강된 안전한 배이기 때문이다. 이러한 개념을 식으로 나타내면 다음과 같다.

$$위험도(리스크) = \frac{재해(hazard)}{안전장치(safeguards)} \tag{1.2}$$

이 식은 우리가 분모값인 안전장치를 증가시킴으로써 가능한 한 위험도를 작게 할 수도 있으나, 제로 상태로는 만들 수는 없다는 것을 알려 준다. 위험도는 결코 제로가 될 수는 없지만 더 적게 줄일 수는 있다.

여기서 '안전장치'라는 말에는 인지의 개념이 포함되어 있다. 즉 위험을 인지하고 있다면 위험도를 줄일 수 있다. 그래서 만약 우리가 길 구석에 독사나 구렁이가 있다는 것을 안다면, 우리가 그것을 모른 채 활보하는 것보다 위험도가 줄어든다는 것이다.

1.3.5 위험도의 상대성

위험은 관측자에 따라 상대적이다. 이러한 개념을 예시해 주는 사건이 최근 미국 캘리포니아 주에서 일어났다. 어떤 사람이 이웃의 우편함에 방울뱀을 넣어 두었다. 이때 그 사람은 자신의 우편함에 손을 넣는 것이 위험한 줄 모른다. 하지만 우리는 실제로는 매우 위험하다는 것을 알고 있는 것이다.

그러므로 위험도란 관측자에 따라 상대적인 것이며, 주관적인 것이다. 이 경우에 이것을 '인지된 위험도'라는 말을 사용함으로써 나타낸다. 이 말에서 알 수 있는 것은 인지된 것 말고도 다른 종류의 위험이 있다는 것이며, '절대적 위험도'를 내포하고 있다. 절대적 위험도란 언제나 또 다른 사람의 인지된 위험이기 때문에 아인슈타인의 공간과 시간의 상대성 이론을 떠오르게 하는, 어떤 심오한 철학적 문제와 관련이 있기도 하다.

이 주제는 '위험도'와 '확률'의 정확한 정량적인 정의를 내린 후에야 명백해질 것이며 다음 절에서 위험도의 정의를 제시하며 설명될 것이다. 한편 확률의 정의는 제2장에서 자세히 다룰 것이다. 위험도의 정의가 확률이라는 개념을 사용하기 때문에 논리적으로 확률의 의미를 설명한 후에 다시 그 개념을 명확히 전개해 나갈 것이다.

그러므로 정성적으로 위험도란 당신이 무엇을 하는지, 그리고 무엇을 알고, 무엇을 모르는지에 달려 있다. 이제 정량적인 바탕에서 이 리스크의 개념을 전개해 보자.

1.3.6 리스크의 정량적 정의

어떤 위험 대상물에 대한 리스크 분석자는 다음의 기본적인 세 가지 질문에 대한 답변을 준비해야 한다.

첫째, 어떤 시나리오로 사고가 전개될 수 있는가?
둘째, 그 사고의 전개가 어느 정도의 가능성이 있는가?
셋째, 만약 그 사고가 발생한다면 그 사고의 파급효과는 무엇인가?

이 질문에 대한 답은 사고의 3요소로서 표 1.1과 같이 요약될 수 있다.

표 1.1   리스크의 3요소

시나리오	가능성	파급효과
S_1	P_1	X_1
S_2	P_2	X_2
$\vdots$	$\vdots$	$\vdots$
S_N	P_N	X_N

따라서 리스크 R은 다음과 같이 1차적으로 세 가지 요소로 설명될 수 있다.

$$R_i = \{\langle S_i, P_i, X_i \rangle\}, \quad i = 1, 2, 3, \cdots, N \tag{1.3}$$

식 (1.3)의 변수인 S_i : 사고 시나리오

P_i : 그 시나리오의 발생확률

X_i : 사고로 인하여 야기되는 손상의 심각한 정도

1.3.7 리스크 곡선

사고 발생 시나리오를 사고로 인한 손상의 정도가 증가하는 순서로 배열하고 각 시나리오에 대한 축적확률을 대응시키면 리스크 곡선이 얻어진다.

즉 손상 X_i는 다음의 관계를 갖도록 사고 시나리오를 정렬한다.

$$X_1 \leq X_2 \leq X_3 \leq \cdots \leq X_N \tag{1.4}$$

그다음 새로운 항을 표 1.2와 같이 추가하여 점 $\langle X_i, P_i \rangle$를 x-y좌표계에 표시하면 잘 알려진 Reactor Safety Study(WASH 1400)의 중요 결과물인 리스크 곡선을 얻는다. 식 (1.1)을 이용하여 사고가 얼마나 자주 일어날 것이며(사고 발생확률), 만일 그러한 사고가 났을 때 주변에 피해(사고 결과)를 얼마나 줄 것인지를 동시에 고려하면 시설물의 리스크를 정량적으로 계산할 수 있다. 리스크는 1975년 Reactor Safety Study(WASH-1400)에서 PRA(Probabilistic Risk Assessments) 방법론의 제시로 새로이 정의되었다. NUREG/CR-2300과 NUREG-1150에서는 더 정교해진 리스크 평가 방법이 소개되어 있다. 리스크는 개인 또는 집단에 대해서 다음과 같이 주어진다.

$$R_i = \Sigma_j P_{ji} C_{ji}$$

| 표 1.2 | 축적확률을 포함하는 리스크의 4요소 | | |

시나리오	가능성	파급효과	축적확률
S_1	P_1	X_1	$P_1 = P_2 + P_1$
S_2	P_2	X_2	$P_2 = P_3 + P_2$
$\vdots$	$\vdots$	$\vdots$	$\vdots$
S_i	P_i	X_i	$P_i = P_{i+1} + P_i$
$\vdots$	$\vdots$	$\vdots$	$\vdots$
S_{N-1}	P_{N-1}	X_{N-1}	$P_{N-1} = P_N + P_{N-1}$
S_N	P_N	X_N	$P_N = P_N$

여기서 P_{ji}는 결말을 초래하는 연간 사고 발생빈도이고 C_{ji}는 사고 결말값이다. 예를 들어 석유화학 공장에서 사고가 나서 한 명이 사망할 확률이 100만 분의 1이라면 식 (1.1)에 근거하여 리스크는 다음과 같이 구해진다.

$$\text{리스크} = \text{사고 발생빈도(불확실성)} \times \text{파급효과(피해)} = (10^{-6}) \times (1) = 10^{-6}$$

이 리스크 단위를 쓰면 자동차 사고, 낙뢰에 의한 사고 등 자연재해나 화재, 폭발사고 등 산업재해로 인한 리스크와도 비교가 가능해진다. 물론 사고의 종류에 따라 사망자 수도 달라지고 그 사고가 일어날 확률도 달라지기 때문에 실제로 위험 설비의 리스크를 산정하는 데는 높은 기술과 많은 인력의 분석이 필요하지만 개념적으로는 이 개념이 정량적으로 명료하다고 할 수 있다.

1.4 리스크 분석 방법론

어떤 상태의 시스템에 위험이 존재하고 그 잠재적인 위험은 실제로 피해를 야기할 수 있으며 불확실성이 내재되어 있다. 앞서 1.3.6절에서 설명한 것과 같이 리스크 분석은 리스크의 3요소를 근간으로 하고 있으며 지금까지 소개된 정성적 분석 방법론은 다음과 같다.

1. Check List Method
2. Hazard Index Method
3. Fault Tree and Probability Tree Analysis

4. System Identification of Release Points (SIRP)

5. Failure Mode and Effect Analysis (FMEA)

6. HAzard and Operability Analysis (HAZOP)

7. Phemomena Identification and Ranking Table (PIRT)

이 방법들은 상호 배타적이지 않고 서로 보완적인 방법으로 복잡한 시스템의 정성적 리스크 분석에 적용되고 있다. 이 가운데 Fault Tree and Probability Tree Analysis 분석 방법은 논리 수목을 구성하여 기대되지 않은 고장 사건들의 최초 원인을 도출한다. 수목의 구성은 대중 위해도 관점에서 방사선 방출(offsite release)로부터 시작된다. 기대되지 않은 사고 사건은 다양한 안전설비의 파손 원인과 해당 시스템의 사고 완화 기능을 논리적으로 구성하여 만들어진다. 이러한 방법론은 원자력이나 우주선 등과 같은 복잡한 시스템에 적용되고 있다. 반면 SIRP 방법은 과거 자료에 기초해서 전문가의 판단에 의존하는 방법론이다. FMEA 방법론은 귀납적인 방법으로 시스템 기능이 실패하는 원인을 찾아내는 논리적인 방법이다. 시스템을 기능적으로 독립적인 하부 조직들로 분리한 후 부품의 동작 모드에 대하여 각각의 고장 효과를 고려하고 주된 구성요소의 고장으로 인한 간섭의 요구로 인한 상태를 기술한다. 따라서 이 방법론은 다중 고장이나 공통원인 고장과 연관된 분석이 어렵다는 단점이 있다. HAZOP는 연역적인 면과 귀납적인 면이 결합된 방법론으로 시스템의 기능과 하드웨어 측면에 기초한 FMEA와는 다르게 시스템에서 과정 변수의 물리적 상태를 구분하는 분석 방법이다. 과정상의 변칙 가능성과 원인과 결과가 강조된 표의 구성을 통하여 석유화학 시설의 리스크를 정성적으로 분석하는 데 많이 사용되고 있다. 이 방법은 시스템을 기능적으로 독립 과정 단위로 분해하고 각각의 과정 단위를 다양한 동작 모드로 구분하고 각각의 과정 변경과 관련한 원인과 결과를 도출해 간다. 이 방법론에 관한 자세한 내용은 제3장에서 더 자세히 설명할 것이다.

 참고문헌

1. *Characterization and Evaluation of Uncertainty in Probabilistic Risk Analysis*, Parry G.W. and P.W. Winter, Nuclear Safety, Vol. 22, No. 1., 1988.

2. *Comparison of Two Uncertainty Analysis Methods*, Neil D. Cox, Nuclear Science and Engineering, 64, 1977.

3. *Decision making under Uncertainty*: Models and Choice Holliway C.A., 1990.

4. *Handbook of Parameter Estimation for Probabilistic Risk Assessment*, NUREG/CR-6823., 2003.

5. *On the Quantitative Definition of Risk*, Kaplan S. and B.J. Garrick, Risk Analysis, Vol. 1, No. 1., 1977.

6. *PRA Procedure Guide*, NUREG/CR-2300, 1983.

7. *Quantifying the Uncertainties*, Erdmann R.C, Nuclear Technology, Vol. 53., 1981.

8. *Technical Note*: Statistical Tolerance in Safety Analysis, Parry G.W, P. Shaw and D.H. Worledge, Nuclear Safety, Vol. 22, No. 4., 1990.

9. *Uncertainty in Nuclear Probabilistic Risk Analyses*, W.E. Vessly and D.M. Rasmuson, RISK ANALYSIS, Vol. 4, No. 3, 1984.

10. *Uncertainty in Probabilistic Safety Assessment*, G.E. Apostolakis, Nuclear Engineering and Design, 115, 1989.

11. *Uncertainty Propagation in Probabilistic Risk Assessment*: A Comparative Study, Metcalf D.R., Transaction of the American Nuclear Society, Vol. 38., 1989.

 연습문제

1.1 미국 필라델피아에 있는 리머릭 원자력 발전소에 대하여 위험성 평가(Probabilistic Risk Assessment)를 수행하여 다음과 같은 사고 자료를 얻었다. 각각의 사고 시나리오에 대하여 방사능 방출 사고 빈도와 그로 인한 피해는 다음과 같다.

사고 발생빈도(FREQUENCY)

$$OPREL(과압, overpressure) = 9.84 \times 10^{-5}/year$$
$$OXRE(산화, oxidation) = 2.1 \times 10^{-7}/year$$
$$C4^*(수소폭발, hydrogen) = 1.3 \times 10^{-7}/year$$
$$C4^{*\prime}(수소폭발, hydrogen) = 0.65 \times 10^{-7}/year$$
$$C4^{*\prime\prime}(수소폭발, hydrogen) = 0.65 \times 10^{-7}/year$$

피해(CONSEQUENCES)

사고 시나리오 (release)	조기 사망 (acute fatalities)	후기 암사망 (latent fatalities)	방사선 조사량 (population Dose, Person-rem to 50 miles)
OPREL	0	2.2×10^3	0.78×10^{-7}
OXRE	97	1.9×10^4	2.5×10^{-7}
C4*	75	1.4×10^4	4.7×10^{-7}
C4′	69	1.4×10^4	5.3×10^{-7}
C4*″	138	1.3×10^4	3.6×10^{-7}

(a) 조기 사망, 후기 암사망 그리고 방사선 조사량을 사용하여 위험도를 계산하라.

(b) 만일 1 person-rem을 줄이는 데 드는 비용이 1,000달러라면 OPREL 방출을 막는 데 있어서 효과적인 비용 지출의 상한선은 무엇인가?

(c) 만일 공공기관이 조기 사망을 막기 위해 100만 달러를 소비하고, 후기 암사망을 막기 위해 10만 달러를 소비한다면 의사결정의 상한선은 무엇인가?

(d) 만일 데이터의 불확실성이 각각의 방향에서 결과에 대하여 대규모로 변한다면 의사결정자는 어떻게 해야 하는가? 다시 말해 OPREL의 집단선량이 0.78×10^6~0.78×10^8이라면 어떻게 해야 하는가?

이 자료를 이용하여 조기 사망, 후기 암사망, 그리고 방사선 조사량으로 이 발전소의 리스크를 계산하라.

1.2 집 뒤뜰에 있는 바비큐 코너에 20kg의 프로판 탱크가 있다. 프로판은 조절기와 밸브를 통하여 탱크를 빠져나가고 0.5″ 고무호스를 통해 이중밸브 장치(dual valve assembly)가 공급된다. 이 중 밸브를 떠난 프로판은 공기와 혼합되는 방출기(ejector)의 이중 세트(dual set)를 통하여 흐르게 된다. 그다음에 프로판 공기 혼합물은 버너에 이르게 되며 거기서 연소하게 된다. 이 장치에 있어서 프로판이 누출될 수 있는 가능한 시나리오(S_i, $i = 1, 2, \cdots, N$)를 기술하고 그 가능성(likelihood)과 파급효과(consequence)도 정성적으로 평가하라.

1.3 기기 신뢰도와 기기 고장률, 그리고 기기 이용불능도의 정의와 리스크의 두 가지 개념을 설명하라.

1.4 어떤 병원에서 121명의 환자에 대해 유방암 치료에 X-ray 치료법과 수술요법을 통한 연구를 하였다. 환자는 다음의 두 집단, 즉 원래 암의 지속 또는 재발에 의해 암으로 사망한 사람들과, 순조롭게 치료를 받고 암 증상에서 벗어났지만 다른 원인으로 사망한 사람들로 분류되었다. 수집된 자료는 다음과 같다.

시간 간격	사망자 수	
(개월)	1집단	2집단
0~16	20	4
17~32	25	1
33~48	13	2
49~64	6	1
65~80	3	2
81~96	4	3

96개월이 지나도록 37명의 환자가 살아 있다.

(a) 암으로 사망한 사람들에 대한 평균 생존 시간을 구하라.

(b) 한 환자가 치료 후 적어도 5년 동안 생존할 확률은 얼마인가?

(c) 치료 후 3년 이내에 재발하는 암으로 환자가 사망할 확률은 얼마인가?

1.5 4,000mile²의 영역에 대한 폭풍 발생의 평균 비율은 1년에 1.5이다. 폭풍의 경로길이와 경로폭은 다음의 매개변수들을 갖고 로그정규분포된다.

$$길이 : \mu_L = 1.37, \sigma_L = 1.43$$
$$폭 : \mu_W = -2.43, \sigma_W = 1.02 \quad (두 값 모두 mile로 측정되었음)$$

통계적인 관찰은 lnL과 lnW가 상관계수가 0.39인 양의 상관관계가 있다는 것을 명확히 보여 준다.

(a) 이러한 지리학적 영역의 한 지점에 태풍이 몰아칠 평균 빈도를 구하라.

(b) 만일 원자력 발전소가 반지름 $R = 0.2$ mile인 원 안에 존재한다면 (a)의 결과는 어떻게 변화되는가?

이 원자력 발전소의 마지막 열 흡수원은 Nuclear Service Cooling Water System(NSCWS)인데, 이 NSCWS는 2개의 다중 트레인으로 구성되어 있다. 각각의 트레인은 대기로 열이 방출되는 것을 막기 위한 냉각탑이 있다. 각각의 탑 꼭대기에는 4개의 팬이 있으며, 각각의 팬은 서로 분할되어 있다. 폭풍의 피해로 인해 각각의 탑에 있는 2개의 팬이 파괴되어 NSCWS가 고장 나는 경우를 고려해 보자.

(c) 태풍의 피해로 인한 NSCWS의 이용불능도를 평가하라.

1.6 당신은 X의 확률분포함수(PDF)에 관심이 있다. 당신은 매우 애매한 상태의 정보를 갖고 있어서 두 전문가 E_1, E_2와 의논하기로 결정하였다. 그런데 그 전문가는 당신에게 X에 대한 두 가지 의견 X_1^*과 X_2^*를 주었다. 어떻게 두 변수 로그정규(bivariate lognormal) 모델이 전문가 의견의 신빙성, 잠재적 성향, 그리고 각각의 의존성뿐만 아니라 전문가의

의견으로부터 이 표본 자료(evidence)를 모델로 만드는지 설명하라. 전문가의 의견을 받아들인 후에 X의 중간값(Median Value)과 상위 95% 값은 무엇인가? 전문가들이 완벽하게 상호 관련(긍정적으로 또는 부정적으로)이 있을 때 무슨 일이 일어나는가? 당신은 어떤 다른 통찰력을 줄 수 있는가?

1.7 어떤 장치의 고장률(λ)은 10^{-5}/hour이다.

(a) 1,000시간 동작할 동안 시스템의 신뢰성(reliability)을 구하라.

(b) 만약 1,000개의 그런 장치가 있으면 1,000시간 안에 몇 개가 고장 나는가?

(c) 평균 수명(MTTF)과 같은 시간 동안 동작할 확률(reliability)은 얼마인가?

(d) 만약 1,000시간 동안 고장 없이 정상적으로 작동하였다면 추가적으로 1,000시간 더 고장 없이 작동할 확률을 구하라.

02

신뢰도 기초이론

2.1 확률의 종류

먼저 통계적 취급의 대상이 되는 사건 전체의 집단을 모집단(population)이라 하며, 이것을 구성하는 각각을 단위체라 한다. 모집단에서 측정 등의 목적을 갖고 추출한 단위체의 집합은 표본이라고 한다. 또한 표본을 구성하는 단위체의 수를 표본의 크기라 한다. 확률론적 취급의 목적은 표본의 통계적 성질을 조사하는 것에 의해 모집단이 갖는 확률적 법칙성을 추정하고, 미래에 얻는 표본의 특성, 즉 앞으로 발생할 가능성이 있는 일을 예측하는 것이라 할 수 있다. 여기서 표본에서 모집단의 parameter를 추정하는 것이 통계학이라면 반대로 모집단에서 표본의 추이를 예측하는 것이 확률론이다.

신뢰도는 부품이나 시스템이 설계의 기능을 수명 기간 동안 성공적으로 수행할 확률이다. 이 확률의 개념은 상황과 관점에 따라 객관적 확률(objective probability)과 주관적 확률(subjective probability)로 구분되며, 객관적 확률은 다시 고전적 확률과 상대도수 확률로 나뉜다.

일반적으로 확률이란 어떤 상황이 발생할 가능성을 의미하는데, 확률이론에서는 발생할 수 있는 상황을 사건 혹은 사상이라 한다. 그러므로 확률은 어떤 사건이 발생할 가능성이라고 정의할 수 있다. 즉 모든 경우의 수가 N이며 사상 A가 발생하는 경우의 수가 n일 때, A가 발생할 확률 $Pr(A)$는 다음과 같다.

$$Pr(A) = \frac{n}{N} \tag{2.1}$$

이와 같이 정의하는 확률을 고전적 확률(classical probability)이라 하며, 이러한 확률은 경험 혹은 실험에 의한 자료가 없더라도 논리적으로 유추하여 확률을 계산할 수 있다. 그러므로 고전적 확률을 선험적 확률(prior probability)이라고도 한다.

고전적 확률은 현실적으로 계산될 수 없는 경우가 많다. 주사위를 던지는 것과 같이 어떤 사상이 발생할 고전적 확률은 계산할 수 있으나, 현실에서 발생할 수 있는 사상의 확률은 논리적으로 계산되지 않는 경우가 대부분이다. 예를 들어 어떤 건물에서 1년 동안 화재가 발생할 확률이라든가 상점을 방문한 고객이 상품을 구매할 확률 또는 교도소에서 출감한 사람이 일정 기간 동안 다시 범죄를 저지르지 않을 확률 등은 고전적 확률의 개념으로는 계산할 수 없다. 이런 경우에는 조사자가 갖고 있는 모든 정보와 지식을 동원하여 확률을 유추하게 되는데, 이러한 확률을 주관적 확률이라 한다. 그런데 주관적 확률은 조사자 개인이 갖고 있는 정보와 지식에 의해 결정되므로, 동일한 상태와 사상에 대해서도 조사자에 따라서 확률이 서로 다르게 나타날 수 있다. 원전의 시스템 신뢰도도 확률로 표현되는데, 대부분의 자료가 믿음의 정도인 이 주관적 확률값을 데이터로 사용하고 있다.

따라서 고전적 확률을 적용할 수 없는 경우에는 어떤 사상이 발생하는 상대도수로 확률을 정의하게 되는데, 이와 같은 확률을 상대도수 확률(relative frequency probability) 혹은 경험적 확률(empirical probability)이라 한다. 즉 n번 반복한 실험에서 사상 A가 f번 발생하였다면, 사상 A가 발생할 상대도수 확률은 다음과 같다.

$$Pr(A) = \frac{f}{n} \tag{2.2}$$

그러므로 경험적 확률은 실험의 횟수를 많이 하면 할수록 보다 정확한 값을 얻을 수 있다. 유한한 횟수의 반복실험에 의한 상대도수 확률은 일반적으로 고전적 확률과 일치하지 않는다. 그러나 무한한 횟수의 반복실험에 의한 상대도수 확률은 고전적 확률과 일치한다. 즉, 실험의 횟수 n이 무한대로 접근하면 상대도수 확률은 고전적 확률로 접근하다. 예를 들어 정상적인 동전 1개를 던지는 실험에서 앞면과 뒷면이 나올 고전적 확률은 0.5이다. 그런데 동전을 던지는 실험을 무한히 계속하면 앞면과 뒷면이 나올 상대도수 확률도 0.5가 된다.

2.2 확률의 기초

실험에 있어 표본공간 S는 모든 가능한 결과의 집합이다.

동전을 던져 보자. 그때 표본크기는 $S = \{H, T\}$이다. 주사위를 굴릴 때 표본크기는 $S = \{1, 2, 3, 4, 5, 6\}$이다.

동시에 2개의 주사위를 굴려 보자. 쉽게 하나는 빨간색, 다른 하나는 녹색이라 하자. 표본의 가능한 표본공간은 다음과 같다.

$$
\begin{aligned}
S = \{ & (1, 1), (1, 2), (1, 3), (1, 4), (1, 5), (1, 6), \\
& (2, 1), (2, 2), (2, 3), (2, 4), (2, 5), (2, 6), \\
& (3, 1), (3, 2), (3, 3), (3, 4), (3, 5), (3, 6), \\
& (4, 1), (4, 2), (4, 3), (4, 4), (4, 5), (4, 6), \\
& (5, 1), (5, 2), (5, 3), (5, 4), (5, 5), (5, 6), \\
& (6, 1), (6, 2), (6, 3), (6, 4), (6, 5), (6, 6)\}
\end{aligned}
$$

그리고 2개의 주사위를 굴릴 때 A를 2개의 주사위의 합이 3 이하가 되는 사건이라고 하면 사건 A는 다음과 같다.

$$A = \{(1, 1), (1, 2), (2, 1)\}$$

2.2.1 집합의 표기

확률에서 다음 집합이론의 기본 용어는 유용하다. 각각의 개념은 벤다이어그램으로 표현된다. 벤다이어그램은 보통 전체 집합을 의미하는 직사각형 안에 어두운 부분으로 표시되는 하나 이상의 집합의 그림으로 표현된다. 확률에서 집합은 사건, 전체 집합은 표본크기이다.

$\boxed{B \subset A}$ B는 집합 A의 부분집합이다.
즉, B의 모든 요소는 또한 A의 요소이다.

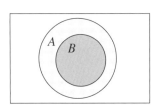

예를 들어

1. $A = \{1, 2, 3, 4, 5, 6\}$, $B = \{2, 4, 6\}$이라 하면 $B \subset A$이다.

2. A가 양의 실수 집합이고, B가 10보다 큰 모든 실수라면 $B \subset A$이다.

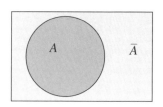

$\boxed{\bar{A}}$ A의 여집합
즉, A 안에 있지 않은 모든 요소의 집합

마찬가지로

1. A가 주사위를 굴렸을 때 그 결과로 짝수가 나온 사건이라면 $A = \{2, 4, 6\}$이다. $\bar{A}$가 홀수가 나온 사건이라면 $\bar{A} = \{1, 3, 5\}$이다.

2. A를 내일 최고 온도가 20도보다 높을 사건이라고 하면 $\bar{A}$는 내일 최고 온도가 20도보다 낮거나 같을 사건이 된다.

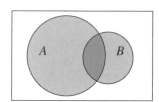

$\boxed{A \cap B}$ A와 B의 교집합
즉, A와 B 둘 다에 속해 있는 모든 요소의
집합

예를 들면

1. A가 주사위를 굴렸을 때 그 결과로 짝수가 나온 사건이라면 $A = \{2, 4, 6\}$이고, B가 적어도 3 이상의 수가 나온 사건이라면 $B = \{3, 4, 5, 6\}$이다. 그러므로 $A \cap B = \{4, 6\}$이 된다.

2. A를 내일 최고 온도가 20도보다 높을 사건이라고 하자. B는 내일 최고 온도가 10~30도 사이일 사건이라고 하면 $A \cap B$는 내일 최고 온도가 20~30도 사이일 사건이 된다.

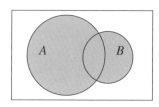

$\boxed{A \cup B}$ A와 B의 합집합
즉, A와 B 중 적어도 하나에 속해 있는
모든 요소의 집합

예를 들어 보자.

1. A가 주사위를 굴렸을 때 그 결과로 짝수가 나온 사건이라면 $A = \{2, 4, 6\}$이고, B가 적어도 3 이상의 수가 나온 사건이라면 $B = \{3, 4, 5, 6\}$이다. 그러므로 $A \cup B = \{2, 3, 4, 5, 6\}$이 된다.

2. A를 내일 최고 온도가 20도보다 높을 사건이라고 하자. B는 내일 최고 온도가 10~30도 사이일 사건이라고 하면 $A \cup B$는 내일 최고 온도가 10도 이상일 사건이 된다.

A와 B에 공통적인 결과가 없다면, 다시 말해 $A \cap B = 0$이라면 2개의 사건 A와 B는 상호 배타적 사건 또는 비결합 사건이라 정의한다.

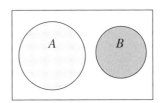

예를 들어 A를 안쪽(직경 < 2.95mm), B를 바깥쪽(직경 > 3.05mm)의 세밀한 볼 베어링이라 하자. 그러면 A와 B는 배타적이다. 다시 말해 이들은 동시에 일어나지 않는다.

그리고 A_1, A_2, …의 모든 쌍이 겹치지 않으면 상호 배타적 사건이라 정의한다.

확률의 기본 공리(axioms)는 다음과 같다.

1. 임의의 사건 A에 대해 $P(A) \geq 0$이다.
2. S가 표본크기일 때 $P(S) = 1$이다.
3. 유한 또는 셀 수 있는 무한한 상호 배타적 사건 A_1, A_2, …에 대해 이들의 합집합은 각각의 확률의 합과 같다.

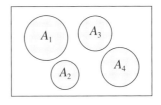

$$P(\cup A_i) = \sum P(A_i) \tag{2.3}$$

3개의 원칙의 예에서 다음을 추론할 수 있다―$P(안쪽) = 0.03$, $P(바깥쪽) = 0.02$라면, 안쪽과 바깥쪽이 배타적이므로 $P(안쪽 혹은 바깥쪽) = 0.05$가 된다.

확률이론은 이들 3개의 원칙과 집합이론에서 모든 것을 유도할 수 있다. 예를 들면

$$P(\overline{A}) = 1 - P(A) \tag{2.4}$$

그리고 A와 B가 $A \subset B$인 임의의 사건이라면 $P(A) \leq P(B)$이고
임의의 사건 A에 대해 $P(A) \leq 1$이다.

그리고 임의의 사건 A와 B에 대해

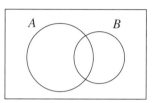

$$P(A \cup B) = P(A) + P(B) - P(A \cap B) \tag{2.5}$$

이다. 임의의 사건 A, B, C에 대해서는

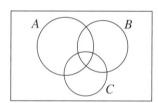

$$\begin{aligned}
P(A \cup B \cup C) = {} & P(A) + P(B) + P(C) \\
& - P(A \cap B) - P(A \cap C) - P(B \cap C) \\
& + P(A \cap B \cap C)
\end{aligned} \tag{2.6}$$

로 확장된다.

예제 2.1   52개의 카드에서 무작위로 카드를 뽑을 때 J, Q, K의 그림이 나올 확률은 얼마인가?

답   각 카드가 동등하게 뽑힌다. 한 팩에는 12개의 그림카드가 있으므로

$$P(\text{그림카드}) = 12/52$$

예제 2.2   어느 학교에서 50%의 학생이 금발머리이고, 40%가 파란 눈이고, 45%가 금발도 파란 눈도 아니다. 무작위로 학생을 선발할 때 금발에 파란 눈을 가진 학생일 확률은 얼마인가?

답 $B = \{$파란 눈의 학생$\}$, $F = \{$금발의 학생$\}$이라고 하면 $P(B \cap F)$를 구하면 된다.
$P(F) = 0.50, P(B) = 0.40, P(\overline{B \cup F}) = 0.45$이므로

$$P(B \cup F) = 0.55 = P(B) + P(F) - P(B \cap F)$$
$$= 0.50 + 0.40 - P(B \cap F)$$

그러므로

$$P(B \cap F) = 0.50 + 0.40 - 0.55 = 0.35$$

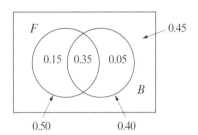

2.2.2 조건확률

총 100명의 학생 중에서 50명은 금발, 40명은 파란 눈, 35명은 금발이면서 파란 눈을 가지고 있다고 가정하자. 임의로 선택된 학생이 금발일 때 그중 파란 눈을 가진 학생이 선택될 확률은

$$P(B \,|\, F) = \frac{35}{50} = \frac{35/100}{50/100} = \frac{P(B \cap F)}{P(F)} \tag{2.7}$$

가 된다.

A가 주어졌을 때 B의 조건확률은 다음과 같다.

$$P(B \,|\, A) = \frac{P(B \cap A)}{P(A)} \qquad \text{단, } P(A) \neq 0 \tag{2.8}$$

이 정의로부터 다음의 결과를 쉽게 알 수 있다.

1. $P(A \cap B) = P(A)P(B \,|\, A)$
2. $P(A \cap B \cap C) = P(A)P(B \,|\, A)P(C \,|\, A \cap B)$
3. $P(A \cap B \cap C \cap D) = P(A)P(B \,|\, A)P(C \,|\, A \cap B)P(D \,|\, A \cap B \cap C)$

예제 2.3   5개의 카드를 뽑았을 때 '플러시'가 나올 확률은 얼마인가? (단, 카드는 한 팩에서 뽑는다.)

답 $H_i = \{i$번째 카드가 하트일 경우$\}$, $i = 1, 2, \cdots, 5$라고 하자.

$$P(\text{flush}) = P(\text{all hearts}) + P(\text{all diamonds}) + P(\text{all clubs}) + P(\text{all spades})$$
$$= 4 \times P(\text{all hearts})$$
$$= 4 \times P(H_1 \cap H_2 \cap H_3 \cap H_4 \cap H_5)$$
$$= 4 \times P(H_1)P(H_2 | H_1)P(H_3 | H_1 \cap H_2) \cdots$$
$$= 4 \times \frac{13}{52} \times \frac{12}{51} \times \frac{11}{50} \times \frac{10}{49} \times \frac{9}{48}$$

2.2.3 베이스 정리

아래의 벤다이어그램과 같이 E_1, E_2, $\cdots$가 상호 비결합이고 표본크기 S 전체가 다음과 같이 E_1, $\cdots$, E_6로 분할을 이룬다.

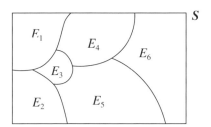

E_1, E_2, $\cdots$가 S의 분할을 이루면, 총확률의 법칙(total probability theorem)에 따라 임의의 사건 A가 다음과 같은 식으로 구해진다.

$$P(A) = \sum P(A \cap E_i) = \sum P(E_i)P(A | E_i) \tag{2.9}$$

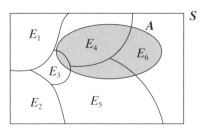

예제 2.4 보험회사는 3개의 위험집단으로 운전자를 분류한다. 30%는 좋은 운전 습관을 가진 집단, 50%는 평균 집단, 20%는 나쁜 운전 습관을 가진 집단이다. 이 집단의 각각에서 주어진 해에 자동차 사고를 낼 수 있는 조건확률은 다음과 같다.

좋은 운전 습관을 가진 집단의 운전자가 사고를 낼 확률 = 0.1

평균 집단 운전자가 사고를 낼 확률 = 0.2

나쁜 운전 습관을 가진 집단의 운전자가 사고를 낼 확률 = 0.6

이때 그 해에 자동차 사고가 날 확률은 얼마인가?

답 임의로 모집단에서 사람을 선택한다. E_1 = 좋은 집단, E_2 = 평균 집단, E_3 = 나쁜 집단, 그리고 A = 사고를 낸 운전자라고 하자. 우리가 알고자 하는 것은 $P(A)$이다.

$$P(E_1) = 0.3, \ P(E_2) = 0.5, \ P(E_3) = 0.2$$

$$P(A \mid E_1) = 0.1, \ P(A \mid E_2) = 0.2, \ P(A \mid E_3) = 0.6$$

식 (2.8)에 따라

$$P(A \cap E_1) = P(AE_1) = P(E_1)P(A \mid E_1) = 0.3 \times 0.1 = 0.03$$

이 된다. 따라서

$$P(A) = P(A \cap E_1) + P(A \cap E_2) + P(A \cap E_3)$$
$$= 0.3 \times 0.1 + 0.5 \times 0.2 + 0.2 \times 0.6 = 0.25$$

이다. 그러므로 운전자의 25%가 주어진 해에 사고를 낸다.

이러한 유형의 문제를 직관하는 데 유용한 해석 방법이 수목도(tree diagram)이며 이것은 확률 문제를 푸는 데 사용되는 매우 유익한 도구이다. 위 예제에 대한 수목도는 다음과 같다.

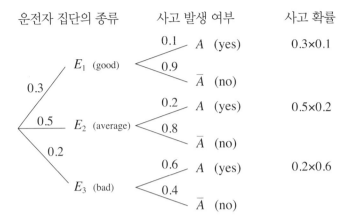

다음의 확률이론은 조건확률의 정의로부터 얻어지는 베이스 정리(Baye's theorem)이다.

임의의 사건 A와 B에 대해

$$P(B \mid A) = \frac{P(B \cap A)}{P(A)} = \frac{P(B)P(A \mid B)}{P(A)} \tag{2.10}$$

를 베이스 정리라고 한다.

베이스 정리로부터 $P(E_3 \mid A)$를 구하면 다음과 같다.

$$P(E_3 \mid A) = \frac{P(E_3)P(A \mid E_3)}{P(A)} = \frac{0.2 \times 0.6}{0.25} = 0.48$$

2.2.4 독립사건

사건 A와 B가 다음과 같은 관계라면

$$P(B \mid A) = P(B) \tag{2.11}$$

즉, 사건 A가 발생하는 것이 사건 B가 발생하는 것에 아무 영향을 주지 않는다면 두 사건은 독립이라고 한다.

독립은 비결합의 다른 표현이 아니다. 사실상 비결합적인 2개의 사건을 독립이라고 할 수는 없다. 0이 아닌 확률을 가진 비결합 사건 A와 B가 있다면

$$P(B \mid A) = \frac{P(A \cap B)}{P(A)} = \frac{0}{P(A)} = 0 \neq P(B) \tag{2.12}$$

이면 독립사건이 아니며 다음의 그림이 배타사건과 독립사건의 가능한 관계를 설명해준다.

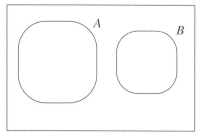

상호 배타적이다.
– 독립사건이 아니다.

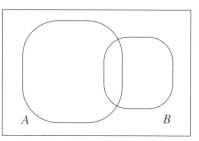

상호 배타적이지 않다.
– 독립사건이 될 수 있다.

예제 2.5   2개의 주사위를 굴려 보자. A = {빨간 주사위가 1}, B = {2개의 주사위의 합이 3}이라 하자. A와 B는 독립인가?

답   2개의 주사위의 표본크기는 다음과 같다.

$$S = \{ (1, 1), (1, 2), (1, 3), (1, 4), (1, 5), (1, 6),$$
$$(2, 1), (2, 2), (2, 3), (2, 4), (2, 5), (2, 6),$$
$$(3, 1), (3, 2), (3, 3), (3, 4), (3, 5), (3, 6),$$
$$(4, 1), (4, 2), (4, 3), (4, 4), (4, 5), (4, 6),$$
$$(5, 1), (5, 2), (5, 3), (5, 4), (5, 5), (5, 6),$$
$$(6, 1), (6, 2), (6, 3), (6, 4), (6, 5), (6, 6)\}$$

그러므로 $P(B) = 2/36$가 된다. 그러나

$$P(B \mid A) = \frac{P(B \cap A)}{P(A)} = \frac{1/36}{6/36} = \frac{1}{6}$$

이므로 $P(B \mid A) \neq P(B)$이다. 그러므로 A와 B는 독립이 아니다.

예제 2.6 C = {2개의 주사위의 합이 7}이라 하자. A와 C는 독립인가?

답

$$P(C) = \frac{6}{36} = \frac{1}{6}$$

$$P(C \mid A) = \frac{P(C \cap A)}{P(A)} = \frac{1/36}{6/36} = \frac{1}{6}$$

그러므로 A와 C는 독립이다. 독립에 대한 다른 표현은 다음과 같다.

$$P(B \mid A) = P(B) \text{의 관계는 } P(A \cap B) = P(A)P(B),$$
$$\text{또는 } P(A \mid B) = P(A),$$
$$\text{또는 } P(B \mid \overline{A}) = P(B),$$
$$\text{또는 } P(\overline{B} \mid \overline{A}) = P(\overline{B}) \text{이다.}$$

예제 2.7   2개의 동전을 독립적으로 던져 보자. 2개의 동전이 앞면이 나올 확률은 얼마인가?

답 $H_1 = \{$첫 번째 동전이 앞면$\}$, $H_2 = \{$두 번째 동전이 앞면$\}$이라 하자.

$$P(H_1 \cap H_2) = P(H_1) \times P(H_2) = \left(\frac{1}{2}\right)\left(\frac{1}{2}\right) = \frac{1}{4}$$

위의 예제를 2개 이상의 동전에 대해 일반화하기 위해서 여러 가지 사건에 대한 독립의 정의가 필요하다. 이들 사건의 임의의 부분집합이 주어졌을 때, 그들의 교집합 확률이 각각의 확률의 곱과 같으면 독립이다.

예제 2.8   독립적으로 3개의 동전을 던져 보자.

$$(H, H, T) = H_1 \cap H_2 \cap T_3$$

위와 같이 독립사건이 될 확률을 구해 보자.

답 $$P(H_1 \cap H_2 \cap T_3) = P(H_1)P(H_2)P(T_3) = \left(\frac{1}{2}\right)^3 = \frac{1}{8}$$

예제 2.9   독립적으로 3개의 동전을 던져 보자. 앞면이 2개만 나올 확률은 얼마인가?

답 $$P(\text{앞면 2회}) = P(H, H, T) + P(H, T, H) + P(T, H, H) = 3 \times \frac{1}{8} = \frac{3}{8}$$

이다.

예제 2.10 독립적으로 6개의 동전을 던져 보자. 앞면이 4개만 나올 확률은 얼마인가?

답 앞에서와 같이, 우선 특정한 순서 안에서 나타난 가능한 결과 중 단지 1개만을 고려한다. 이 결과에 대해 독립이므로

$$P(H, H, H, H, T, T) = \left(\frac{1}{2}\right)^6$$

이 된다. 그러나 HHHHTT 문자의 순열의 개수가 $\dfrac{6!}{4!2!}$ 이므로

$$P(\text{순서에 관계 없이 앞면 4회, 뒷면 2회}) = \frac{6!}{4!2!}\left(\frac{1}{2}\right)^6$$

이 된다.

2.3 확률변수의 종류

2.3.1 불연속확률변수

가능한 모든 결과에 수치적 값을 할당하는 가변문자 X를 확률변수라 한다. 확률변수는 관례적으로 대문자로 표현된다.

2개의 주사위를 굴려 보자. 표본크기는 다음과 같다.

$$\begin{aligned}
S = \{\ &(1, 1),\ (1, 2),\ (1, 3),\ (1, 4),\ (1, 5),\ (1, 6),\\
&(2, 1),\ (2, 2),\ (2, 3),\ (2, 4),\ (2, 5),\ (2, 6),\\
&(3, 1),\ (3, 2),\ (3, 3),\ (3, 4),\ (3, 5),\ (3, 6),\\
&(4, 1),\ (4, 2),\ (4, 3),\ (4, 4),\ (4, 5),\ (4, 6),\\
&(5, 1),\ (5, 2),\ (5, 3),\ (5, 4),\ (5, 5),\ (5, 6),\\
&(6, 1),\ (6, 2),\ (6, 3),\ (6, 4),\ (6, 5),\ (6, 6)\}
\end{aligned}$$

X가 2개의 주사위의 합을 표시한다고 하자. 그러면 $\{X = 7\}$은 확률 $P\{X = 7\} = 6/36$을 갖는 사건이 된다. 2~12 범위에서 가능한 X의 값은 다음의 확률을 갖는다.

$$
\left.\begin{array}{l}
P(X = 2) = 1/36 \\
P(X = 3) = 2/36 \\
\vdots \\
P(X = 7) = 6/36 \\
\vdots \\
P(X = 12) = 1/36
\end{array}\right\}
\tag{2.13}
$$

이들 모든 확률의 합은 1이 되어야 한다.

　X의 가능한 값 $\{2, 3, \cdots, 12\}$를 X의 범위라고 정의한다. 범위는 위의 예제(X가 불연속 확률변수라 불리는 경우)와 같은 경우 연속이거나, 예를 들어 X가 발효 맥주 통의 온도라면 연속일 것이다. 지금은 불연속인 경우에 중점을 둔다. 식 (2.13)의 집합을 X의 확률분포라고 한다.

　확률분포를 나타내는 방법에는 다음과 같이 네 가지가 있다.

· 표

j	2	3	$\cdots$	7	$\cdots$	12	합
$P(X = j)$	$\dfrac{1}{36}$	$\dfrac{2}{36}$	$\cdots$	$\dfrac{2}{36}$	$\cdots$	$\dfrac{1}{36}$	1.0

· 수식

$$
P(X = j) = \frac{6 - |j - 7|}{36} \qquad (j = 2, 3, \cdots, 12)
$$

· 막대그래프

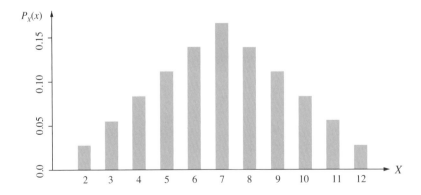

• 히스토그램

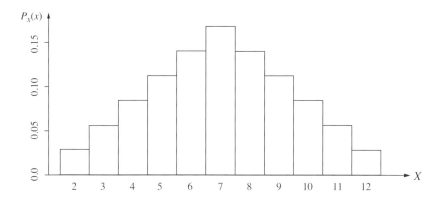

독립적으로 동전 3개를 던져 보자. X를 앞면이 나온 수라고 할 때 X의 확률분포를 구해 보자. 앞서 설명한 방법을 사용하면

$$P(X = 0) = P(앞면 없음) = 1/8$$

$$P(X = 1) = P(앞면\ 1) = 3/8$$

$$P(X = 2) = P(앞면\ 2) = 3/8$$

$$P(X = 3) = P(앞면\ 3) = 1/8$$

과 같고, 또한

$$P(X = k) = \frac{3!}{k!(3-k)!}\left(\frac{1}{2}\right)^3, \qquad k = 0, 1, 2, 3 \qquad (2.14)$$

과 같이 쓸 수 있다.

이 예제를 일반화하기 위해, n이 성공확률 p를 갖는 독립적인 시행횟수라고 가정한다. X를 성공한 수라고 하면

$$P(X = k) = \frac{n!}{k!(n-k)!}p^k\left(1-p\right)^{n-k}, \qquad k = 0, 1, \cdots, n \qquad (2.15)$$

이다. 식 (2.15)를 이항분포(binomial distribution)라 하며 $X \sim \mathrm{Binom}(n, p)$로 표기한다.

예제 2.11 $n = 3$, $p = 1/2$인 이항분포이다. $n = 10$이고 p가 2개의 다른 값을 갖는 이항분포를 막대그래프로 구하라.

답

binomial ($n = 10$, $p = 0.5$)

binomial ($n = 10$, $p = 0.2$)

이항분포와 유사한 기하분포의 개념을 다음 예제 2.12를 통해 이해해 보자.

예제 2.12   1이 나올 때까지 주사위를 굴린다. N을 1이 나올 때까지의 굴린 횟수라고 할 때 N의 분포(기하분포, geometric distribution)를 구하라.

답   연속적으로 주사위를 굴리는 것이 모두 독립이라고 가정한다. W = 주사위가 1, L = 그 밖의 다른 수라고 하자. N의 가능한 범위는 $\{1, 2, 3, \cdots\}$이 되고,

$$P(N = 1) = P(W_1) = \frac{1}{6}$$

$$P(N = 2) = P(L_1 W_2) = \frac{5}{6} \times \frac{1}{6}$$

$$P(N = 3) = P(L_1 L_2 W_3) = \left(\frac{5}{6}\right)^2 \times \frac{1}{6}$$

이 되고, 이를 일반화하면

$$P(N = j) = P(L_1 L_2 \cdots L_{j-1} W) = \left(\frac{5}{6}\right)^{j-1} \times \frac{1}{6}, \qquad j = 1, 2, 3, \cdots$$

이 된다.

2.3.2 누적분포함수

X의 누적분포함수는 아래와 같다.

$$F_X(t) = P(X \le t) \qquad for\ all\ \ -\infty < t < \infty \tag{2.16}$$

불연속확률변수의 경우 CDF는 구분적인 상수이다.

  X를 동전을 3번 던졌을 때 앞면이 나온 수라 하면 X의 CDF는 아래와 같다.

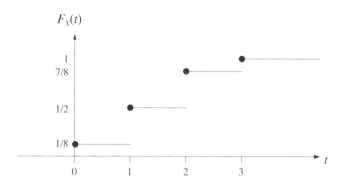

$F_x(t)$는 불연속 집합점 $\{x_j\}$에서의 점프 불연속을 제외하면 일정하며, X를 불연속확률변수라 한다. 그리고 아래와 같이 표기한다.

$$P(X = x_j) = \ \text{jump in} \ \ F_X \ \text{at} \ x_j \tag{2.17}$$

$F_x(t)$가 t의 모든 값에 대해 연속적이면 X를 연속확률변수라 한다. 기계의 신뢰도는 기계가 주어진 시간 동안 성공적으로 작동하는 확률이다. 신뢰도함수 $R(t)$는 기계가 계속 작동되어 온 시간 t의 함수이다. T를 기계의 총수명이라고 하면, 이는 즉 최후 실패까지의 시간이므로 신뢰도함수는 다음과 같다.

$$R_T(t) = P(T > t) = 1 - P(T \le t) = 1 - F_T(t) \tag{2.18}$$

예제 2.13   자동차 공장에서 새로운 전조등 전구를 설치했다. T를 전구가 실패하기 전에 지속적으로 작동하는 시간이라 하고, 범위 $t \ge 0$의 연속확률변수라 했을 때 시간 T의 CDF와 구간 (a, b)에서 신뢰도 함수값을 구하라.

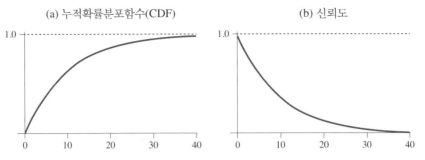

그림 2.1   전형적인 누적분포함수 및 해당 신뢰도

답   임의의 확률변수 X에 대해

$$P(a < X \leq b) = P(X \leq b) - P(X \leq a)$$
$$= F_X(b) - F_X(a) = R_X(a) - R_X(b)$$

고려되는 확률변수의 대부분은 불연속이거나 연속일 것이다. 그러나 반드시 확률변수가 불연속이나 연속이어야만 하는 것은 아니다.

예제 2.14   슈퍼에서 선구를 구입하여 전구 소켓에 연결하여 사용한다고 가정하자. T를 전구가 실패하기 전까지 지속적으로 작동하는 시간이라 하고 T의 범위가 $t \geq 0$이며 연속이라 한다. 그러나 0이 아닌 확률을 갖는 특별한 값이 있다. 다시 말해 집으로 오는 길에 필라멘트가 끊어진다면 $T = 0$이 된다. 즉 T는 연속변수도, 불연속변수도 아니다. 이 경우 CDF를 구하라.

답   이때의 CDF는 그림 2.2와 같은 형태로 얻어질 것이다.

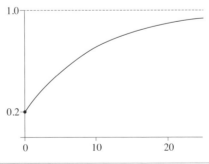

그림 2.2   어느 전구의 누적확률분포함수

예제 2.15　　공장에서 차에 새로운 전조등 전구만을 설치해 주었다. T를 전구가 실패하기 전에 지속적으로 작동할 시간이라고 하자. 이때 T의 CDF는 다음 수식으로 표현된다.

$$F_T(t) = \begin{cases} 0, & t < 0 \\ 1 - e^{-t/10}, & t \geq 0 \end{cases}$$

평균적으로 10년에 한 번 실패하는 고장률을 가진 지수분포 확률변수를 줄여 표현하면

$$T \sim Expon(\text{비율} = 0.1) \sim Expon(\text{평균} = 10)$$

이다. (a) 신뢰도함수, (b) 10년 이상 전구가 작동할 확률, (c) 전구가 5~10년 사이까지 작동할 확률을 구하라.

[답]

(a)　$R_T(t) = 1 - F_T(t) = \begin{cases} 1, & t < 0 \\ e^{-t/10}, & t \geq 0 \end{cases}$

(b)　$P(T > 10) = R_T(10) = e^{-10/10} \approx 0.3679$

(c)　$P(5 < T \leq 10) = P(T \leq 10) - P(T \leq 5) = F_T(10) - F_T(5)$
$$= (1 - e^{-1}) - (1 - e^{-1/2}) = e^{-1/2} - e^{-1} \approx 0.239$$

이때 X가 연속확률변수라면, 임의의 x에 대해 $P(X = x) = 0$이다. 그러므로 연속확률변수에 대해 $P(X < x)$와 $P(X \leq x)$ 사이에는 차이가 없다.

2.3.3 연속확률밀도함수

실제로 맞는 모든 예제에 있어서 연속확률변수 X의 CDF $F_x(t)$는 분리된 점을 제외하고는 연속은 아니지만 미분 가능하다. 이들 분리된 점을 제외하고, 유도된 다음 식을 X의 확률밀도함수(pdf)라 정의한다.

$$f_X(t) = \frac{d}{dt}\{F_X(t)\} = F_X'(t) \tag{2.19}$$

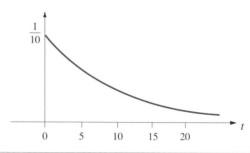

그림 2.3　자동차 전조등의 확률밀도함수

$F_X(t) = 1 - R_X(t)$로부터 다음을 유도할 수 있다.

$$f_X(t) = -R_X'(t) \qquad (2.20)$$

이때 자동차 전조등의 수명인 지수분포 확률변수 T의 pdf를 구해 보자.

$$\text{CDF, } F_T(t) = \begin{cases} 0, & t < 0 \\ 1 - e^{-t/10}, & t \geq 0 \end{cases}$$

미분하여 확률밀도함수를 구하면 그림 2.3과 같고, 수식은 다음과 같다.

$$pdf, f_T(t) = F_T'(t) \begin{cases} 0, & t < 0 \\ \dfrac{1}{10} e^{-t/10}, & t \geq 0 \end{cases}$$

수명에 관해 말하면, $t > 0$라는 제한을 생략할 수 있으며, X가 연속확률변수라면 X가 a와 b 사이에 존재할 확률은 그림 2.4의 빗금 친 부분의 면적이며 식은 다음과 같다.

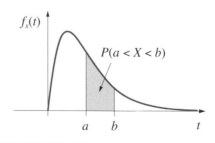

그림 2.4　$P(a < x < b)$는 빗금 친 부분의 면적

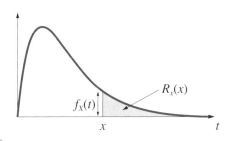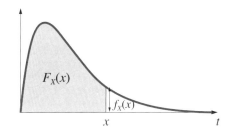

그림 2.5　신뢰도와 비신뢰도

$$P(a < X < b) = P(a \le X \le b) = \int_{t=a}^{b} f_x(t)dt$$

또는

$$\int_{t=a}^{b} f_x(t)dt = \int_{t=a}^{b} F_x{}'(t)dt = F_x(b) - F_x(a) = P(a < X < b)$$

이다. pdf인 f_x에 대해

$$\int_{t=-\infty}^{\infty} f_x(t)dt = P(-\infty < X < \infty) = 1$$

이 성립한다. 즉 X를 pdf f_x인 임의의 연속확률변수라 하면 부품의 신뢰도와 비신뢰도는 그림 2.5와 같으며 관련식은 다음과 같다.

$$F_X(t) = \int_{s=-\infty}^{t} f_X(s)ds \qquad\qquad R_X(t) = \int_{s=t}^{\infty} f_X(s)ds$$

다음 식은 그림 2.6과 같은 균등분포에 해당한다.

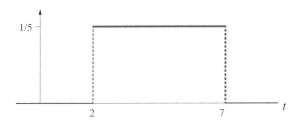

그림 2.6　균등분포

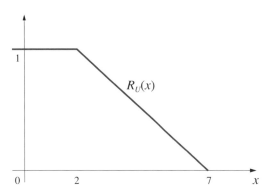

그림 2.7   균등분포의 누적확률분포함수

$$f_U(t) = \frac{1}{5}, \qquad 2 < y < 7$$

이때 U는 구간 $(2, 7)$에서 일정한 분포를 갖는다고 하고, $U \sim Unif(2, 7)$로 표기한다.
　예를 들어 $P(3 < U < 5)$일 때 U의 신뢰도함수를 구해 보자.

$$P(3 < U < 5) = \int_{t=3}^{5} f_U(t)dt = \int_{t=3}^{5} \frac{1}{5}dt = \frac{2}{5}$$

그리고 $2 < t < 7$이면

$$R_U(t) = \int_{u=t}^{\infty} f_U(u)du = \int_{u=t}^{7} \frac{1}{5}du = \frac{1}{5}(7-t)$$

그림 2.7에서 보듯이 $t \le 2$일 때 $R_u(t) = 1$, $t \ge 7$일 때 $R_u(t) = 0$이 된다.

2.3.4 감마함수

감마함수는 신뢰도 이론에서 많이 등장한다. 그 쓰임 중 하나는 성가신 적분을 피하기 위함이다. 임의의 양의 실수 x에 대해 $\Gamma(x)$는

$$\Gamma(x) = \int_{u=0}^{\infty} u^{x-1}e^{-u}du$$

로 정의된다. 감마함수의 그래프는 그림 2.8과 같으며 중요한 감마함수의 특징은 다음과 같다.

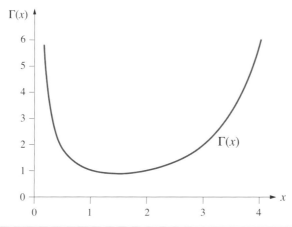

그림 2.8 대표적인 감마함수의 그래프

$$\Gamma(1) = \int_{u=0}^{\infty} e^{-u} du = 1$$

$$\Gamma(x + 1) = x\Gamma(x), \quad x > 0$$

$$\Gamma(n) = (n - 1)!, \quad n은\ 정수$$

$$\Gamma\left(\frac{1}{2}\right) = \sqrt{\pi}$$

예제 2.16 $\displaystyle\int_{u=0}^{\infty} u^5 e^{-u} du$ 과 $\displaystyle\int_{u=0}^{\infty} u^{5/2} e^{-u} du$ 을 구하라.

답
$$\int_{u=0}^{\infty} u^5 e^{-u} du = \Gamma(6) = 5! = 120$$

$$\int_{u=0}^{\infty} u^{5/2} e^{-u} du = \Gamma\left(\frac{7}{2}\right) = \frac{5}{2}\Gamma\left(\frac{5}{2}\right) = \frac{5}{2}\times\frac{3}{2}\Gamma\left(\frac{3}{2}\right)$$

$$= \frac{5}{2}\times\frac{3}{2}\times\frac{1}{2}\Gamma\left(\frac{1}{2}\right) = \frac{5}{2}\times\frac{3}{2}\times\frac{1}{2}\sqrt{\pi}$$

β를 임의의 양의 실수라고 할 때, 다음을 구하면,

$$\int_{u=0}^{\infty} u^n e^{-u/\beta} du$$

$t = u/\beta$라고 치환하면,

$$\int_{u=0}^{\infty} u^n e^{-u/\beta} du = \int_{t=0}^{\infty} (\beta t)^n e^{-t} \beta dt = \beta^{n+1} \int_{t=0}^{\infty} t^n e^{-t} dt$$
$$= \beta^{n+1} \Gamma(n+1)$$

이다.

2.4 확률의 매개변수

2.4.1 중간값과 사분위수

연속확률변수의 중간값은 확률의 왼쪽에 50%, 오른쪽에 50%를 갖는 값이다. 다시 말해 X의 중간값 m은

$$F_x(m) = R_x(m) = 0.5$$

를 만족한다. 일반적으로 연속확률변수의 p 사분위수는 왼쪽에 확률 p를 갖는 값 q이다. 예를 들면 $F_x(q) = p$이다.

예제 2.17 T가 지수분포라고 하자.

$$f_T(t) = \frac{1}{10} e^{-t/10}, \qquad t > 0$$

일 때 (a) T의 중간값, (b) T의 10% 사분위수를 구하라.

[답] $R_T(t) = e^{-t/10}$, $t > 0$이므로 중간값은 다음 방정식으로부터 얻어진다.

$$e^{-m/10} = 0.5$$

즉

$$-m/10 = \ln(0.5), \ m = -10\ln(0.5) = 10\ln 2 \approx 6.93$$

이다. 같은 방법으로, 10% 사분위수 q는 다음 방정식으로부터 얻을 수 있다.

$$e^{-q/10} = 0.90, \ q = -10\ln(0.9) \approx 1.05$$

여기서 T가 기계의 연 단위로 측정된 수명이라면, 적어도 6.93년간 기계의 50%가 지속적으로 작동되는 것을 의미한다. 그러나 제조자가 보상기간 안에 기계의 10%만이 고장 나도록 보상기간을 설정한다면 1.05년이 될 것이다. 그리고 이 문제에서 변수의 범위는 두 사분위수로부터 구해진다.

즉, 확률변수의 첫 번째, 두 번째, 세 번째 사분위수는 25%, 50%, 75% 사분위수가 된다. 사분위수의 범위는 첫 번째에서 세 번째까지 분포의 퍼짐의 척도이다.

예제 2.18   주사위 한 쌍을 매우 많은 횟수로 굴린다고 가정하자. 각 굴림에 대해 총합이 X가 나온다면, X 달러를 지급받는다. 게임당 대략 얼마 정도를 지급받겠는가?

답   대략 합계 2는 1/36번, 합계 3은 2/36번 등이 나올 것이다. 따라서 게임당 승리해서 받게 되는 달러의 총합은 다음과 같다.

$$2 \times \frac{1}{36} + 3 \times \frac{2}{36} + \cdots + 12 \times \frac{1}{36} = 7$$

굴리는 횟수가 더 클 때 근사치는 더욱 정교하게 나온다. 이것은 임의의 확률변수 X의 평균(혹은 기댓값)에 대한 정의를 유도하는 데 이용된다. 이때 기댓값은 시도의 매우 많은 반복에 의해 얻어진 X의 평균값이다.

2.4.2 평균과 분산

불연속확률변수 X의 평균 혹은 기댓값은

$$\alpha = \mu_X = E[X] = \sum_x x p_X(x)$$

이다.

X를 3쌍의 동전을 던졌을 때 앞면이 나오는 수라고 하자. 이때 X의 기댓값은 다음과 같다.

$$E[X] = \sum_x x p_X(x) = \left(0 \times \frac{1}{8}\right) + \left(1 \times \frac{3}{8}\right) + \left(2 \times \frac{3}{8}\right) + \left(3 \times \frac{1}{8}\right) = \frac{3}{2}$$

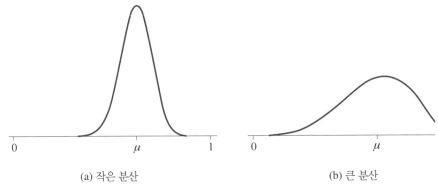

(a) 작은 분산   (b) 큰 분산

그림 2.9 작은 분산과 큰 분산의 확률밀도함수

평균이 α인 불연속확률변수 X의 분산은

$$\beta^2 = V[X] = \sum (x - \mu)^2 p_X(x) \tag{2.21}$$

$$= \sum x^2 p_X(x) - \mu^2 \tag{2.22}$$

이다. 이것은 평균 α로부터 X의 편차들의 제곱의 평균값이다. 그러므로 분산은 α에 대한 X의 퍼심의 정도라고 볼 수 있다.

그림 2.9는 같은 평균, 그러나 다른 분산을 가진 2개의 확률밀도함수를 나타낸다. 이 분산과 관련하여 X를 3개의 동전을 던졌을 때 앞면이 나오는 수라고 하면 X의 분산은 얼마인지 알아보자.

$$\beta^2 = V[X] = \sum_x (x - \mu)^2 p_X(x) = \sum_x \left(x - \frac{3}{2}\right)^2 p_X(x)$$

$$= \left(\left(0 - \frac{3}{2}\right)^2 \times \frac{1}{8}\right) + \left(\left(1 - \frac{3}{2}\right)^2 \times \frac{3}{8}\right) + \left(\left(2 - \frac{3}{2}\right)^2 \times \frac{3}{8}\right) + \left(\left(3 - \frac{3}{2}\right)^2 \times \frac{1}{8}\right) = \frac{3}{4}$$

이고 다른 방법으로 구하면

$$\beta^2 = V[X] = \sum_x x^2 p_X(x) - \mu^2 = \left(0^2 \times \frac{1}{8}\right) + \left(1^2 \times \frac{1}{8}\right) + \left(2^2 \times \frac{1}{8}\right) + \left(3^2 \times \frac{1}{8}\right) - \left(\frac{3}{2}\right)^2 = \frac{3}{4}$$

이다.

$V[X]$는 음이 아닌 $(x - \mu)^2$의 가중평균이기 때문에 항상 양이다.

　X의 표준편차는

$$\beta = \sqrt{V[X]}$$

이고, X가 연속확률변수라면 그 평균과 분산은 다음과 같이 주어진다.

$$\alpha = E[X] = \int_{-\infty}^{\infty} xf_X(x)dx \tag{2.23}$$

$$\beta^2 = V[X] = \int_{-\infty}^{\infty} (x - \mu)^2 f_X(x)dx = \int_{-\infty}^{\infty} x^2 f_X(x)dx - \mu^2 \tag{2.24}$$

이때 적분은 X의 범위 전체이다.

　자동차 전조등의 경우를 생각해 보자. T가 수명이라면, $E[T]$는 고장까지의 평균 시간(MTTF)이라 불린다. 자동차 전조등 전구의 지수분포 수명 T의 pdf가 $Expon$(비율 $= 0.1$)인 경우 확률밀도함수는 다음과 같다.

$$f_T(t) = \frac{1}{\beta} e^{-t/\beta}, \quad t > 0, \quad \text{여기서 } \beta = 10$$

이때 평균과 분산은 각각

$$\text{평균} = E[T] = \int_{t=-\infty}^{\infty} tf_T(t)dt = \int_{t=0}^{\infty} \frac{t}{\beta} e^{-t/\beta}dt$$

$$= \frac{1}{\beta} \int_{t=0}^{\infty} te^{-t/\beta}dt = \frac{1}{\beta} \beta^2 \Gamma(2) = \beta \tag{2.25}$$

$$\text{분산} = V[T] = \int_{t=-\infty}^{\infty} t^2 f_T(t)dt - \mu_T^2 = \int_{t=0}^{\infty} \frac{t^2}{\beta} e^{-t/\beta}dt - \beta^2$$

$$= \frac{1}{\beta} \beta^3 \Gamma(3) - \beta^2 = 2\beta^2 - \beta^2 = \beta^2 \tag{2.26}$$

이 되고 표준편차 $\beta = 10$이 된다.

　$T \sim Expon$(비율 $= \lambda$)의 평균은

$$\alpha = E[T] = \frac{1}{\lambda}$$

이다.

여기서 일반식을 살펴보자.

$Y = g(X)$이고 X가 불연속확률변수라면

$$E[Y] = E[g(X)] = \sum_{x} g(x)p_X(x) \tag{2.27}$$

$$E[Y] = E[g(X)] = \int_{-\infty}^{\infty} g(x)f_X(x)dx \tag{2.28}$$

이다. 평균과 분산식의 특징은 다음과 같다.

1. $E[aX + b] = aE[X] + b$
2. $E[(aX + b)^2] = a^2 E[X^2] + 2abE[X] + b^2$
3. $V[aX + b] = a^2 V[X]$

예제 2.19 T가 자동차 전조등 전구의 수명이라 하자. (a) $E[2T + 1]$, (b) $E[(2T + 1)^2]$, (c) $V[2T + 1]$를 구해 보라.

답

$$E[2T + 1] = 2E[T] + 1 = 2 \times 10 + 1 = 21$$
$$E[X^2] = V[X] + \mu_X^2$$

그리고 이 경우 $E[T^2] = 100 + 10^2 = 200$이다.

$$E[(2T + 1)^2] = 4E[T^2] + 4E[T] + 1$$
$$= 4 \times 200 + 4 \times 10 + 1 = 841$$

$$V[2T + 1] = E[(2T + 1)^2] - (E[2T + 1])^2$$
$$= 841 - 21^2 = 400$$

$$V[2T + 1] = 4 \times V[T] = 4 \times 100 = 400$$

2.4.3 독립확률변수

불연속확률변수 X와 Y가 가능한 모든 x, y에 대해 다음의 관계에 있을 때 독립이다.

$$P(X = x \cap Y = y) = P(X = x)P(Y = y) \tag{2.29}$$

셋 혹은 그 이상의 확률변수에 대해서도 동일하다. 독립적으로 2개의 주사위를 굴려 보자. X를 빨간 주사위의 숫자라 하고 Y를 녹색 주사위의 숫자라고 하자. 그러면 X와 Y는 독립이다.

임의의 2개의 확률변수 X와 Y에 대해

$$E[X+Y] = E[X] + E[Y] \tag{2.30}$$

이고, X와 Y가 독립이라면

$$V[X+Y] = V[X] + V[Y] \tag{2.31}$$

이다. 이것은 2개 이상의 확률변수의 합에도 당연히 성립된다.

2개의 주사위를 굴려 보자. 그러면 X와 Y 모두 다음의 분포를 갖는다.

j	1	2	3	4	5	6
$P(X=j)$	$\frac{1}{6}$	$\frac{1}{6}$	$\frac{1}{6}$	$\frac{1}{6}$	$\frac{1}{6}$	$\frac{1}{6}$

$$E[X] = E[Y] = (1)\left(\frac{1}{6}\right) + (2)\left(\frac{1}{6}\right) + (3)\left(\frac{1}{6}\right) + (4)\left(\frac{1}{6}\right) + (5)\left(\frac{1}{6}\right) + (6)\left(\frac{1}{6}\right) = \frac{7}{2}$$

$W = X + Y$를 2개의 주사위의 합이라고 할 때 W의 분포는 다음과 같다.

j	2	3	4	5	6	7	8	9	10	11	12
$P(W=j)$	$\frac{1}{36}$	$\frac{2}{36}$	$\frac{3}{36}$	$\frac{4}{36}$	$\frac{5}{36}$	$\frac{6}{36}$	$\frac{5}{36}$	$\frac{4}{36}$	$\frac{3}{36}$	$\frac{2}{36}$	$\frac{1}{36}$

그러므로

$$E[W] = (2)\left(\frac{1}{36}\right) + (3)\left(\frac{2}{36}\right) + \cdots + (11)\left(\frac{2}{36}\right) + (12)\left(\frac{1}{36}\right) = 7$$
$$= E[X] + E[Y]$$

이다. 같은 방법으로 $V[X] = V[Y] = 35/12$, $V[W] = 35/6$, $V[X+Y] = V[X] + V[Y]$를 얻을 수 있다(단, X, Y는 독립이다).

주사위를 굴려 보자. X는

$$X = \begin{cases} 1, & \text{주사위가 6} \\ 0, & \text{그 밖에} \end{cases}$$

이다. 성공일 경우 1, 실패일 경우 0인 확률변수를 베르누이(Bernoulli) 확률변수라 한다. X를 베르누이 분포라 하면

$$X = \begin{cases} 1, & \text{확률} \ p \text{일 때} \\ 0, & \text{확률} \ 1-p \text{일 때} \end{cases}$$

그러면 $E[X] = p$, $V[X] = p(1-p)$가 된다.

따라서 베르누이 평균은 P이고 분산은 $p(1-P)$이다.

그러면 $X = X_1 + \cdots + X_n$의 경우는 어떠할까?

$$E[X] = E[X_1] + \cdots + E[X_n] = p + \cdots + p = np \tag{2.32}$$

$$V[X] = V[X_1] + \cdots + V[X_n] = p(1-p) + \cdots + p(1-p) = np(1-p) \tag{2.33}$$

이다. 이것은 이항분포의 평균, 분산과 동일하다. 연속확률변수에서 독립의 정의는 불연속에서와 유사하다.

연속확률변수 X와 Y가 모든 x, y에 대해 아래의 관계에 있을 때 독립이라고 한다.

$$f_{X,Y}(x,y) = f_X(x)f_Y(y) \tag{2.34}$$

여기서 f_X, f_Y는 X, Y의 pdf이고 $f_{X,Y}$는 (X, Y)의 결합된 pdf이다.

2.5 위험률

지수분포는 위험률이 일정한 연속확률분포이다. 이 분포는 간단하여 산업 현장에서 고장 확률밀도함수로 가장 많이 사용되고 있다.

예제 2.20   자동차 전조등 전구가 MTTF = β = 10년인 지수분포의 수명을 갖고 있다.

(a) 전조등의 전구가 3년 후에도 계속 작동할 확률을 구하라.

(b) 2년 된 전구가 계속 작동 중에 있다. 그 뒤 3년 후에도 계속 작동할 확률을 구하라.

🔲 답

$P(T > 3)$, (ii) $P(T > 5 | T > 2)$를 구하면 된다.

따라서

$$P(T > 3) = R_T(3) = e^{-3/\beta} = e^{-3/10} \approx 0.74$$

이고,

$$P(T > 5 | T > 2) = \frac{P(T > 5 \cap T > 2)}{P(T > 2)}$$

$$= \frac{P(T > 5)}{P(T > 2)} = \frac{e^{-5/\beta}}{e^{-2/\beta}} = e^{-3/\beta}$$

이다. 이들 두 가지 경우의 확률은 같다. 즉 2년 된 전구가 3년을 더 작동하는 확률과 새 전구가 3년 동안 작동하는 확률은 같다. 이를테면 전조등의 전구는 낡지 않는다는 의미로 이 성질은 지수분포에서만 나타난다.

위험률은 현재 작동 중인 기계가 다음의 작은 시간의 증가분 dt 동안에 실패할 확률이다. 따라서 이것은 위험률이나 고장률, 혹은 사망률이라고도 한다.

연속확률변수 T에 대해 시간 t에서의 위험률은 다음과 같이 정의된다.

$$h_T(t) = \frac{f_T(t)}{R_T(t)} \tag{2.35}$$

위험률과 확률밀도함수(pdf)는 서로 다르며 그 의미를 구분하는 것이 중요하다.

T를 어떤 물건의 고장까지의 시간이라고 하자. 작은 dt 시간 동안

$$P\Big(\text{fail occurs in } \big(t, t+dt\big)\Big) = f_T(t)dt + \varepsilon$$

$$P\Big(\text{fail occurs in } \big(t, t+dt\big) \big| \text{item is operational at } t\Big) = h_T(t)dt + \varepsilon$$

여기서 ε은 dt에 비해 무시할 수 있다.

한 예로 $t = 50$, $dt = 1$년인 인간의 수명에 대해

$$f(50) = 50세에 죽을 아기의 비율$$

$$h(50) = 51번째 생일까지 살지 않고 50번째 생일에 살아 있는 사람의 비율$$

이라고 하면, 위험률의 정의는 다음과 같다.

$$
\begin{aligned}
h_T(t) &= \lim_{dt \to 0} \frac{P(t + dt\text{시간 전에 실제 } t\text{시간까지 작동})}{dt} = \lim_{dt \to 0} \frac{P\,(T < t + dt \mid T > t)}{dt} \\
&= \lim_{dt \to 0} \frac{P(t < T < t + dt)}{P(T > t)\,dt} = \lim_{dt \to 0} \frac{f_T(t)\,dt \pm \varepsilon}{R_T(t)\,dt} = \frac{f_T(t)}{R_T(t)}
\end{aligned}
\tag{2.36}
$$

비율 λ를 갖는 지수분포에 있어서 위험률함수는 다음과 같이 구할 수 있다. $T \sim Expon(\lambda)$라면

$$
h_T(t) = \frac{f_T(t)}{R_T(t)} = \frac{\lambda e^{-\lambda t}}{e^{-\lambda t}} = \lambda
$$

따라서 지수분포의 위험률은 일정하다. 이는 지수분포를 가진 기계는 낡지 않는다는 사실의 또 하나의 반영이다. 또한 여기서 비율 λ의 지수분포를 왜 언급하는지를 알 수 있다.

많은 제품, 기계 및 복합 시스템 등은 수명이 있고, 그것들의 위험률은 총시간을 변화시킨다. 그림 2.10은 위험률함수의 대표적인 형상을 보여 준다. 시스템 수명의 초반기에는 근본적인 결합요소의 존재로 인해 위험률이 높게 나온다. 전자 시스템의 경우 시스템의 초기 단계는 일반적으로 '번인(burn-in)' 기간이라고 불린다. 근본적인 결합요소가 대체될 때 위험률이 급격히 떨어진다. 다음 상태는 안정하거나 거의 일정한 위험률이 오랜 기간 지속된다. 마지막으로, 요소들은 물리적으로 악화되기 시작하고, 위험률은 급격이 증가한다. 대표적인 위험률함수는 그 형상대로 욕조 곡선(bathtub curve)이라 불리며 그림 2.10의 모양과 추이를 갖는다. 인간의 수명도 이와 비슷하다.

이 곡선은 일반적으로 전체 수명의 위험률을 고려하지 않고 위험률이 감소, 일정, 혹은 증가하는 수명의 한 부분에 집중하고 있다. 지수분포는 시간에 대해 일정한 위험률을 갖는다. 지수분포는 실험적으로 욕조 곡선의 평평한 부분, 다시 말해 초기 번인 기간에 살아남은 후 그리고 물리적인 악화의 시작 전에 해당하는 많은 시스템의 실제 경험에 적합하다. 따라서 t시간에서 누적된 위험은 $H(t) = \int_{u=0}^{t} h(u)\,du$이다.

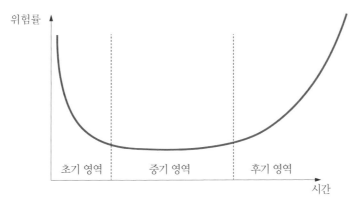

그림 2.10   위험률(고장률)의 일반적 추이

구성요소의 수명 T의 pdf 및 신뢰도함수는 위험률과 누적위험에서 다음과 같이 찾아낼 수 있다.

$$R(t) = e^{-H(t)} \tag{2.37}$$

$$f(t) = -R'(t) = h(t)e^{-H(t)} \tag{2.38}$$

다양한 위험률함수를 통해 다수의 연속확률분포 및 해당 밀도를 구할 수 있으므로 일정한 위험률 λ인 고장시간의 pdf를 구해 보자. $h(t) = \lambda$이므로

$$H(t) = \int_{u=0}^{t} \lambda du = \lambda t$$

또한

$$f_T(t) = h(t)e^{-H(t)} = \lambda e^{-\lambda t}$$

이다. 이것은 비율이 λ인 지수분포이다.

2.6 조건 기댓값

현지 상점에서 구입한 전구 수명의 cdf가 그림 2.11과 같다. 집으로 가져갔을 때 그중 20%가 불량으로 꺼질 것이다. 불량이 아니라면 기대수명은 10개월이고, 또한 표준편차도 10개월이다. 이때 전구의 실험 전 기대수명을 구해 보자.

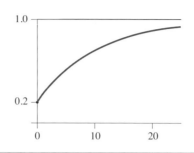

T를 전구의 수명이라 하자. 직관적으로

$$E[T] = 0.2 \times 0 + 0.8 \times 10 = 8$$

이다. 이때 평균 수명은 다음 식으로부터 구해진다.

$$E[T] = P(불량)E[T|불량] + P(불량\ 없음)E[T|불량\ 없음]$$

즉

$$E[X] = \sum P(E_i)E[X \mid E_i]$$

이다. 그렇다면, 불량인지 아닌지를 판단하기 전의 전구 수명의 표준편차는 얼마인가?
  집에 오기 전에 전구가 깨진다면

$$T = 0, \quad E[T^2] = 0$$

이 된다.
  반대로 집에 오기 전에 전구가 깨지지 않는다면

$$E[T] = 10, \quad V[T] = 100$$

이 된다. 따라서 $V[T] = E[T^2] - (E[T])^2$이므로

$$E[T^2] = 100 + 10^2 = 200$$

이다. E_1 = '집에 오기 전에 전구가 깨짐', E_2 = '집에 오기 전에 전구가 안 깨짐'이라고 하자. 따라서 T^2의 비조건 평균은 다음과 같다.

$$E[T^2] = P(E_1)E[T^2 \mid E_1] + P(E_2)E[T^2 \mid E_2]$$
$$= 0.2 \times 0 + 0.8 \times 200 = 160$$

그러므로

$$V[T] = E[T^2] - (E[T])^2 = 160 - 8^2 = 96$$

이고

$$sd[T] = \sqrt{96} \approx 9.8 \text{개월}$$

이 됨을 알 수 있다.

2.7 많이 사용되는 분포

고장까지의 시간은 신뢰도 분석에 있어 주요한 변수이다. 다양한 확률분포를 통해 구성요소, 하부 시스템, 혹은 시스템이 얼마나 살 것인가를 결정한다. 조사 중인 구성요소에 적절한 것을 제시하는 분포 모델을 찾는 것은 신뢰도 분석에서 매우 중요하다. 이 절에서는 수명을 모델링하는 데 사용되는 가장 일반적인 분포의 특성을 소개한다.

2.7.1 감마분포

확률변수 T가 다음과 같다면 감마분포이다.

$$f_T(t) = \frac{1}{\beta^\alpha \Gamma(\alpha)} t^{\alpha-1} e^{-t/\beta} = \frac{\lambda^\alpha}{\Gamma(\alpha)} t^{\alpha-1} e^{-\lambda t}, \quad t > 0 \tag{2.39}$$

여기서 $\alpha > 0$는 형상모수(shape parameter), $\beta > 0$는 척도모수(scale parameter), $\lambda = \dfrac{1}{\beta}$ 는 비율모수(rate parameter)이다.

$$T \sim Gamma(\text{형상} = \alpha,\ \text{척도} = \beta) \quad \text{또는} \quad T \sim Gamma(\text{형상} = \alpha,\ \text{비율} = \lambda)$$

로 쓴다. 특별한 경우로

　1. 형상모수 $\alpha = 1$이라면 T는 지수분포를 갖는다.

$$T \sim Expon(\text{평균} = \beta) \quad \text{또는} \quad T \sim Expon(\text{비율} = \lambda)$$

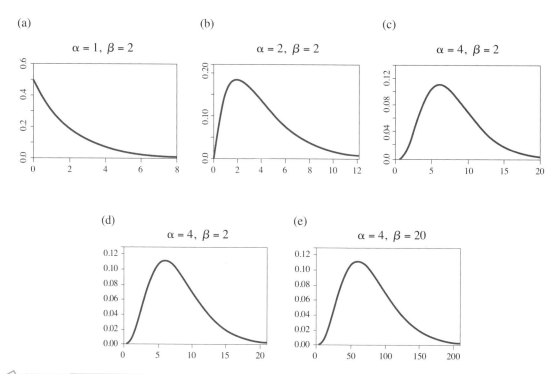

그림 2.12 α, β값에 따른 감마분포도

$$f_T(t) = \frac{1}{\beta} e^{-t/\beta} = \lambda e^{-\lambda t}, \quad t > 0 \tag{2.40}$$

2. 형상모수 α가 양의 정수라면 T를 얼랑(Erlang) 분포라고 한다.
3. 형상모수 $\alpha = m/2$이 1/2의 배수이고, $\beta = 2$라면 T는 자유도가 m인 카이스퀘어 분포를 갖고, $T \sim X^2(m)$으로 표기한다.

여러 가지 감마분포의 pdf는 그림 2.12와 같다. 그림 2.12에 보여진 모든 감마분포는 형상모수가 정수이므로 얼랑 분포이다. 또한 $\beta = 2$이므로 자유도 m인 카이스퀘어 분포이다.

감마분포의 중요한 성질은 β의 척도모수로 특징지어진다. 척도가 변함에 따라 시간 단위의 측정을 분 단위의 측정으로 바꾸어 모델링할 수 있다. 즉 $T \sim$ Gamma(형상 $= \alpha$, 척도 $= \beta$), $Y = cT$라면 $T \sim$ Gamma(형상 $= \alpha$, 척도 $= c\beta$)이다.

$$T \sim \text{Gamma}(\text{형상} = \alpha, \text{척도} = \beta)\text{이면 } E[T] = \alpha\beta, \text{Var}[T] = \alpha\beta \tag{2.41}$$

지수분포($\alpha = 1$)인 경우

$$E[T] = \beta, \quad \text{Var}[T] = \beta^2 \tag{2.42}$$

이므로 평균과 표준편차가 동일하다.

구성요소의 수명 T(시간)를 형상모수 $\alpha = 2$, 시간당 $\lambda = 3$ 비율인 감마분포라고 하자. 1시간 뒤에 구성요소가 계속 작동할 확률(예를 들어 $t = 1$시간일 때의 신뢰도)을 구하면, T의 pdf는 다음과 같다.

$$f_T(t) = \frac{3^2}{\Gamma(2)} t^{2-1} \exp(-3t) = 9te^{-3t}, \quad t > 0$$

따라서

$$P(T > 1) = \int_{t=1}^{\infty} te^{-3t} dt = 4e^{-3} \approx 0.1991$$

이 같은 적분 계산은 대부분의 경우에 복잡하고 해석적인 해를 갖지만 경우에 따라서 해를 구하는 것이 불가능할 수도 있다. 이때 Matlab 등을 사용하여 계산할 수도 있다. 즉

$$P(T \leq 1) = \int_{t=0}^{1} 9te^{-3t} dt$$

를 구할 수 있다. 이 경우 $t = 1$일 때 cdf가 된다.

참고로 여기에 불완전 감마함수를 포함한 감마분포의 cdf와 고장률에 대한 식은 다음과 같다.

$$G(x, \alpha) = \frac{1}{\Gamma(\alpha)} \int_{u=0}^{x} u^{\alpha-1} e^{-u} du \tag{2.43}$$

여기서, T-Gamma(형상 $= \alpha$, 비율 $= \lambda$)라면 T의 cdf는

$$F_T(t) = G(\lambda t, \alpha) \tag{2.44}$$

이다. 또한 고장률 위험률은 다음과 같이 구할 수 있다.

$$\lambda_T(t) = \frac{\lambda^{\alpha} t^{\alpha-1} e^{-\lambda t}}{\Gamma(\alpha)\left\{1 - G(\lambda t, \alpha)\right\}} \tag{2.45}$$

여기서, $t = 1$, $\alpha = 2$, $\lambda = 3$이면 $P(T \leq 1) = F_T(1) = G(3, 2)$는 0.8009로 계산된다.

2.7.2 포아송 과정

서울에서는 임의의 건조한 날에 평균 1.5번의 심각한 교통사고가 있다고 가정하자. 내일이 건조하다고 가정한다면 내일 3번의 사고가 있을 확률을 구해 보자. 서울에 일반적인 날에 각각 독립적으로 사고 확률이 p인 50,000명의 운전자가 있다고 가정하자. X를 내일 사고의 수라고 하면 $X \sim \text{Binom}(50{,}000, p)$이고, 확률 p는 다음과 같이 구해진다.

$$E[X] = 50000p = 1.5 \Rightarrow p = .00003$$

$$\therefore P(X = 3) = \binom{50000}{3}(.00003)^3 (.99997)^{49997} \approx 0.1255$$

여기서 운전자가 50,000명이 아니라면 어떻게 될까? 운전자를 100,000명이라 하고 $p = 0.000015$라면

$$P(X = 3) = \binom{100000}{3}(.000015)^3 (.999985)^{99997} \approx 0.1255$$

이다. $n \to \infty$이고 $p = \mu/n$ $(np = \lambda = 상수이므로)$라면,

$$\binom{n}{j} p^j (1-p)^{n-j} \to \frac{e^{-\mu}\mu^j}{j!}, \quad (j = 0, 1, 2, \cdots) \tag{2.46}$$

이다. 운전자의 수가 매우 크고 평균 $\mu = np = 1.5$이므로

$$P(X = 3) \approx \frac{e^{-\mu}\mu^3}{3!} = \frac{e^{-1.5}1.5^3}{3!} \approx 0.125$$

이고

$$P(X = j) \approx \frac{e^{-\mu}\mu^j}{j!}, \quad (j = 0, 1, 2, \cdots)$$

이다. 이러한 X를 모수가 μ인 포아송 분포 혹은 $X \sim Pois(\mu)$라고 한다.

이항분포의 n값이 크고 발생 확률 p가 매우 적으면 이항분포가 포아송 분포로 접근한다. 이것을 이항분포의 포아송 근사(Poisson approximation from binomial)라고 한다. $X \sim Pois(\mu)$이면, $E[X] = \mu$이고 $Var[X] = \mu$이다.

그림 2.13에서 포아송 분포가 어떤 형상인지를 알 수 있다. 포아송 분포는 1837년 프랑스의 수학자 Poisson에 의해 이항분포의 근사로서 도입되었다. 그때 이후로 많은 무작위

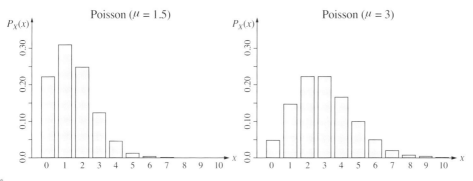

그림 2.13   포아송 분포도

현상들이 포아송 분포에 의해 설명될 수 있음이 입증되었다. 예를 들어 고속도로에서 하루 동안 발생하는 교통사고 수, 방사성 물질에 의해 초당 방출되는 α 입자의 수, 주어진 기간 안에 기계의 고장 횟수 등 단위시간당 잘 발생하지 않는 사건의 모사에 많이 활용되고 있다.

포아송 분포는 무기억의 성질을 갖고 있다. 단위시간에 발생한 사건의 수는 중복되지 않는 다른 단편의 사건의 수와 독립적이다. 예를 들면 어제의 사고 수는 오늘 일어난 사고의 모든 수에 영향을 주지 않는다는 의미이다. 그리고 매우 짧은 시간의 단편 동안에 사건이 발생할 확률은 단시간(dt)의 길이에 비례한다.

$$P[(t, \ t + dt) \ 동안의 \ 사건] \approx \lambda dt$$

λ는 과정의 비율이고 시간에 대해 일정하다. 연간 0.1 비율의 포아송 과정으로 일본에 대지진이 발생한다면, 8,760년 후에 지진이 발생할 확률은 다음과 같다.

$$\lambda dt = 0.1 \times \frac{1}{8760} = \frac{1}{87600}$$

포아송 과정의 사건 수를 셀 때, 포아송 분포를 얻고 다음 사건까지 걸리는 시간을 측정할 때, 지수분포를 얻는다. 비율 λ인 포아송 과정에 있어

1. t시간 간격의 사건의 수는 평균 $\mu = \lambda t$인 포아송 분포가 된다.
2. 첫 번째 사건까지의 시간, 임의의 두 사건 사이의 시간은 비율 λ인 지수분포가 된다.
3. n번째 사건이 발생할 때까지의 시간은 형상모수 $\alpha = n$, 비율 λ인 감마분포가 된다.

만약 $T_i \sim Expon$(비율 $= \lambda$)인 독립확률변수 $T_1, \ T_1, \ \cdots, \ T_n$의 값을 안다면, 이 값들의 합은 감마분포가 된다.

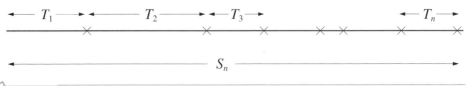

그림 2.14　포아송 과정의 발생시간 다이어그램

$$S_n = \sum_{i=1}^{n} T_i = Gamma(n, \lambda) \tag{2.47}$$

예제 2.21　10년에 한 번의 비율로 일본에 대지진이 발생한다. (a) 앞으로 5년 안에 지진이 발생하지 않을 확률은 얼마인가? (b) 앞으로 5년 안에 지진이 두 번 이상 발생할 확률은 얼마인가?

답　연 발생 비율 $\lambda = 0.1$인 포아송 과정으로 지진이 발생한다고 가정하자. N을 5년 안의 지진 발생 횟수라고 하면 $N{\sim}Pois(\mu)$이고, 이때 $m = \lambda t = 0.1 \times 5 = 0.5$이다. 그러므로

$$P(N = 0) = \frac{e^{-\mu}\mu^0}{0!} = e^{-0.5} \approx 0.6065$$

이다. 같은 방법으로

$$P(N > 2) = 1 - P(N \le 2)$$
$$= 1 - \left(e^{-\mu} + \mu e^{-\mu} + \frac{\mu^2}{2!}e^{-\mu} \right)$$
$$= 1 - e^{-0.5}\left(1 + 0.5 + \frac{0.5^2}{2!} \right) = 0.014$$

T를 다음 지진까지의 시간이라고 하면, $T{\sim}Expon(\lambda = 0.1)$이다. 향후 5년 안에 지진이 일어나지 않을 확률은 다음과 같다.

$$P(T > 5) = R_T(5) = e^{-5\lambda} = e^{-0.5} \approx 0.6065$$

S를 세 번째 지진까지의 시간이라고 하면 $S{\sim}Gamma(3, 0.1)$임을 알고, $P(S > 5)$의 계산에 의해 두 번 이상 지진이 일어나지 않을 확률도 구할 수 있다. 포아송 과정은 시간보다 오히려 공간에 관한 문제에 더 많이 활용된다.

예제 2.22   포아송 과정에서 페이지당 2개의 비율로 오타가 발생한다. 앞으로 3페이지 동안에 정확히 4개의 오타가 발생할 확률을 구해 보라.

답   3페이지를 넘기는 동안 발생한 오타의 수는 $\sim Pois(\mu)$이고, 여기서 $\lambda t = 2 \times 3 = 6$이다.

$$\therefore P(4\ Errors) = \frac{e^{-\mu}\mu^4}{4!} = \frac{e^{-6}6^4}{4!} \approx 0.13$$

2.7.3 와이블 분포

지수와 감마분포는 실패 과정, 즉 포아송 과정의 물리적 모델에 기초를 두고 근본적인 가정이 확인될 수 있기 때문에 자주 사용된다. 그러나 어떤 시스템의 수명 데이터를 모델링하는 데 융통성이 크지 않다. 와이블 분포는 물리적인 모델에 기초를 두지는 않지만 분포의 유연성과 융통성 때문에 신뢰도 분석에서 많이 사용된다.

형상모수 $v > 0$, 척도모수 $\beta > 0$인 와이블 분포의 고장률은 다음과 같다.

$$h(t) = \frac{v}{\mu}\left(\frac{t}{\beta}\right)^{v-1}, \qquad (t > 0) \tag{2.48}$$

$T \sim W$(모양 $= v$, 척도 $= \beta$)라고 쓴다. 또는 비율모수로 $\lambda = 1/\beta$을 대신 사용하기도 한다.

고장률 λ는 파라미터 $v > 1$이면 증가하고 $v < 1$이면 감소한다. $v = 1$이면 특별히 지수분포이다. 지수분포는 고장률이 일정하여 유용한 영역의 부품들에 적용되고, 시간에 따라 증가하는 고장률은 마모된 영역의 부품들에 적용되며 시간에 따라 감소하는 고장률은 유년기 영역의 부품들을 모델링하는 데 주로 이용된다. 이때 누적 위험도는 그림 2.15와 같고 상응하는 식은 (2.49)와 같다.

$$H(t) = \int_0^t h(u)du = \int_0^t \frac{v}{\beta}\left(\frac{u}{\beta}\right)^{v-1} du = \left(\frac{t}{\beta}\right)^v \tag{2.49}$$

이고 신뢰도는

$$R(t) = e^{-H(t)} = \exp\left\{-(t/\beta)^v\right\}, \qquad t > 0 \tag{2.50}$$

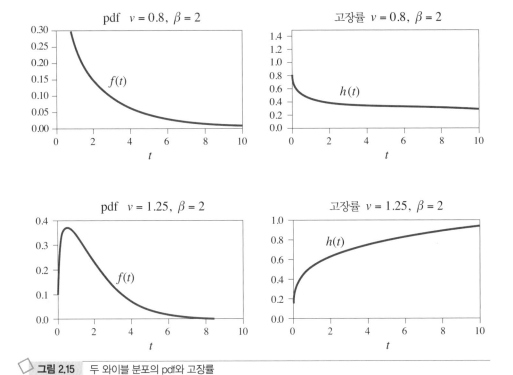

그림 2.15   두 와이블 분포의 pdf와 고장률

이다. 이를 미분하면 확률밀도함수 pdf가 얻어지고 그 식은 다음과 같다.

$$f(t) = \frac{v}{\beta}\left(\frac{t}{\beta}\right)^{v-1} \exp\left\{-(t/\beta)^v\right\} \tag{2.51}$$

$T{\sim}W(v, \beta)$라면 평균과 표준편차는

$$E[T] = \mu_T = \beta\Gamma\left(1+\frac{1}{v}\right) \tag{2.52}$$

$$V[T] = \beta\sqrt{\Gamma\left(1+\frac{2}{v}\right) - \Gamma\left(1+\frac{1}{v}\right)^2} \tag{2.53}$$

이다. 1,000시간 동안 측정한 구성요소의 실패까지의 시간 T는 $T{\sim}W$(형상 = 1.25, 척도 = 2) 분포이다. T의 평균과 표준편차는 각각 다음과 같다.

$$평균 \;\; \alpha = 2 \times \Gamma\left(1 + \frac{1}{1.25}\right) = 2\Gamma(1.8) \approx 1.863(\times 1000h)$$

$$분산 \;\; \beta^2 = \sqrt{\Gamma\left(1 + \frac{2}{1.25}\right) - \Gamma\left(1 + \frac{1}{1.25}\right)^2}$$

$$= 2\sqrt{\Gamma(2.6) - \Gamma(1.8)^2} \approx 1.500(\times 1000h)$$

2.7.4 극값 분포

시스템의 수명은 n개 각각의 실패 시간의 최솟값과 같다. $T \sim Wei$(형상 $= v$, 척도 $= \beta$)이면, $Y = \log(T)$는 소위 최소극값이라는 분포를 갖는다. 이것의 신뢰도함수는

$$R_Y(y) = \exp\left\{-\exp\left(\frac{y - \xi}{\delta}\right)\right\}, \quad (-\infty < y < \infty) \tag{2.54}$$

이다. 여기서 $\xi = \log \beta$는 위치모수, $\delta = 1/v$는 척도모수이고, $Y \sim EV$(위치 $= \xi$, 척도 $= \delta$)라고 표현된다. 최소극값 분포는 n이 큰 경우, 각각의 실패 시간의 분포가 어떻든 간에 n개의 동일한 기기의 시스템의 최소 실패 시간의 분포를 근사하는 데 유용하다. 따라서 $Y \sim EV$(위치 $= \xi$, 척도 $= \delta$)라면

$$E[Y] = \xi - \gamma\delta \tag{2.55}$$

$$sd[Y] = \frac{\pi}{\sqrt{6}}\delta \tag{2.56}$$

이고 $\gamma \approx 0.5772$는 오일러(Euler) 상수이며, 최대 실패 시간의 분포의 경우에는 검벨(Gumbel) 분포가 대신 사용된다.

$X \sim Gum$(위치 $= \xi$, 척도 $= \delta$)인 검벨 분포는 다음과 같다.

$$F_X(x) = \exp\left\{-\exp\left(-\frac{x - \xi}{\delta}\right)\right\}, \qquad (-\infty < x < \infty) \tag{2.57}$$

$$E[X] = \xi + \gamma\delta \tag{2.58}$$

$$sd[X] = \frac{\pi}{\sqrt{6}}\delta \tag{2.59}$$

2.7.5 표준 정규분포

Z가 표준 정규분포이고 $Z \sim N$(평균 = 0, 표준편차 = 1)이면

$$f_Z(z) = \frac{1}{\sqrt{2\pi}} e^{-x^2/2}, \quad (-\infty < z < \infty) \tag{2.60}$$

$f_z(-z) = f_z(z)$이므로 f_z는 우함수이다. 따라서 $E[Z] = 0$이고 $sd[Z] = 1$이다. 누적분포함수는 다음과 같다.

$$F_Z(z) = P(Z \le z) = \frac{1}{\sqrt{2\pi}} \int_{t=-\infty}^{z} \sigma^{-\frac{1}{2}t^2} \tag{2.61}$$

이 값은 통계표나 통계 패키지에서 쉽게 구할 수 있으며, 각각 그림 2.16은 표준 정규분포도, 그림 2.17은 누적 표준 정규분포의 개념도이다.

표준 정규분포의 cdf는 다음의 Error 함수와 밀접한 관련이 있다.

$$erf(x) = \frac{2}{\sqrt{\pi}} \int_{t=0}^{x} e^{-t^2} dt \tag{2.62}$$

이 식을 쉽게 표현하면 다음과 같다.

$$F_Z(z) = \frac{1}{2} + \frac{1}{2} erf(z/\sqrt{2}) \tag{2.63}$$

$X = \mu + \sigma Z$이므로 $Z \sim N$(평균 = 0, 표준편차 = 1)이다. X를 평균 μ, 표준편차 σ인 정규분포라 하고 $X \sim N(\mu, \sigma^2)$라고 쓴다. 따라서 평균과 분산은 다음과 같이 구할 수 있다.

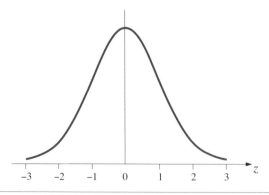

그림 2.16 표준 정규분포도

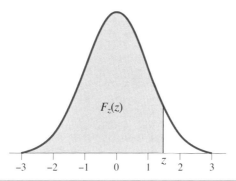

$F_z(z)$

-3 -2 -1 0 1 z 2 3

그림 2.17   표준 정규분포도의 면적을 이용한 cdf 표시 방법

$$E[X] = E[\mu + \sigma Z] = \mu + \sigma E[Z] = \mu$$

$$sd[X] = sd[\mu + \sigma Z] = \sigma \times \sigma sd[Z] = \sigma$$

정의로부터

$$X \sim N(\mu, \sigma^2), \qquad Z = \frac{X - \mu}{\sigma} \sim N(0, 1) \tag{2.64}$$

이고, pdf는

$$f_X(x) = \frac{1}{\sigma\sqrt{2\pi}} \exp\left\{ -\frac{1}{2}\left(\frac{x-\mu}{\sigma}\right)^2 \right\}, \quad (-\infty < x < \infty) \tag{2.65}$$

이다. 즉 확률밀도함수는 μ에 대해 대칭이며, $\mu \pm \sigma$에서 변곡점을 갖는다. 이때 분포가 $N(\mu, \sigma^2)$인 확률변수는 $\mu - \sigma$와 $\mu + \sigma$ 사이일 때 68%, $\mu - 2\sigma$와 $\mu + 2\sigma$ 사이일 때 95%, $\mu - 3\sigma$와 $\mu + 3\sigma$ 사이일 때 99.7%의 확률을 갖는다.

미국 남성의 키는 대략 평균 180cm, 표준편차 8cm인 정규분포를 보인다. 범위(168, 196cm) 구간 내 미국 남성의 키 비율은 얼마일까? X를 무작위의 미국 젊은 남성의 키라고 하면,

$$P(168 < X < 196) = P(x < 196) - P(X < 168)$$

을 구하면 된다.

$$Z = \frac{X - 180}{8} \tag{2.66}$$

을 이용하여 다음과 같이 구할 수 있다.

$$P(168 < X < 196) = P\left(\frac{168-180}{8} < Z < \frac{196-180}{8}\right)$$

$$= P(-1.5 < Z < 2) = F_Z(2) - F_Z(-1.5)$$

그리고 $X_1, \cdots, X_n$이 평균 μ, 표준편차 σ인 임의의 분포로부터 동일하게 독립적인 확률변수라면, n이 큰 경우 대략적으로 다음을 만족한다.

$$\sum_{i=1}^{n} X_i \sim N(\text{평균} = n\mu, \text{표준편차} = \sigma\sqrt{n}) \ \ and \ \ \overline{X} \sim N\left(\text{평균} = \mu, \text{표준편차} = \frac{\sigma}{\sqrt{n}}\right)$$

이 정의를 사용하기 위해 어느 정도의 정확한 답이 요구되는지, X의 분포가 어느 정도 뒤틀려 있는지에 따라 n값의 크기가 요구된다. 대략적인 가이드에 따라 X의 분포가 정확히 대칭인 동안에는 $n = 15$ 정도면 충분히 큰 값이다.

예제 2.23 리프트의 설계 명세서는 총중량 1,200kg이 1%를 초과하지 않을 것을 요구한다. 사람의 평균 무게가 68kg이고 표준편차가 12kg이라고 가정하자.

(a) 15명이 1,200kg을 초과할 확률을 계산하라.
(b) 설계 명세서대로 리프트에 탑승 가능한 최대 인원수를 구해 보라.

답 임의의 사람의 무게를 X라고 하자. 그러면 $E[X] = 68$, $sd[X] = 12$가 된다. 사람의 무게 분포가 대칭이므로, 중심 극한 정리를 이용하여 문제를 해결할 수 있다.

(a) 15명의 총무게를 W라 하면 대략적으로

$$W = X_1 + X_2 + \cdots + X_{15}$$
$$\sim N(15 \times 68, \sqrt{15} \times 12)$$

가 된다. $P(W > 1,200)$를 구하면 되므로 표준화하면

$$Z = \frac{W - 15 \times 65}{\sqrt{15 \times 12^2}}$$

이다. $X \sim N(0, 1)$이므로

$$P(W > 1200) = P\left(Z > \frac{1200 - 15 \times 68}{\sqrt{15 \times 12^2}}\right)$$

$$= P(Z > 3.873) \approx 0.00005$$

를 구할 수 있다.

(b) 15명의 과대중량의 확률이 요구된 1% 위험도보다 매우 작으므로, 리프트에 더 많은 인원이 탑승할 수 있다. 이때 18명의 평균 중량이 18 × 68 = 1,224 > 1,200이므로, 최대 인원수는 18보다 작아야 한다.

16, 17명에 대해 (a)를 반복해서 계산하면 각각 0.0098, 0.19의 확률로 과대중량이 된다. 이때 최대 허용 중량은 16명이 된다.

2.7.6 로그정규분포

정규분포의 정의역은 음수 영역을 포함한다. 고장률이나 시간 등의 변수는 음수가 아니므로 원전과 같은 복잡한 설비의 신뢰도 평가에는 로그정규분포가 정규분포보다 훨씬 많이 사용된다. $X \sim N(\mu, \sigma^2)$이면, $Y = e^X$는 위치모수 μ, 척도모수 σ인 로그정규분포가 되며 $Y \sim \Lambda(\mu, \sigma^2)$이라고 쓴다.

로그정규분포는 그림 2.18에서와 같이 오른쪽으로 많이 기울어져 있다. $Y \sim \Lambda(\mu, \sigma^2)$의 평균과 표준편차는 각각 다음과 같다.

$$E[Y] = \exp(\mu + \sigma^2 / 2) \qquad sd[Y] = E[Y]\sqrt{e^{\sigma^2} - 1}$$

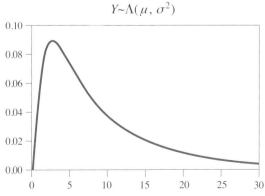

그림 2.18 로그정규분포도

$Y \sim \Lambda(\mu, \sigma^2)$의 95% 백분위수는 $P(Y \le q) = 0.95$인 q값이다. $X = \log Y$라고 하면, $X \sim N(2, 1^2)$, $Z = X - 2 \sim N(0, 1)$이 되므로,

$$P(Y \le q) = P(X \le \log q) = P(Z \le \log q - 2)$$

가 된다.

2.8 확률분포의 변환

2.8.1 서론

많은 공학적인 문제는 기본 변수를 종속변수와 하나 이상의 독립적인 기본 변수 사이의 함수 관계를 포함한다. 만약 모든 기본 변수들이 확률변수라면 종속변수 또한 확률변수이다. 확률분포와 종속변수의 적률(moments) 또한 기본 확률변수와 함수적으로 관계가 있다. 확률변수 함수의 확률분포는 변환(transformation)을 통해 구할 수 있다.

2.8.2 단일 확률변수

다음 식 (2.67)과 같이 단조증가하는 x의 확률변수가 있다.

$$Y = g(X) \tag{2.67}$$

일반적으로 $y = g(x)$ 함수의 역함수로 x를 찾을 수 있다.

$$x = g^{-1}(y) \tag{2.68}$$

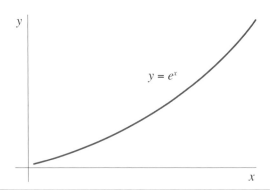

그림 2.19   단조증가하는 단일 함수

g^{-1}함수는 g함수의 역함수이다. 아래와 같은 조건에서 우리는 직접 누적분포함수(CDF)의 종속변수 y에 대하여 해석적으로 구할 수 있다.

$$F_y(y) = P[Y \leq y] = P[X \leq x] = P[X \leq g^{-1}(y)] \tag{2.69}$$

또는

$$F_y(y) = F_x[g^{-1}(y)] \tag{2.70}$$

일반적으로 확률변수와 관련된 함수적인 분포를 찾을 때 확률변수의 누적분포함수(CDF)를 사용해야 한다. y의 확률밀도함수(PDF)를 구하기 위하여 누적분포함수(CDF)를 찾아야 하고 누적분포함수(CDF)를 미분해야 한다. 따라서

$$f_y(y) = \frac{d}{dy} F_Y(y)$$
$$= \frac{d}{dy} \{F_y[g^{-1}(y)]\} = \frac{d}{dy} \left[\int_{-\infty}^{g^{-1}(y)} f_x(x)dx \right] \tag{2.71}$$

그 결과로

$$f_y(y) = \frac{dg^{-1}(y)}{dy} f_x[g^{-1}(y)] \tag{2.72}$$

$g^{-1}(y)$를 x로 치환하면

$$f_y(y) = \frac{dx}{dy} f_x(x) \tag{2.73}$$

또는

$$f_y(y)dy = f_x(d)dx \tag{2.74}$$

로 구해지며 이 과정은 y가 x와 함께 단조증가 또는 감소하는 함수에서만 적용할 수 있다.

2.8.3 변환의 물리적 의미

y를 중심으로 dy의 구간 폭에서 선택하는 Y는 $x = g^{-1}(y)$에 상응하는 $dx = dg^{-1}(y)$의 구간 폭에서 선택하는 X와 같다. $g(x)$와 y함수의 기울기 때문에 구간 폭은 일반적으로 같지 않다. 단조감소하는 함수에서

$$f_y(y) = 1 - f_x[g^{-1}(y)] \tag{2.75}$$

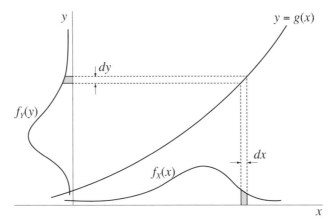

그림 2.20   변수 변환의 그래프 해석

의 결과로

$$f_y(y) = -\frac{dg^{-1}(y)}{dy} f_x[g^{-1}(y)] \tag{2.76}$$

를 얻는다. 그러나 우변의 처음 항이 음수이기 때문에

$$f_y(y) = \left| \frac{dg^{-1}(y)}{dy} \right| f_x[g^{-1}(y)] \tag{2.77}$$

또는

$$f_y(y) = \left| \frac{dx}{dy} \right| f_x[g^{-1}(y)] \tag{2.78}$$

이다.

다음과 같은 X와 Y 사이의 선형 관계를 고려하여

$$Y = aX + b \tag{2.79}$$

로 주어진 함수 Y의 분포를 찾아보자. 역함수는

$$X = \frac{y-b}{a}$$

이다. 그러므로

$$\frac{dx}{dy} = \frac{1}{a} \tag{2.80}$$

이다. 정규분포의 확률밀도함수 식을 사용하여 나타내면

$$f_y(y) = \frac{1}{a} \frac{1}{\sigma_x \sqrt{2\pi}} e^{-\frac{1}{2}\left(\frac{y-b-\mu_x}{a\sigma_x}\right)^2} \tag{2.81}$$

또는

$$f_y(y) = \frac{1}{\sigma_y \sqrt{2\pi}} e^{-\frac{1}{2}\left(\frac{y-\mu_y}{\sigma_y}\right)^2} \tag{2.82}$$

이다. 그러므로 Y가 정규분포를 따르면

$$\mu_y = a\mu_x + b \quad \text{그리고} \quad \sigma_y = a\sigma_x$$

이다.

만약 X가 변수 λ와 ζ의 로그정규분포일 때 $Y = \ln(X)$는 정규분포가 된다. 문제의 함수의 역함수는

$$x = e^y \tag{2.83}$$

이다. 그러므로

$$\frac{dx}{dy} = e^y \tag{2.84}$$

이다. 정규분포의 확률밀도함수를 사용하여 나타내면

$$f_y(y) = e^y \frac{1}{\sqrt{2\pi}\zeta e^y} e^{-\frac{1}{2}\left(\frac{\ln(e^y)-\lambda}{\zeta}\right)^2}$$

$$= \frac{1}{\sqrt{2\pi}\zeta} e^{-\frac{1}{2}\left(\frac{y-\lambda}{\zeta}\right)^2} \tag{2.85}$$

그러므로 Y는 평균값이 λ이고 표준편차가 ζ인 다음과 같은 평균과 분산이 구해진다.

$$E[\ln X] = \lambda, \quad \text{Var}[\ln X] = \zeta^2$$

다음의 함수 관계를 생각해 보자.

$$Z = X + Y \tag{2.86}$$

여기서 $g(z, y)$나 $g(x, z)$로 $f(x, y)$를 나타내야 한다.

X와 Y의 확률누적분포함수는

$$F_{X, Y}(X, Y) = P[(X \leq x) \cap (Y \leq y)] \qquad (2.87)$$

이다. 그리고 결합확률밀도함수는

$$f_{X, Y}(x, y) = P[(x \leq X \leq x + dx) \cap (y \leq Y \leq y + dy)] \qquad (2.88)$$

이다. Z의 누적분포함수(CDF)는 $f(x, y)$에서 $g(z, y)$로의 변환을 고려했을 때

$$F_z(z) = \int_{Z \leq z} f_{X, Y}(x, y) dx dy \qquad (2.89)$$

가 되고 역함수는

$$x = z - y \qquad (2.90)$$

인데 야코비(Jacobian) 변환으로 구할 수 있다.

변수 변경은 $x = x(u, v)$와 $y = y(u, v)$로 주어지는 일대일 변환이라고 가정하자. u, v에 관한 x와 y의 1차 편도함수는 연속이다. 이때

$$\iint_R f(x, y) \, dx \, dy = \iint_S f[x(u, v), y(u, v)] \, J(u, v) \, du \, dv \qquad (2.91)$$

이고, $J(u, v)$는 다음과 같은 야코비 변환이다.

$$J(u, v) = \left| \frac{\partial(x, y)}{\partial(u, v)} \right| \qquad (2.92)$$

2×2 행렬의 행렬식은 다음과 같다.

$$\det \begin{bmatrix} a & b \\ c & d \end{bmatrix} = \begin{vmatrix} a & b \\ c & d \end{vmatrix} = ad - bc \qquad (2.93)$$

그러므로 야코비 변환은 다음과 같다.

$$J(u, v) = \begin{vmatrix} \dfrac{\partial x}{\partial u} & \dfrac{\partial x}{\partial v} \\ \dfrac{\partial y}{\partial u} & \dfrac{\partial y}{\partial v} \end{vmatrix} = \frac{\partial x}{\partial u} \frac{\partial y}{\partial v} - \frac{\partial x}{\partial v} \frac{\partial y}{\partial u} \qquad (2.94)$$

또한 변환식은

$$F_z(z) = \int_{-\infty}^{\infty} \int_{-\infty}^{\infty} f_{X,Y}(z-y,\, y) J(z,\, y)\, dz\, dy \qquad (2.95)$$

이다.

따라서 야코비 변환 $J(z,\, y)$는 다음과 같다.

$$J(z,\, y) = \begin{vmatrix} \dfrac{\partial x}{\partial z} & \dfrac{\partial x}{\partial y} \\[2mm] \dfrac{\partial y}{\partial z} & \dfrac{\partial y}{\partial y} \end{vmatrix} = \begin{vmatrix} 1 & -1 \\ 0 & 1 \end{vmatrix} = (1)(1) - (-1)(0) = 1 \qquad (2.96)$$

그러므로

$$F_z(z) = \int_{-\infty}^{\infty} \int_{-\infty}^{\infty} f_{X,Y}(z-y,\, y)\, dz\, dy \qquad (2.97)$$

이다.

결합확률밀도함수는 다음과 같은 분포함수의 도함수로부터 얻어진다.

$$f_z(z) = \frac{dF_z(z)}{dz} = \int_{-\infty}^{\infty} f_{X,Y}(z-y,\, y)\, dy \qquad (2.98)$$

서로 독립인 X와 Y로부터

$$F_{X,Y}(x,\, y) = F_X(x) F_Y(y) \qquad (2.99)$$

$$f_{X,Y}(x,\, y) = f_X(x) f_Y(y) \qquad (2.100)$$

이고, 그러므로 결합확률밀도함수는

$$f_z(z) = \int_{-\infty}^{\infty} f_X(z-y) f_Y(y)\, dy \qquad (2.101)$$

가 된다. 또한 $f(x,\, y)$를 $g(x,\, y)$로 변환하는 것을 보여 줄 수 있다.

$$f_z(z) = \int_{-\infty}^{\infty} f_{X,Y}(x,\, z-x)\, dx \qquad (2.102)$$

그리고 독립인 X와 Y에 대하여 다음의 식과 같다.

$$f_z(z) = \int_{-\infty}^{\infty} f_X(x) f_Y(z-x)\, dx \qquad (2.103)$$

이 식은 컨볼루션(convolution) 적분치이고, 많은 문제에서 와이블, 검벨 등 실용적인 확률밀도함수들에 의해 정의된다. 몬테카를로 시뮬레이션 방법이나 FORM 같은 근사법에서도 사용될 수 있다.

평균과 표준편차가 각각 μ_x, σ_x와 μ_y, σ_y인 X와 Y가 통계적으로 독립적인 정규분포인 경우를 생각해 보자. $Z = X - Y$인 확률밀도를 구해 보자.

$$f_z(z) = \int_{-\infty}^{\infty} \left[\frac{1}{\sigma_x \sqrt{2\pi}} \exp\left(-\frac{1}{2}\left(\frac{(z+y)-\mu_x}{\sigma_x}\right)^2\right) \frac{1}{\sigma_x \sqrt{2\pi}} \exp\left(-\frac{1}{2}\left(\frac{y-\mu_y}{\sigma_y}\right)^2\right) \right] dy$$

$$= \frac{1}{\sigma_x \sigma_y \sqrt{2\pi}} \int_{-\infty}^{\infty} \exp\left[-\frac{1}{2}\left(\left(\frac{(z+y)-\mu_x}{\sigma_x}\right)^2 + \left(\frac{y-\mu_y}{\sigma_y}\right)^2\right)\right] dy \qquad (2.104)$$

여기서 지수항을 간단히 하면 다음 식 (2.105)와 같다.

$$\left(\frac{(z+y)-\mu_x}{\sigma_x}\right)^2 + \left(\frac{y-\mu_y}{\sigma_y}\right)^2$$

$$= \left(\frac{(z-\mu_x)^2}{\sigma_x^2} + \frac{y^2}{\sigma_x^2} + \frac{2y(z-\mu_x)}{\sigma_x^2}\right) + \left(\frac{y^2}{\sigma_y^2} + \frac{\mu_y^2}{\sigma_y^2} + \frac{2y\mu_y}{\sigma_y^2}\right)$$

$$= \left(\frac{(z-\mu_x)^2}{\sigma_x^2} + \frac{\mu_y^2}{\sigma_y^2}\right) + y^2\left(\frac{1}{\sigma_x^2} + \frac{1}{\sigma_y^2}\right) + 2y\left(\frac{(z-\mu_x)}{\sigma_x^2} - \frac{\mu_y}{\sigma_y^2}\right) \qquad (2.105)$$

$u = \dfrac{1}{\sigma_x^2} + \dfrac{1}{\sigma_y^2}$이고 $v = \dfrac{(z-\mu_x)}{\sigma_x^2} - \dfrac{\mu_y}{\sigma_y^2}$를 다시 치환하면 식 (2.106)이 된다.

$$f_z(z) = \frac{1}{\sigma_x \sigma_y \sqrt{2\pi}} \exp\left[-\frac{1}{2}\left(\frac{(z-\mu_x)^2}{\sigma_x} + \frac{\mu_y^2}{\sigma_y^2}\right)\right] \int_{-\infty}^{\infty} \exp\left[-\frac{1}{2}(y^2 u + 2uv)\right] dy \qquad (2.106)$$

적분과 대수 소거 후 확률밀도함수의 최종 식은 (2.107)과 같다.

$$f_z(z) = \frac{1}{\sigma_z \sqrt{2\pi}} \exp\left[-\frac{1}{2}\left(\frac{(z-\mu_z)}{\sigma_z}\right)^2\right] \qquad (2.107)$$

그리고 위의 정규밀도함수의 평균값과 표준편차는 예상한 대로 다음과 같이 얻어진다.

$$\mu_z = \mu_x - \mu_y, \qquad \sigma_z = \sqrt{\sigma_x^2 + \sigma_y^2}$$

2.9 일반함수 변환 시 평균과 분산

다음 식과 같은 선형함수를 생각해 보자.

$$Y = aX + b \tag{2.108}$$

a와 b는 상수이다. Y의 평균값은 수학적 기댓값으로 다음과 같이 구할 수 있다.

$$
\begin{aligned}
E[Y] = E[aX + b] &= \int_{-\infty}^{\infty} (ax + b) f_x(x) dx \\
&= a \int_{-\infty}^{\infty} x f_x(x) dx + b \int_{-\infty}^{\infty} f_x(x) dx \\
&= a(E[X]) + b(1) = aE[X] + b
\end{aligned}
\tag{2.109}
$$

Y의 분산은 다음과 같다.

$$
\begin{aligned}
Var[Y] = E\left[(Y - \mu_y)^2\right] &= E\left[aX + b - (a\mu_x + b)^2\right] \\
&= a^2 \int_{-\infty}^{\infty} (x - \mu_x)^2 f_x(x) dx \\
&= a^2 Var[X]
\end{aligned}
\tag{2.110}
$$

a_1, a_2가 상수인 다른 문제를 생각해 보자.

$$Y = a_1 X_1 + a_2 X_2 \tag{2.111}$$

Y의 평균값은

$$
\begin{aligned}
E[Y] &= \int_{-\infty}^{\infty} \int_{-\infty}^{\infty} (a_1 x_1 + a_2 x_2) f_{x_1, x_2}(x_1, \ x_2) dx_1 dx_2 \\
&= a_1 \int_{-\infty}^{\infty} x_1 f_{x_1}(x_1) dx_1 + a_2 \int_{-\infty}^{\infty} x_2 f_{x_2}(x_2) dx_2 \\
&= a_1 E[X_1] + a_2 E[X_2]
\end{aligned}
\tag{2.112}
$$

이다. 그러므로 합의 기댓값은 각 기댓값의 합과 같다.

분산은 다음과 같다.

$$
\begin{aligned}
Var[Y] &= E\left[(a_1 X_1 + a_2 X_2) - (a_1 \mu_{x_1} + a_2 \mu_{x_2})\right]^2 \\
&= E\left[(a_1(X_1 - \mu_{x_1}) + a_2(X_2 - \mu_{x_2}))\right]^2 \\
&= E\left[(a_1^2(X_1 - \mu_{x_1})^2 + 2a_1 a_2(X_1 - \mu_{x_1})(X_2 - \mu_{x_2}) + a_2^2(X_2 - \mu_{x_2})^2\right] \\
&= a_1^2 Var[X_1] + a_2^2 Var[X_2] + 2a_1 a_2 Cov[X_1, X_2]
\end{aligned}
\tag{2.113}
$$

$Cov[X_1, X_2]$는 X_1과 X_2 사이의 공분산이다. 만약 X_1과 X_2가 통계적으로 독립적이라면 $Cov[X_1, X_2] = 0$이다. 그리고 분산은

$$
Var[Y] = a_1^2 Var[X_1] + a_2^2 Var[X_2]
\tag{2.114}
$$

이다. 만약 a_i가 상수이고

$$
Y = \sum_{i=1}^{n} a_i X_i
\tag{2.115}
$$

라면 평균은 다음과 같다.

$$
E[Y] = \sum_{i=1}^{n} a_i E[X_i]
\tag{2.116}
$$

그리고 분산은 다음과 같다.

$$
\begin{aligned}
Var[Y] &= \sum_{i=1}^{n} a_i^2 Var[X_i] + \sum\sum_{i=j} a_i a_j\, Cov[X_i, X_j] \\
&= \sum_{i=1}^{n} a_i^2 \sigma_{x_i}^2 + \sum\sum_{i=j} a_i a_j\, \rho_{x_i, x_j}\, \sigma_{x_i} \sigma_{x_j}
\end{aligned}
\tag{2.117}
$$

상관계수 ρ_{x_i, x_j}는 X_i, X_j 사이의 연관 정도를 나타내는 상수이다. 다음의 n의 곱으로 이루어진 독립확률변수를 살펴보자.

$$
Z = X_1 X_2 \cdots X_n
\tag{2.118}
$$

평균값은 다음과 같다.

$$E[Z] = \int_{-\infty}^{\infty} \cdots \int_{-\infty}^{\infty} x_1 \cdots x_n f_{x_1}(x_n) \cdots f_{x_n}(x_n) dx_1 \cdots dx_n$$

$$= \int_{-\infty}^{\infty} x_1 f_{x_1}(x_1) d_{x_1} \int_{-\infty}^{\infty} x_2 f_{x_2}(x_2) dx_2 \cdots \int_{-\infty}^{\infty} x_n f_{x_n}(x_n) dx_n$$

$$= E[X_1] E[X_2] \cdots E[X_n] \tag{2.119}$$

그러므로 다음과 같다.

$$\mu_Z = \mu_{x_1} \mu_{x_2} \cdots \mu_{x_n} \tag{2.120}$$

이것은 또한 다음과 같이 나타낼 수 있다.

$$E[Z^2] = E[X_1^2] E[X_2^2] \cdots E[X_n^2] \tag{2.121}$$

그러므로 독립인 확률변수의 분산은 다음과 같다.

$$\sigma_Z^2 = E[X_1^2] E[X_2^2] \cdots E[X_n^2] - (\mu_{x_1} \mu_{x_2} \cdots \mu_{x_n})^2 \tag{2.122}$$

다시 비선형함수도 포함하는 다음 식과 같은 단일확률변수 X의 일반함수를 생각해 보자.

$$Y = g(X) \tag{2.123}$$

Y의 적률함수 $g(X)$의 수학적인 기댓값과 분산은 다음과 같다.

$$E[Y] = E[g(X)] = \int_{-\infty}^{\infty} g(x) f_x(x) dx \tag{2.124}$$

$$Var[Y] = \int_{-\infty}^{\infty} \left[g(x) - E[Y] \right]^2 f_x(x) dx \tag{2.125}$$

확률밀도함수 $f_x(x)$는 보통 알지 못한다. 그리고 알고 있을지라도 적분하기 어려울 수 있다. 이 경우에는 테일러 급수를 이용하여 함수를 근사화해 평균과 분산을 구할 수 있다.

$x = a$인 점에서 함수 $g(X)$의 테일러 급수는 다음과 같다.

$$g(x) = g(a) + \frac{dg(a)}{dx}(x-a) + \frac{1}{2!} \frac{d^2 g(a)}{dx^2}(x-a)^2 + \frac{1}{3!} \frac{d^3 g(a)}{dx^3}(x-a)^3 + \cdots$$

$$= \sum_{n=0}^{\infty} \frac{d^{(n)} g(a)}{n!}(x-a)^{(n)} \tag{2.126}$$

여기서 $g^{(n)}(a)$는 a에서의 x에 대해서 함수 g의 n차 방정식이다.

단일변수의 경우 평균점에서의 테일러 급수의 처음 3개 항으로 대신하면 다음과 같다.

$$E[Y] \approx \int_{-\infty}^{\infty} \left[g(\mu_x) + \frac{dg(\mu_x)}{dx}(x-\mu_x) + \frac{1}{2!}\frac{d^2g(\mu_x)}{dx^2}(x-\mu_x)^2 \right]^2 f_x(x)dx$$

$$\approx g(\mu_x) + \frac{dg(\mu_x)}{dx}\int_{-\infty}^{\infty}(x-\mu_x)f_x(x)dx + \frac{1}{2!}\frac{d^2g(\mu_x)}{dx^2}\int_{-\infty}^{\infty}(x-\mu_x)f_x(x)dx$$

$$\approx g(\mu_x) + \frac{dg(\mu_x)}{dx}\left[\int_{-\infty}^{\infty}xf_x(x)dx - \mu_x\int_{-\infty}^{\infty}f_x(x)dx\right] + \frac{1}{2!}\frac{d^2g(\mu_x)}{dx^2}Var[X]$$

$$\approx g(\mu_x) + \frac{dg(\mu_x)}{dx}[\mu_x - \mu_x(1)] + \frac{1}{2!}\frac{d^2g(\mu_x)}{dx^2}Var[X]$$

$$\approx g(\mu_x) + \frac{1}{2!}\frac{d^2g(\mu_x)}{dx^2}Var[X] \tag{2.127}$$

이차항부터 항의 절댓값이 매우 적은 값이므로 무시할 수 있다. 이때 평균의 일차 근사는 다음과 같이 구할 수 있다.

$$E[Y] = E[g(x)] \approx g(\mu_x) \tag{2.128}$$

또한 같은 방법으로 분산을 구하면 다음 식 (2.129)와 같다.

$$Var[Y] \approx \int_{-\infty}^{\infty}\left[\left(g(\mu_x) + \frac{dg(\mu_x)}{dx}(x-\mu_x) + \frac{1}{2!}\frac{d^2g(\mu_x)}{dx^2}(x-\mu_x)^2\right) - g(\mu_x)\right]^2 f_x(x)dx$$

$$\approx \int_{-\infty}^{\infty}\left[\frac{dg(\mu_x)}{dx}(x-\mu_x) + \frac{1}{2!}\frac{d^2g(\mu_x)}{dx^2}(x-\mu_x)^2\right]^2 f_x(x)dx$$

$$\approx \int_{-\infty}^{\infty}\left[\frac{d^2g(\mu_x)}{dx^2}(x-\mu_x)^2 + \frac{dg(\mu_x)}{dx}\frac{d^2g(\mu_x)}{dx^2}(x-\mu_x)^3\right.$$

$$\left. + \frac{1}{4}\frac{d^4g(\mu_x)}{dx^4}(x-\mu_x)^4\right]f_x(x)dx \tag{2.129}$$

이때 고차 적률을 무시하면 다음과 같은 식이 얻어진다.

$$Var[Y] \approx \frac{d^2g(\mu_x)}{dx^2}\int_{-\infty}^{\infty}[(x-\mu_x)^2]f_x(x)dx$$

$$\approx \frac{d^2g(\mu_x)}{dx^2}Var[X] \tag{2.130}$$

이제 n개의 확률변수가 있는 일반적인 다중변수 문제를 생각해 보자.

$$Y = g(X_1, X_2, \cdots, X_n) \tag{2.131}$$

이 함수의 평균과 분산은 식 (2.132) 및 식 (2.133)과 같다.

$$E[Y] = E[g(X_1, X_2, \cdots, X_n)] =$$

$$\int_{-\infty}^{\infty} \cdots \int_{-\infty}^{\infty} g(x_1, x_2, \cdots, x_n) f_{x_1, x_2, \cdots, x_n}(x_1, x_2, \cdots, x_n) dx_1 dx_2 \cdots dx_n \tag{2.132}$$

$$Var[Y] = \int_{-\infty}^{\infty} \cdots \int_{-\infty}^{\infty} \left[g(x_1, x_2, \cdots, x_n) - E[Y] \right]^2 f_{x_1, x_2, \cdots, x_n}(x_1, x_2, \cdots, x_n) dx_1 dx_2 \cdots dx_n \tag{2.133}$$

단일변수의 경우와 마찬가지로 다중변수 문제도 테일러 급수를 이용하여 근사할 수 있다. 이때 변수의 수에 따른 테일러 급수의 일반화는 다음과 같다.

$$g(X) = g(x_1, x_2, \cdots, x_n) = \sum_{i=0}^{\infty} \left\{ \left[\sum_{j=1}^{n} \frac{\partial}{\partial x_j}(x_j - a_j) \right]^i \frac{g(a_1, a_2, \cdots, a_n)}{i!} \right\} \tag{2.134}$$

(a_1, a_2)에 대해서 $g(x_1, x_2)$인 이변수 함수의 테일러 급수는 식 (2.135)와 같다.

$$g(x_1, x_2) = \sum_{i=0}^{\infty} \left[\frac{\partial}{\partial x_1}(x_1 - a_1) + \frac{\partial}{\partial x_2}(x_2 - a_2) \right]^i \frac{g(a_1, a_2)}{i!}$$

$$+ \frac{1}{2!} \left[\frac{\partial^2 g}{\partial x_1^2}(x_1 - a_1)^2 + (x_1 - a_1)(x_2 - a_2)\frac{\partial^2 g}{\partial x_1 \partial x_2} + \frac{\partial^2 g}{\partial x_2^2}(x_2 - a_2)^2 \right] \tag{2.135}$$

또한 $a = (a_1, a_2, \cdots, a_n)$인 다변수 문제에서 테일러 급수의 근사는 다음과 같다.

$$g(X) = g(a) + \sum_{j=1}^{n} \frac{\partial g}{\partial x_j}(x_j - a_j) + \frac{1}{2!} \left[\sum_{j=1}^{n} \frac{\partial g}{\partial x_j}(x_j - a_j) \right]^2 + \cdots$$

$$= g(a) + \sum_{j=1}^{n} \frac{\partial g}{\partial x_j}(x_j - a_j) + \frac{1}{2!} \sum_{j=1}^{n} \sum_{k=1}^{n} \frac{\partial^2 g}{\partial x_j \partial x_k}(x_j - a_j)(x_k - a_k) + \cdots$$

$$\approx g(a_1, a_2) + \left[\frac{\partial}{\partial x_1}(x_1 - a_1) + \frac{\partial}{\partial x_2}(x_2 - a_2) \right] \tag{2.136}$$

평균에 대한 일반함수를 확장하면

$$
\begin{aligned}
E(Y) \approx \int_{-\infty}^{\infty} \cdots \int_{-\infty}^{\infty} & \Big[g(\mu_{x_1} \mu_{x_2} \cdots \mu_{x_n}) + \sum_{i=1}^{n} \frac{\partial g}{\partial x_i}(x_i - a_i) \\
& + \frac{1}{2!} \sum_{i=1}^{n} \sum_{j=1}^{n} \frac{\partial^2 g}{\partial x_i \partial x_j}(x_i - a_i)(x_j - a_j) + \cdots \Big] f_{x_1, \cdots, x_n}(x_1, \cdots, x_n) dx_1 \cdots dx_n \\
\approx & \ g(\mu_{x_1} \mu_{x_2} \cdots \mu_{x_n}) + \frac{1}{2!} \sum_{i=1}^{n} \sum_{j=1}^{n} \frac{\partial^2 g}{\partial x_i \partial x_j} Cov[X_i, X_j] + \cdots
\end{aligned}
\tag{2.137}
$$

이다. 고차항들은 무시하고 일차 근사의 평균과 분산을 구하면 다음과 같다.

$$
E(Y) \approx g(\mu_{x_1} \mu_{x_2} \cdots \mu_{x_n}) \tag{2.138}
$$

$$
\begin{aligned}
Var[Y] \approx \int_{-\infty}^{\infty} \cdots \int_{-\infty}^{\infty} & \Bigg[\left(g(\mu_{x_1} \mu_{x_2} \cdots \mu_{x_n}) + \sum_{i=1}^{n} \frac{\partial g}{\partial x_i}(x_i - \mu_{x_i}) \right) \\
& - g(\mu_{x_1} \mu_{x_2} \cdots \mu_{x_n}) \Bigg]^2 f_{x_1, x_2, \cdots, x_n}(x_1, x_2, \cdots, x_n) dx_1 dx_2 \cdots dx_n \\
\approx \int_{-\infty}^{\infty} \cdots \int_{-\infty}^{\infty} & \left[\sum_{i=1}^{n} \frac{\partial g}{\partial x_i}(x_i - \mu_{x_i}) \right]^2 f_{x_1, x_2, \cdots, x_n}(x_1, x_2, \cdots, x_n) dx_1 dx_2 \cdots dx_n \\
\approx \sum_{j=1}^{n} \sum_{k=1}^{n} & \frac{\partial g}{\partial x_i} \frac{\partial g}{\partial x_j}(x_i - \mu_{x_i})(x_j - \mu_{x_j}) \\
\approx \sum_{i=1}^{n} \sum_{j=1}^{n} & \frac{\partial g}{\partial x_i} \frac{\partial g}{\partial x_j} Cov[X_i, X_j]
\end{aligned}
\tag{2.139}
$$

이때 확률변수들 간 독립이면 그 결과는 단순화되며 식 (2.140)으로 귀결된다.

$$
Var[Y] \approx \sum_{i=1}^{n} \left(\frac{\partial g}{\partial x_i} \right)^2 Var(X_i) \tag{2.140}
$$

2.10 다변량 확률분포함수

확률변수와 확률변수의 확률분포의 개념은 2개 또는 더 많은 변수(multivariate variable)로 확장될 수 있다. 2개 또는 더 많은 변수의 결합은 결합확률법칙을 따르며 다중확률변수는 다변량 분포의 특징을 갖는다.

2개의 확률변수 X와 Y를 생각해 보자. X와 Y가 이산변량이라면 확률분포는 결합확률질량함수(PMF)에 의해서 설명할 수 있다.

$$p_{X, Y}(x, y) = P[(X = x) \cap (Y = y)] \tag{2.141}$$

이때 결합누적분포함수(CDF)는 다음과 같이 정의된다.

$$F_{X, Y}(x, y) = P[(X \leq x) \cap (Y \leq y)]$$
$$= \sum_{x_i \leq x} \sum_{y_i \leq y} p_{X, Y}(x_i, y_i) \tag{2.142}$$

예를 들어 자동차가 30초 간격으로 지나가는 점의 변수 X와 자동차가 지나가는 것을 기록하는 불완전한 차량계수기 Y를 생각해 보자. 두 변량 확률분포함수는 그림 2.21과 같다.

어떤 사건의 확률은 어떤 사건으로 이어질 다음과 같은 X와 Y의 쌍의 값을 알아낼 때 발견할 수 있다. 계수기가 잘못 기록하지 않을 때 확률은 다음과 같다.

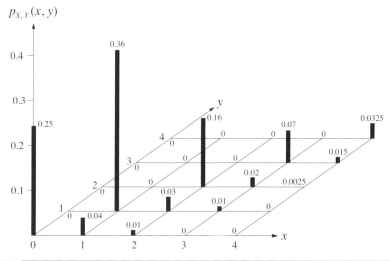

그림 2.21 두 변량 확률분포함수의 예

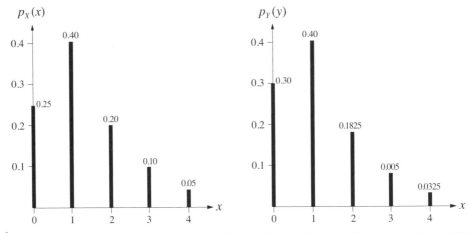

그림 2.22 X와 Y의 Marginal PMF

$$P(X = Y) = P[(X = x_i) \cap (Y = y_i)] = \sum_{all\ x_i} p_{X,\,Y}(x_i, y_i)$$

$$= p_{X,\,Y}(0, 0) + p_{X,\,Y}(1, 1) + p_{X,\,Y}(2, 2) + p_{X,\,Y}(3, 3) + p_{X,\,Y}(4, 4)$$

$$= 0.25 + 0.36 + 0.16 + 0.07 + 0.0325 = 0.8725$$

계수기로부터 오류가 일어날 때의 확률은 다음과 같다.

$$P(X \neq Y) = 1 - P(X = Y)$$

$$= 1 - 0.8725 = 0.1275$$

이때 주변분포(marginal distribution)는 특정 변수가 다른 변수와의 상관관계를 설명할 수 있다. 확률질량함수는 다음과 같이 구할 수 있다(그림 2.22 참조).

$$p_X(x) = P[X = x] = \sum_{all\ y_i} p_{X,\,Y}(x, y_i) \tag{2.143}$$

주변누적분포함수는 다음과 같다.

$$F_X(x) = P[X \leq x] = \sum_{x_i \leq x} p_X(x_i)$$

$$= \sum_{x_i \leq x} \sum_{all\ y_i} p_{X,\,Y}(x, y_i) = F_{X,\,Y}(x, \infty) \tag{2.144}$$

X는 변수이고 Y는 알고 있거나 고정된 값인 y라고 가정하면 조건확률질량함수(conditional probability)가 다음과 같이 주어진다.

$$p_{X|Y}(x, y) = P[(X = x) | (Y = y_i)] = \frac{P[(X = x) \cap (Y = y_i)]}{P(Y = y_i)}$$

$$= \frac{p_{X, Y}(x, y_i)}{\sum_{all \ x_i} p_{X, Y}(x_i, y_i)} = \frac{p_{X, Y}(x, y_i)}{p_Y(y_i)}$$

조건확률질량함수(PMF)는 주변 분포의 항들로 표현될 수 있다. 자동차와 계수기 문제에서 계수기가 1로 계수했다고 가정하면 다음의 표에 상응하는 그림 2.23이 얻어진다.

	$Y = 0$	$Y = 1$	$Y = 2$	$Y = 3$	$Y = 4$	$p_X(x)$
$X = 0$	0.25	0	0	0	0	0.25
$X = 1$	0.04	0.36	0	0	0	0.40
$X = 2$	0.01	0.03	0.16	0	0	0.20
$X = 3$	0	0.01	0.02	0.07	0	0.10
$X = 4$	0	0	0.0025	0.015	0.0325	0.05
$p_Y(y)$	0.30	0.40	0.1825	0.185	0.0325	1.00

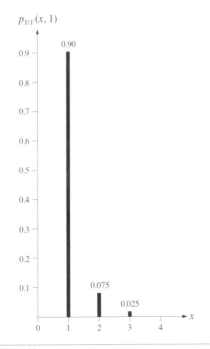

$p_{X|Y}(x, 1)$

이때 조건분포(conditional distribution)는 $Y = 1$일 때 주변분포 $p_Y(1)$의 값으로부터 $p_{X,Y}(x, 1)$의 상대적인 값을 나누어서 얻는다. 마찬가지로 연속확률변수의 결합분포(joint distribution)에서 X와 Y의 확률은 각각 다음의 간격 사이에 있다.

$$\{x, x + dx\} \text{와} \{y, y + dy\}$$

$f_{X,Y}(x, y)$가 결합확률밀도함수일 때 어떤 사건이 간격 사이에서 발생할 확률은 $f_{X,Y}(x, y)dxdy$이다. 이때 결합누적분포함수는 다음과 같이 밀도함수의 적분으로 얻는다.

$$
\begin{aligned}
F_{X, Y}(x, y) &= P[(X \le x) \cap (Y \le y)] \\
&= P[(-\infty \le X \le x) \cap (-\infty \le Y \le y)] \\
&= \int_{-\infty}^{x} \int_{-\infty}^{y} f_{X, Y}(u, v)\,du\,dv
\end{aligned}
\tag{2.145}
$$

일반적으로 밀도함수를 적분하여 누적분포함수를 구하는 것은 쉽지 않다. 단일변수 때와 마찬가지로 결합분포와 밀도함수는 확률법칙에 따라야 한다. 확률밀도함수는 분포함수로부터 나타내며 그 식은 다음과 같다.

$$f_{X, Y}(x, y) = \frac{\partial^2 F_{X, Y}(x, y)}{\partial x \partial y} \tag{2.146}$$

이때 연속확률변수의 주변분포도 동일하게 구할 수 있다. X에 관한 주변확률밀도함수는 다음과 같이 모든 Y값에 대한 결합밀도함수의 적분으로 나타낼 수 있다.

$$f_X(x) = \int_{-\infty}^{\infty} f_{X, Y}(x, y)\,dy \tag{2.147}$$

그러므로 주변누적분포함수는

$$F_X(x) = P(X \le x) = \int_{-\infty}^{\infty} f_X(u)\,du \tag{2.148}$$

또는

$$F_X(x) = F_{X, Y}(x, \infty) \tag{2.149}$$

이다. 이것은 식 (2.150)과 같이 편미분식을 의미한다.

$$f_X(x) = \frac{\partial F_{X, Y}(x, \infty)}{\partial x} \tag{2.150}$$

이때 주어진 Y값에 대한 X의 확률은 다음과 같은 조건확률질량함수로 주어진다.

$$f_{X|Y}(x \mid y) = \frac{f_{X,Y}(x,y)}{f_Y(y)} \tag{2.151}$$

조건누적분포함수는 불연속 변수의 경우와 마찬가지로 다음과 같이 정의된다.

$$f_{X|Y}(x \mid y) = P[(X \le x) \mid (Y \le y)]$$
$$= \int_{-\infty}^{x} f_{X|Y}(u, y)\,du \tag{2.152}$$

또한 조건밀도함수를 이용하여 결합확률밀도함수를 다음과 같이 정의할 수 있다.

$$f_{X,Y}(x, y) = f_{X|Y}(x \mid y)f_Y(y) \quad \text{또는} \quad f_{X,Y}(x, y) = f_{Y|X}(y \mid x)f_X(x) \tag{2.153}$$

마찬가지로 X와 Y가 독립일 때 다음의 식으로 단순화할 수 있다.

$$f_{X|Y}(x \mid y) = f_X(x) \quad \text{또는} \quad f_{Y|X}(y \mid x) = f_Y(y) \tag{2.154}$$

따라서 독립적인 변수에 대한 결합확률밀도함수는 다음과 같이 표현된다.

$$f_{X,Y}(x, y) = f_X(x)f_Y(y) \tag{2.155}$$

이때 공분산(covariance)과 상관계수(correlation)의 중요 변수는 X와 Y의 결합 2차 적률로부터 구해진다. 공분산이란 임의의 두 변수 사이에 선형 상호 관계의 정도를 나타내는 변수이다. 먼저 XY의 기댓값은 다음과 같다.

$$E[XY] = \int_{-\infty}^{\infty} \int_{-\infty}^{\infty} xy f_{X,Y}(x, y)\,dx\,dy \tag{2.156}$$

사건 X와 Y가 독립이면 관계식은 다음과 같다.

$$E[XY] = \int_{-\infty}^{\infty} \int_{-\infty}^{\infty} xy f_X(x)f_Y(y)\,dx\,dy$$
$$= \int_{-\infty}^{\infty} x f_X(x)\,dx \int_{-\infty}^{\infty} y f_Y(y)\,dy = E[X]E[Y] \tag{2.157}$$

평균 μ_x, μ_y에 관한 결합 2차 적률을 이용하여 X와 Y에 대한 공분산을 정의한다.

$$Cov[X, Y] = E[(x - \mu_x)(y - \mu_y)]$$
$$= E[XY] - E[X]E[Y] \tag{2.158}$$

정의에 따라서 X와 Y가 통계적으로 독립이라면 $Cov[X, Y] = 0$이고 만약 $Cov[X, Y]$가 양수이고 크다면, X와 Y의 값이 비례하고 각각의 평균과 연관이 있다. 만약 $Cov[X, Y]$가 음수이고 크다면, 역으로 X값은 Y값이 작을 때 오히려 큰 경향이 있다. 만약 $Cov[X, Y]$가 작거나 0이라면, X와 Y 사이에 비선형 관계나 아주 작은 선형 관계가 있다. 그러나 강한 비선형 관계가 여전히 존재할 수도 있으므로 $Cov[X, Y]$가 0이라고 해서 두 사건이 반드시 독립은 아니다.

상관계수는 공분산을 다음과 같이 표준화한 것으로 정의된다.

$$\rho_{X, Y} = \frac{Cov[X, Y]}{\sigma_x \sigma_y} \tag{2.159}$$

σ_x, σ_y가 X와 Y 각각의 표준편차일 때, 상관계수의 범위는 항상 다음과 같다.

$$-1 \leq \rho_{X, Y} \leq 1 \tag{2.160}$$

이때 두 변량 정규분포의 확률밀도함수는 다음과 같다. $\rho_{X, Y}$가 X와 Y 사이의 상관계수일 때

$$
\begin{aligned}
&f_{X, Y}(x, y) \\
&= \frac{1}{2\pi\sigma_x\sigma_y\sqrt{1 - \rho_{X, Y^2}}} \exp\left\{-\frac{1}{2(1-\rho_{X, Y^2})}\left[\left(\frac{x-\mu_x}{\sigma_x}\right)^2 - 2\rho\left(\frac{x-\mu_x}{\sigma_x}\right)\left(\frac{y-\mu_y}{\sigma_y}\right) + \left(\frac{y-\mu_y}{\sigma_y}\right)^2\right]\right\}
\end{aligned}
\tag{2.161}
$$

함수를 다시 정리하면 식 (2.162)와 같다.

$$
\begin{aligned}
&f_{X, Y}(x, y) \\
&= \frac{1}{\sqrt{2\pi}\sigma_x}\exp-\frac{1}{2}\left[\left(\frac{x-\mu_x}{\sigma_x}\right)^2\right]\frac{1}{\sqrt{2\pi}\sigma_y\sqrt{1-\rho_{X, Y^2}}}\exp\left[-\frac{1}{2}\left(\frac{y-\mu_y-\rho_{X, Y}\left(\frac{\sigma_y}{\sigma_x}\right)(x-\mu_x)}{\sigma_y\sqrt{1-\rho_{X, Y^2}}}\right)^2\right]
\end{aligned}
\tag{2.162}
$$

$X = x$일 때 Y의 조건확률밀도함수는 식 (2.163)과 같다.

$$f_{Y|X}(y\,|\,x) = \frac{1}{\sqrt{2\pi}\sigma_y\sqrt{1-\rho_{X,Y^2}}}\exp\left[-\frac{1}{2}\left(\frac{y-\mu_y-\rho_{X,Y}\left(\frac{\sigma_y}{\sigma_x}\right)(x-\mu_x)}{\sigma_y\sqrt{1-\rho_{X,Y^2}}}\right)^2\right] \qquad (2.163)$$

이때 정규분포의 평균과 분산은 각각 다음과 같다.

$$E[Y\,|\,X=x] = \mu_y - \rho_{X,Y}\left(\frac{\sigma_y}{\sigma_x}\right)(x-\mu_x) \qquad (2.164)$$

$$Var[Y\,|\,X=x] = \sigma_Y^2(1-\rho_{X,Y^2}) \qquad (2.165)$$

X의 주변확률밀도함수도 아래와 같이 정규분포이다.

$$f_X(x) = \frac{1}{\sqrt{2\pi}\sigma_x}\exp\left[-\frac{1}{2}\left(\frac{x-\mu_x}{\sigma_x}\right)^2\right] \qquad (2.166)$$

이때 조건확률분포와 Y의 주변확률밀도함수는 각각 유사하게 식 (2.167)과 (2.168)로 얻어진다.

$$f_{X|Y}(X|Y) = \frac{1}{\sqrt{2\pi}\sigma_x\sqrt{1-\rho_{X,Y^2}}}\exp\left[-\frac{1}{2}\left(\frac{x-\mu_x-\rho_{X,Y}\left(\frac{\sigma_x}{\sigma_y}\right)(y-\mu_y)}{\sigma_x\sqrt{1-\rho_{X,Y^2}}}\right)^2\right] \qquad (2.167)$$

그리고

$$f_Y(y) = \frac{1}{\sqrt{2\pi}\sigma_y}\exp\left[-\frac{1}{2}\left(\frac{y-\mu_y}{\sigma_y}\right)^2\right] \qquad (2.168)$$

이 최종 결과로 얻어진다.

참고문헌

1. Ang, A. H-S., and W. H. Tang, *Probability Concepts in Engineering Planning and Design*, Vol. 1, Wiley, NY, 1975.

2. Boris Gnedenko and Igor Ushakov, *Probabilistic Reliability Engineering*, New York: Wiley, 1995.

3. E. E. Lewis, *Introduction to Reliability Engineering*, New York: Wiley, 1994.

4. Ernest J. Henley & Hiromitsu Kumamoto, *Probabilistic Risk Assessment*, 1st Ed, IEEE Press, 1922.

5. Gumbel, E. J., *Statistics of Extremes*, Columbia Univ. Press, NY, 1958.

6. Ian S. Sutton, *Process Reliability and Risk Management*, 1st Ed, Van Nostrand Reinhold, 1992.

7. Jeffrey W. Vincolis, *Basic Guide to Accident Investigation and Loss Control*, Van Nostrand Reinhold, 1994.

8. Lapin, L. L., *Probability and Statistics for Modern Engineering*, Brooks, Cole, Belmont, CA, 1983.

9. Lawrence M. Leemis, Reliability: *Probabilistic Models and Statistical Methods*, Prentice Hall, 1995.

10. Montgomery, D. C., and G. C. Runger, *Applied Statistics and Probability for Engineers*, Wiley, NY, 1994.

11. Olkin, I., Z. J. Gleser, and G. Derman, *Probability Models and Applications*, Macmillan Co., NY, 1980.

12. Pieruschka, E., *Principles of Reliability*, Prentice-Hall, Englewood Cliffs, NJ, 1963.

13. Terje Aven, *Reliability and Risk Analysis*, 1st Ed, Elsevier Applied Science, 1992.

14. Uncertainty in Probabilistic Safety Assessment, G.E. Apostolakis, Nuclear Engineering and Design, 115, 1989.

15. W. E. Vessly and D. M. Rasmuson, *Uncertainty in Nuclear Probabilistic Risk Analyses*, RISK ANALYSIS, Vol. 4, No. 3, 1984.

연습문제

2.1 5개의 큰 펌프와 4개의 작은 펌프를 포함한 비상노심냉각계(ECCS)가 주어졌다. 각각의 큰 펌프는 각자 자신의 디젤에 의해 가동된다. 각각의 작은 펌프 쌍은 하나의 디젤에 의해 가동된다. ECCS의 성공적 작동을 위해, 다음과 같은 조합 중 어떤 하나의 조합으로 가동되어야 한다.

(a) 4개 또는 그 이상의 큰 펌프

(b) 5개의 큰 펌프와 하나의 작은 펌프

(c) 2개의 큰 펌프와 4개의 작은 펌프

디젤의 작동 시작 시 요구되는 고장률은 10^{-2}이다. 디젤이 작동하더라도 펌프가 작동하지 않을 확률은 10^{-1}이다. ECCS의 고장률을 구하라.

2.2 컨트롤 기기들의 시간에 대한 첫 고장률이 지수분포이다. 이 분포의 평균은 5,000hrs이다. 기기가 다음까지 고장 나지 않았을 때 1,000hrs 더 살아남을 확률은 얼마인가?

(a) 1,000hrs

(b) 5,000hrs

2.3

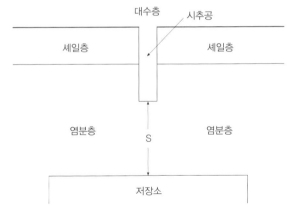

위 그림은 깊은 저장소 안의 가상의 방사성폐기물 처분장에서의 지질학적 단면적을 상당히 간략하게 보여 주고 있다. 폐기물이 저장소에서 지하수로 방출될 수 있는 메커니즘 중 한 가지는 물이 침투할 수 있는 발견되지 않은 시추공을 통해서이다. (방사성 폐기물 저장 시설의 부지 선정 전 폭발성과 광물 채취활동 때문에, 저장소를 둘러싸는 염분층까지 암반을 통과하는 발견되지 않은 시추공이 있을 수 있다.) 가정은 다음과 같다.

(a) 저장소 부지 : 8,000km^2

(b) 발견되지 않은 시추공의 평균 밀도 : $\beta = 10^{-3}$/km^2

(c) 이 시설의 정지 시 저장소와 임의의 시추공 통로 사이의 거리 s는 간격 (s_0, s_1) 사이에서 일정하게 변한다. 단, $s_0 = 20\text{m}$, $s_1 = 100\text{m}$이다.

(d) 시추공을 통해 저장소까지 물을 이동시키는 데 걸리는 시간 $T = s^3/v$이고, 이때 $v = 10^{-2}\text{m}^3/\text{yr}$이다.

다음을 결정하라.

(i) 임의로 선택된 시추공을 통해 저장소까지 이르는 데 걸리는 시간의 누적밀도함수

(ii) 시추공을 통한 물의 침투로 시간당 폐기물 누출의 누적밀도함수

(iii) 10^4, 10^6, 10^9년 안에 폐기물이 누출될 확률

2.4 원자력 발전소 부지 내에서의 평균 폭풍 발생률은 1년에 2.5회 발생하는 Poisson process에 의해 모델링될 수 있다.

(a) 폭풍이 다시 발생하는 시간이 8개월보다 더 길 확률은 얼마인가?

(b) 두 번째 폭풍이 발생하기까지의 시간에 대한 분포를 유도하라. 이 분포를 사용하여 주어진 연도 내에 폭풍이 발생할 확률을 구하라.

2.5 캘리포니아 대법원은 검사가 수학적 통계를 이용하여 피고를 범죄와 연결하는 것을 받아들이지 않았다. 사건은 다음과 같다. 산페드로 지역 골목길을 따라 집으로 걷고 있던 나이 든 여자가 뒤에서 공격을 받고 강탈당했다. 피해자는 금발의 젊은 여자가 뛰어가는 것을 가까스로 보았다고 말했다. 다른 목격자는 금발에 뒤로 머리를 땋은 백인 여자가 골목을 뛰어나가 콧수염과 턱수염이 있는 흑인 남자의 노란색 차량에 타는 것을 보았다고 말했다. 며칠 후 한 커플이 이러한 증언에 따라 용의자로 지목되었다. 검사는 어떠한 커플도 목격자들이 진술한 모든 특징을 가질 확률이 12,000,000분의 1이라고 주장했다. 이 숫자는 다음과 같이 가정된 횟수에서 도출된 것이다.

노란색 차량	1/10
콧수염을 기른 남자	1/4
뒤로 머리를 땋은 여자	1/10
금발의 여자	1/3
턱수염을 기른 흑인 남자	1/10
차에 피부색이 다른 커플이 타고 있는 경우	1/1,000

배심원은 유죄를 선고했지만, 캘리포니아 대법원은 결정을 뒤집었다.

(a) 검사가 계산한 12,000,000분의 1이라는 확률에 동의하는가?

(b) 이 확률이 정확하다고 가정한다면, 그것이 그 커플에게 유죄를 선고하는 데 충분한 정보인가? 가능한 명확히 설명하라.

계통신뢰도 분석 방법론

03

3.1 리스크 분석 방법론

이 절에서 우리는 예비 위험도 분석(PHA), 위험조업성 연구(HAZOP), 고장 모드 및 영향 분석(FMEA/FMECA)이라고 불리는 대표적인 정성적 위험도 분석 방법론에 대해서 다루고자 한다.

3.1.1 예비 위험도 분석

예비 위험도 분석(preliminary hazard analysis, PHA)은 사건 순서에 대해서 잠재적인 위험을 근거로 개연성 있는 사고를 통해 정량적인 분석을 하는 방법이다. 이 방법론은 가능한 사건들을 먼저 정하고 그 후에 각 사건을 상세하게 분리하여 분석한다. 아울러 각각의 사건과 위험도에 대해 개선 가능한 기능을 예측하고 이를 미연에 방지할 수 있는 기능을 차례로 도출한다.

이 방법론은 위험 요소를 분류함으로써 정확하게 의사결정을 할 수 있는 기초를 제공하며 숨겨진 위험 요인을 발견하여 적합한 대처 가능 분석 방법을 제시한다. 이러한 분석은 작업 환경에서의 작업자의 활동에 안전 기능이 부족하다고 확인되는 경우 유용하게 사용되는 방법으로서 상세한 위험도 분석을 수행하기 전에 대략적인 예비 위험도 분석 방법으로 많이 활용되고 있다.

3.1.2 위험조업성 연구

위험조업성(HAZOP) 기술은 1970년대 초에 미국 화학산업 분야에서 주도적으로 개발되었다. 위험조업성 연구는 개별적인 설비들이 시스템에 줄 수 있는 영향과 설계 내용에서 벗어나는 정도를 조사하는 것을 기본적인 방법으로 하여, 이미 존재하거나 새롭게 생긴 잠재적인 위험 요소를 각 분야의 전문가가 분석 및 종합하여 적용하는 분석 방법이다.

일반적으로 위험조업성 연구는 정상 상태의 공정을 유지하기 위해 중요 변수의 통제에 대한 이해를 통해 발생할 수 있는 사고 시나리오의 원인을 규명하는 것에 사용되어야 한다. 즉 시스템의 상태가 몇 개의 중요 변수로 나타나고 이 변수의 값이 설계 표준에서 어긋나는 정도에 따라서 이것이 전체 시스템에 어떠한 위험을 야기할 수 있는지 분석하고 규명하는 일에 사용되어야 한다. 따라서 위험조업성 연구는 정량적인 분석틀이기보다는 정성적인 분석틀이며 보통 사건 수목에 대한 초기 사건이나 고장 수목의 정점 사건(top event)을 결정하는 일에 활용되므로 위험성 분석의 중요한 도구로 사용되고 있는 사건 수목과 고장 수목 분석의 초기 사건 분석 방법으로 많이 활용되고 있다.

3.1.3 고장 모드 및 영향 분석

고장 모드 및 영향 분석(FMEA/FMECA)은 시스템의 잠재적인 고장과 결함이 전체 시스템에 야기할 수 있는 영향을 파악하는 체계적인 방법을 통칭하는 용어이다. 이 방법론은 사소하고 부분적인 문제점들이 궁극적으로 시스템 전체에 어떠한 영향을 유발하는지 파악하는 상향식 접근 방법이다. 또한 이 방법은 시스템과 설비의 신뢰성 향상과 분석에 효율적으로 이용되고 있다. 고장 모드 및 영향 분석은 고장이 발생하는 경로와 어떠한 고장이 발생하였는지, 또한 고장이 발생하면 상위 시스템에 어떠한 영향을 미치는지에 대해 명확히 구분하여 이를 통해 시스템에 대해 얼마나 치명적인지(criticality), 또는 시스템 동작에 얼마나 해로운 영향을 미치는지를 분석할 수 있다. 치명도에 대한 분석을 포함하는 고장 모드 및 영향 분석은 때로 FMECA라고도 명명되기도 하며, 위험도(hazard)와 작업자의 조업성(operability)에 대한 분석에 집중하는 경우에는 바로 앞에서 설명한 위험조업성 연구(HAZOP)라고도 한다. 그러나 이들은 거의 동일한 의미의 정성적 안전성 분석 기법으로 이해할 수 있다.

고장 모드 및 영향 분석에 대한 예는 우리가 흔히 접하는 컴퓨터용 모니터에서 찾아볼 수 있다. 모니터 내부에는 다양한 소자나 부품이 설계되어 있다. 이 중 축전기를 예로 살펴보자. 축전기는 크게 두 가지 고장 모드를 갖고 있는데, 하나는 개방(open)이고, 다른 하나는 단락(short)이다. 만약 축전기가 외부의 영향으로 개방이 되었을 경우에는 모니터의 화면에 Wave Line이라는 표시가 나타나게 될 것이다. 또 단락이 되었을 경우에는 모니터 화면은 아예 동작하지 않을 것이다. 여기서 고장 모드의 다양한 형태에 따라 시스템에 어떠한 영향들이 발생하는지에 대해 이해할 수 있을 것이고, 또한 어떠한 고장 모드가 더 치명적인지 판단할 수 있다.

고장 모드 및 영향 분석을 수행하는 목적은 분석하고자 하는 시스템의 기능과 구조에서 어디서 고장이 발생하는지 그리고 고장의 결과에 대한 영향은 어떠한지를 정확히 구분하는 데 있다. 이러한 분석 단계가 끝나면 가장 치명적인 고장 모드를 알 수 있고, 이 고장들에 대해 영향을 최소화할 수 있는 방법과 분석평가를 실시할 수 있다.

이 절에서 기술한 세 가지 방법론은 하드웨어에 대해 친숙한 작업자에게 유용하다. 더 나아가 고장 모드 및 영향 분석은 시스템에 있는 각 개별적인 기기들에 대해서 깊은 이해가 필요하다. 이러한 정량적인 방법론은 계통의 운전 상황뿐만 아니라 설계에서도 유용하게 사용된다.

위에서 언급된 모든 방법론은 원자력 발전소와 화학 공정에서 사용되고 있다. 고장 모드 및 영향 분석은 생산품에 대한 신뢰도를 향상시키기 위해서 세미컨덕터 제조시설에서 사용되어 왔다. 예비 위험도 분석의 경우에는 안전성 분석이 필요한 다양한 기반에서 사용되며 위험조업성 연구는 화학 공정의 고장에 대해 자세히 분석하고 파이프나 각 측정기구에 사용된 시스템의 전체적인 설계를 분석하는 데 유용하게 사용된다.

3.2 사건 수목 모델

3.2.1 고장 수목 분석

고장 수목 분석(fault tree analysis)은 1962년 Bell Telephone 연구소에서 출발하였으며, 미국과 소련의 대륙 간 탄도 미사일 발사 제어 계통의 안전성을 평가하기 위해서 사용되었다. 고장 수목은 비슷한 고장 사이의 관계, 즉 시스템에 있는 특정한 사건 가운데 각각의 기기의 고장에 대한 논리적 다이어그램이다. 그것은 연역적인 논리에 근거를 두고 최종적 결말 사건을 정의한 후에 그 사건을 일으키는 고장들 간의 관계에 대해서 확립하는 방법이다.

고장 수목은 정량적이고 정성적인 위험도 분석에 기초를 두고 있다. 정량적인 고장 수목은 구조적으로 더 느슨하고 더 강한 논리적인 관계를 요구하지 않는 데 반해 정성적인

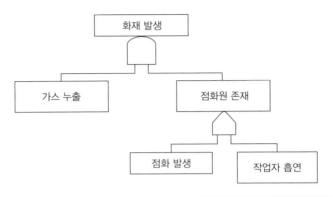

화재 발생을 모델링한 고장 수목 사례

고장 수목은 강한 논리적 관계를 요구한다는 데 차이가 있다. 그림 3.1은 화재 발생을 야기할 수 있는 고장에 대해 분석한 것이다. 이 방법론은 산업계에서 널리 사용되고 있으며, 공식적으로 인정된 여러 소프트웨어를 사용하여 분석하고 있다. 큰 교통 사고에 대한 원인 관계를 고장 수목으로 적용한 것은 문서화되어 보존되고 있기도 하다.

3.2.2 사건 수목 분석

사건 수목 분석(event tree analysis)은 선택된 초기 사건의 발생 후에 일어나는 결과의 순서를 도식화한 방법론이다. 이러한 방법은 고장 수목과는 다르게 귀납적인 논리를 사용하고 있어 사고 전과 사고 후에 적용하기 좋다. 초기 사건을 연결하는 과정을 왼쪽에서 나타내고 그로 인해 발생할 수 있는 손실 상태를 오른쪽에 나타낸다. 각 계통의 정점 사건은 계통 분석으로부터 얻어지는 분기점의 확률을 통해서 나타낸다. 대개 노드의 위로 올라가는 경우는 계통의 성공을 나타내고 내려가는 경우는 고장을 나타낸다.

사건 수목은 원자력 발전소의 사고 시나리오를 모사하고 분석하기 위해서 사용될 뿐만 아니라 원자력 발전소의 사고 발생빈도를 정량화하는 데도 사용된다.

3.2.3 원인 결과 분석

원인 결과 분석(Cause Consequence Analysis, CCA)은 사건 수목 분석과 고장 수목 분석의 한 부분이 되는 방법론이다. 이 방법은 원인 분석과 결과 분석으로 나뉘며 연역적인 분석과 귀납적인 분석이 동시에 사용된다. CCA의 목적은 원하지 않는 결과를 일으키는 사건에 대한 연쇄성을 확립하는 것이다. CCA는 다이어그램을 통한 다양한 사건의 가능성을 고려하여 다양한 결과에 대한 가능성을 계산하고 최종적으로 계통의 위험도 수준을 정하게 된다. 그림 3.2는 일반적인 CCA를 보여 준다.

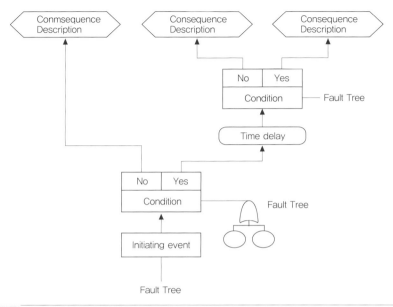

◇ **그림 3.2** 일반적인 원인 결과 분석(CCA) 사례

이 방법은 RISO 연구소에서 개발되었고 원자력 발전소의 위험도 분석에 사용되고 있으며 자세한 내용은 제5장에서 다룰 것이다.

3.2.4 경영 감시 위험 수목

경영 감시 위험 수목(Management Oversight Risk Tree, MORT)는 1970년대에 미국 에너지연구소에서 복잡하고 목표 중심적인 경영 계통에 대해서 안전을 분석하기 위한 도구로 개발되었다. MORT는 논리적이고 순서적인 안전 프로그램 요소들을 배열하는 데 사용되는 방법론이다. 위 분석은 '위험, 파괴, 다른 대가, 파괴된 물품, 감소된 신뢰성'이라는 정점 사건을 가진 고장 수목에 의해서 수행된다. 그 수목은 경영적인 관점에서 정점 사건의 원인을 전체적으로 둘러보는 데 필요한 시야를 제공한다.

MORT 수목은 경영과 행정, 사고 예방에 관련된 분야에서 확립된 1,500개의 가능한 기본 사건뿐만 아니라 100가지의 일반적인 사건들을 제공한다. 일반적인 MORT 다이어그램은 이런 보고서의 마지막에 포함되어 있고 MORT는 사건과 사고의 분석에 사용되며 안전 프로그램의 평가에 이용된다. 그것은 일반적인 19가지의 평균적인 문제를 드러내는 조사 과정에서 유용하다. MORT 분석과 함께 보완적인 조사 방법은 각 경우당 20가지가 첨가되어 있다.

3.2.5 안전도 경영 조직 평가 기술

안전도 경영 조직 평가 기술(Safety Management Organization Review Technique, SMORT) 은 스칸디나비아에서 개발된 MORT를 수정 및 보완한 방법론이다. 이 기법은 관련된 점 검 리스트를 가진 분석 수준의 도구들로 구성되어 있다. 반면에 MORT는 광대한 수목 구 조에 근거를 두고 있다. 구조적인 특성 때문에 SMORT는 수목에 기초한 방법론 중 하나 로 분류된다.

SMORT 분석은 점검 리스트와 그들과의 관계 가운데 있는 질문에 기반을 두고 수집 된 자료를 포함하고 있다. 그리고 필요에 따라서 결과에 대해 평가하는 부분도 첨가된 다. 그 정보는 인터뷰를 통해서 수집될 수도 있고, 문서와 조사의 연구를 통해 모으기도 한다. 이러한 기법은 자세한 사고의 분석과 실수에 대해 어떤 적절한 행동이 수반되어야 하는지 알려 준다. 또한 안전 측정을 위한 계획에도 좋은 방법으로 사용되고 있다. 수목 에 기반을 둔 방법론은 원하지 않는 사건을 만들어 내는 경로를 찾는 과정에 많이 사용된 다. 더 나아가 사건 수목과 고장 수목은 경제적인 손실이나 생태학적인 손실을 만드는 사 건에 대한 사고의 발생 확률 정량화 및 확률론적인 위험성 평가를 하는 곳에 널리 사용된 다. 따라서 고장 수목과 사건 수목을 사용하는 곳은 정량적이고 논리적인 평가가 필요한 사고들이다.

한편 사건 수목과 고장 수목에서는 하드웨어의 고장이나 인간 오류와 같은 것에 대처하 기 위한 작업자의 행동에 대한 방향이 제시되어 있지 않다. 이로 인해서 인간 오류를 제외 한 사건들 사이의 의존성에 대한 수준을 평가하는 데 적합하다. 따라서 고장 수목 분석의 경우 위와 같은 결점을 극복하기 위해 인간의 인지에 대한 신뢰성과 이러한 반응이 나타 날 때를 모델링하는 기법이 연구되어야 할 것이다.

3.3 동적 신뢰도 분석 방법

이 절에서는 GO 방법론, 유향도(digraph/fault graph), 마르코프 모델링, 동적 사건 논리 분 석 방법론, 그리고 동적 사건 수목 분석 방법의 특징과 장단점을 살펴보자.

3.3.1 GO 방법론

고우(GO) 방법론은 시스템에서 물리적 신호의 흐름을 모델링하는 데 초점을 두고 만들어 졌다. GO 방법론은 계통의 물리적 신호 흐름을 모사할 수 있는 성공 지향적인 계통 분석 기술로서 대상 계통의 신뢰도와 가용도를 평가한다.

계통 분석자는 블록 다이어그램과 같이 미리 정의된 연산자를 이용하여 계통에서 신호가 어떻게 전달되는지 보여 주는 Go-Flow Diagrams를 구성할 수 있다. 이 모델은 요구되는 어떤 시간에서의 성공 확률지표인 신호를 기초적인 확률법칙을 이용하여 평가한다.

고장 수목/사건 수목 분석 방법과 비교해 GO 또는 Go-Flow 방법론은 상태 변위에 대한 문제를 간단하게 표현할 수 있고, 시간 의존적인 사건을 해석하는 데 더 유용하게 사용된다. 그러나 이 방법은 상태 변수의 효과에 대한 모사를 할 수 없는 한계를 지니며, 고장 수목/사건 수목 분석 방법에서 계통의 불이용도를 줄이는 방법을 결정할 때 매우 중요시되는 최소 단절군 집합과 같은 구조적 정보를 알 수 없다는 것이 단점이다. 더욱이 공통원인 고장률의 현상을 모델링할 수 없는 단점이 있다.

3.3.2 유향도

유향도(digraph, fault graph) 방법론은 언어와 수학적 계산 방법을 통해 성공 경로와 2개의 노드 사이에 존재 가능한 모든 경로의 집합을 평가한다. 이 방법론은 GO 차트와 비슷하지만 AND와 OR 게이트를 대신 사용한다. 또한 계통에 대해 인접한 행렬로부터 유도된 행렬의 연결성을 갖고 고장 노드가 무엇인지를 나타내며, 어떻게 정점 사건과 연결되는지를 도식화한다. 이런 행렬은 단일 기기로 일어날 수 있는 계통의 고장을 컴퓨터로 분석하여 계통 고장을 일으키는 기기를 찾게 된다. 유향도 방법은 원을 그리며 피드백 구조를 통해 동적 계통에 대한 모델링을 한다. 그림 3.3은 단순화된 원자력 발전소의 비상 노심 냉각 계통에 대한 유향도 모델의 예를 보여 준다.

3.3.3 마르코프 모델링

마르코프 모델링(Markov modeling)은 다양한 시스템에 대해 사용되는 방법으로 시간 의존적인 가용도를 평가하는 데 사용된다. 또한 이 방법은 시간에 의존하지 않는 사건에 대해서도 확장 사용될 수 있다.

이 방법에서 상태 변이도의 노드는 계통의 상태를 나타내며 화살표는 가능한 상태 변이를 표시한다. 화살표에 표시된 값은 그 변위가 일어날 가능성을 정량화한 값이며 계통의 가용도는 1차 연립 미분방정식을 해로 나타낸다. 마르코프 방법은 상태 변수의 변화와 계통의 변화 상태를 모사할 수 있으며, 발생빈도가 낮은 것과 높은 경우를 모두 고려할 수 있다는 장점을 갖는다. 그러나 변위 행렬의 크기에 있어서 가능 상태의 수가 증가할 경우에 그 계산은 지수적으로 증가하므로 원전에서 사용되는 크고 복잡한 계통의 분석은 불가능하다. 또한 이 방법은 변이 확률 계산에서 과거에 일어났던 사건을 고려하지 못하는 단점도 있다.

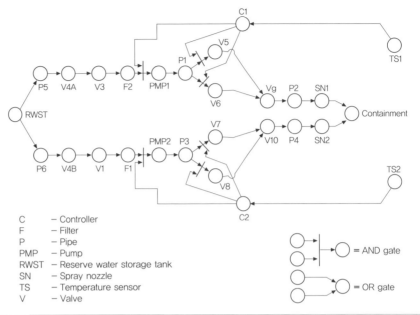

C — Controller
F — Filter
P — Pipe
PMP — Pump
RWST — Reserve water storage tank
SN — Spray nozzle
TS — Temperature sensor
V — Valve

= AND gate

= OR gate

그림 3.3 단순화된 원자력 발전소의 비상 냉각 계통에 대한 예

시스템 불이용도를 $Q(t)$, 시스템 가용도를 $A(t)$로 나타내면 아래의 식이 성립한다.

$$Q(t) = 1 - A(t) \tag{3.1}$$

각각의 화살표는 그림 3.4에서와 같이 시스템의 정상 운행과 시스템의 고장 진행을 나타내며 그 변화율은

λ : 고장률

μ : 복구율

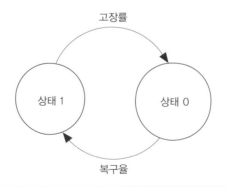

그림 3.4 고장 상태와 정상 상태에 대한 변이 다이어그램

로 구분된다. 이 변화율을 이용한 연립 미분방정식은 다음과 같다.

$$\frac{dP_1(t)}{dt} = -\lambda P_1(t) + \mu P_0(t) \tag{3.2}$$

$$\frac{dP_0(t)}{dt} = \mu P_0(t) - \lambda P_1(t) \tag{3.3}$$

이 연립 미분방정식을 풀면 이용도(A)와 불이용도(Q)는 다음과 같이 구해진다.

$$A(t) = P_1(t) = \frac{\mu}{\lambda + \mu} + \frac{\lambda}{\lambda + \mu} \exp[-(\lambda + \mu)t] \tag{3.4}$$

$$Q(t) = 1 - P_1(t) = 1 - a(t) = \frac{\lambda}{\lambda + \mu} - \frac{\lambda}{\lambda + \mu} \exp[-(\lambda + \mu)t] \tag{3.5}$$

$$A(t \to \infty) = \frac{\mu}{\lambda + \mu} \tag{3.6}$$

고장률 : $\lambda = 4 \times 10^{-4}/\text{sec}$

복구율 : $\mu = 1 \times 10^{-3}/\text{sec}$

state 1 : 시스템 작동 상태

state 0 : 시스템 정지 상태

식 (3.2)와 (3.3)에 대한 모델링 다이어그램과 계산 결과는 각각 그림 3.5와 그림 3.6에 제시하였다. 또한 계층의 공정과정에서 발생할 수 있는 세 가지 상태에 대한 마르코프 모델 사례와 계산 결과는 각각 그림 3.7, 그림 3.8과 같다.

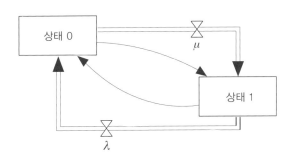

그림 3.5 마르코프 모델의 예

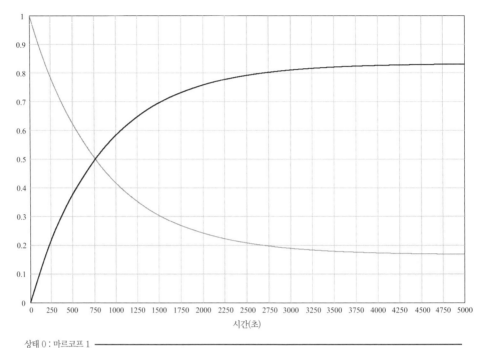

상태 0 : 마르코프 1 ————————————————
상태 1 : 마르코프 1 ————————————————

그림 3.6 정상 상태와 고장 상태에 대한 이용도와 불이용도 시간에 따른 계산 결과

마르코프 모델

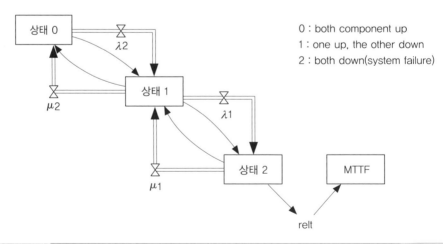

0 : both component up
1 : one up, the other down
2 : both down(system failure)

그림 3.7 병렬 계통에 대한 마르코프 모델

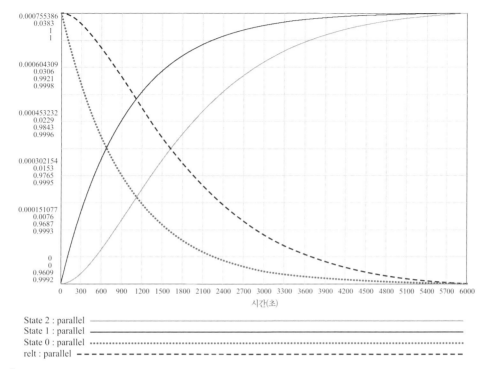

State 2 : parallel ————————————
State 1 : parallel ————————————
State 0 : parallel ·······················
relt : parallel — — — — — — — — —

그림 3.8　병렬 계통에 대한 마르코프 모델에서의 이용도 그래프

3.3.4 동적 사건 논리 분석 방법론

동적 사건 논리 분석 방법론(dynamic event logic analytical methodology)은 시간과 공정 변수 관련 사고 경위의 확률값을 분석하는 데 사용되는 방법이다. 이 방법론은 물리적 연관 방정식과 공정 변수 간의 관계를 모사하는 데 사용되며, 변수 관계식이 계통의 기계적 고장 효과를 나타낸다. 이때 정점 사건은 공정 변수에 의하여 정의된다.

초기 사건이 상정되면 계통의 모델은 시간에 따른 공정 변수의 변화를 결정하여 모든 가능한 사고 경위를 도출한다. 그러나 많은 사고의 경위를 모두 추적해 내는 것이 불가능하므로 보통 사고 경위의 발생 확률이 어느 수준 이하이면 사고 진행을 끝내는 논리를 취한다.

동적 사건 논리 분석 방법론은 시스템의 시간 의존적 거동을 분석하는 데 적절하다. 그러나 이 방법론의 적용에 있어서 어려운 점은 모든 사고 경위를 시간별로 추적하므로 계산 수행에 시간이 많이 걸린다는 것이다. 또한 분석자가 최소 단절군 이용 법칙을 사용하여 문제를 간단하게 바꿀 수는 있지만 소위 낮은 확률 – 높은 재해 사건을 간과할 수 있는 위험이 있다.

3.3.5 동적 사건 수목 분석 방법

동적 사건 수목 분석 방법(dynamic event tree analysis method)은 운전 모드의 단계적 변경에 대한 모사 시에 시스템 간의 시간적 의존성을 표현하는 데 적합하며, 기존의 고장 수목/사건 수목 분석 방법이 갖고 있는 시간 의존성의 제약과 운전 모드 변경 시 동반되는 운전자의 행위에 대하여 적절히 모델링할 수 있는 결정 수목의 개선된 방법이다.

고장 수목/사고 수목 분석 방법의 기본 개념은 발전소의 동적 반응이나 사건 시 운전자에 대해 종합적으로 모사하지 못했기 때문에 하드웨어적 고장을 취급하듯이 인간 오류에 대한 처리도 비슷한 양상으로 일어난다고 가정하는 방법인 데 반해, 동적 사건 수목 분석 방법은 단순히 사건 수목에서 시간에 따라 다른 측정값을 두고 확장된 형태로서 어떤 노드에서 가능한 여러 가지 상태를 결정하여 변수로 적절하게 선정하고 주어진 시점에서 발생하는 것을 결정한 뒤 순서를 확장하고 처리할 수 있는 다양한 사건의 시나리오를 형성한다.

특히 원자력 발전소 사고 과정에서 발전소 공정 변수, 현재 상황에 대한 운전자의 이해력, 운전자의 내부 상태, 그리고 운전자가 계획한 행동이 이루어지고 있는지에 대한 네 가지 조건의 값을 요구한다. 동적 사건 수목 분석 방법은 시스템 간의 시간적 의존성을 모사할 수 있으며 운전 모드 변경 시 동반되는 운전자의 행위에 의해 영향을 받는 경우를 도입할 수 있으나 중수로의 운전 모드 변경과 같은 복잡한 과정에서는 활용하기가 힘들고 간단한 시스템에만 적용 가능한 단점이 있다.

위 방법들 중 고장 사건 수목의 경우 동적인 시나리오를 평가함에 있어서는 취약점을 갖고 있다. 그러나 유향도와 GO 방법론은 제한된 부분에서 모델링하고 그 행동 과정을 다룰 수 있으며 마르코프 모델링은 가능한 계통의 상태를 정확히 확정하여 이런 상태들 사이의 변화를 명확히 나타낼 수 있다.

이러한 동적인 문제들은 사건 시나리오를 진전시키고 전체적으로 가능한 상태를 모델링하는 데는 어려움을 갖게 된다. 동적 사건 논리 분석 방법론과 동적 사건 수목 분석 방법은 상태 변화 정의를 사용하여 문제를 해결하게 된다. 동적 사건 수목 분석 방법을 통해 형성된 커다란 수목 구조는 컴퓨터를 이용하여 계산할 수 있다.

이 장에서는 여러 가지 위험도 평가 기법을 논의하였다. 정량적인 방법론은 계통 안에 있는 잠재적인 위험 요소나 고장을 중요도에 따라 도출하는 데 효과적이다. 반면에 수목 기반 기법들은 각 사건에 대한 의존성을 고려하는 데 취약점이 있다. 사건이 발생할 확률은 또한 운전 경험에 의한 자료를 통해 정량화되고 있다. 그러나 아직 MORT 수목 안에 정점 사건에 대해 정량적인 시도를 하기에는 부족한 것들이 많다.

현재 동적 사건 논리 분석 방법론과 동적 사건 수목 분석 방법을 통합하는 'PSA/DSA (probabilistic and deterministic safety analysis) 방법론' 개발을 위한 연구가 활발히 이루어지고 있다. 시간을 고려하여 사고 시나리오를 연구하고 공정 변수와 계통의 변화와 운전자의 행동을 모두 종합적으로 고려한 기반이 구축되고 있으며 이러한 기법은 적절한 상태로 모델링하여 제어 계통에 미치는 영향을 평가하는 것보다 더 좋은 성능을 발휘할 수 있다. 그러나 이러한 기법은 높은 컴퓨터 사양을 요구하고 방대한 자료가 축적되어야 한다. 더 효율적인 알고리즘의 개발과 컴퓨터의 고성능화를 따라서 이러한 기법이 다양하게 적용될 것이라고 사료된다.

참고문헌

1. Abdelkader Bouti and Daoud Ait Kadi, "A state-of-the-art review of FMEA/FMECA", International Journal of Reliability, *Quality and Safety Engineering*, Vol. 1, No. 4, pg 515-543, 1994.

2. A. Mendola, "Accident Sequence Dynamic Simulation versus Event Trees", *Accident Sequence Modeling*, Edited by G. E. Apostolakis, P. Kafka, and G. Mancini, Elsevier Applied Science Publishers Ltd, 1988.

3. C. Acosta and N. Siu, "Dynamic Event Trees in Accident Sequence Analysis: Application to Steam Generator Tube Rupture", *Reliability Engineering and System Safety*, Vol. 41, pp. 135-154, 1993.

4. Center for Chemical Process Safety, *Guidelines for Chemical Process Quantitative Risk Analysis*, American Institute of Chemical Engineers, 1989.

5. C. J. Price, J. E. Hunt, M. H. Lee and R. T. Ormsby, "A Model-based Approach to the Automation of Failure Mode Effects Analysis for Design", Proc. IMechE, Part D: *the Journal of Automobile Engineering*, volume 206, pg 285-291, 1992.

6. David I. Gertman and Harold S. Blackman, *Human Reliability & Safety Analysis Data Handbook*, 1st Ed, John Wiley & Sons, Inc., 1994.

7. David J. Russomano, Ronald D. Bonnell and John B. Bowles, "A Blackboard Model of an Expert System for Failure Mode and Effects Analysis", *Proceedings Annual Reliability and Maintainability Symposium*, pg 483-489, 1992.

8. Ernest J. Henley & Hiromitsu Kumamoto, *Probabilistic Risk Assessment*, 1st Ed, IEEE Press, 1992.

9. G. Cojazzi, P.C. Cacciabue, "The DYLAM Approach for the Reliability Analysis of Dynamic System", *Reliability and Safety Assessment of Dynamic Process Systems*, Edited by Tunc Aldemir, Nathan O. Siu, Ali Mosleh, P. Carlo Cacciabue, B. Gul Goktepe, Springer-Verlag Berlin Heidelberg, 1994.

10. Harold E. Roland & Brian Moriaty, *System Safety Engineering and Management*, 2nd Ed. John Wiley & Sons, Inc., 1990.

11. Ian S. Sutton, *Process Reliability and Risk Management*, 1st Ed, Van Nostrand Reinhold, 1992.

12. J. D. Andrews and T. R. Moss, *Reliability and Risk Assessment*, 1st Ed, Longman Group UK, 1993.

13. Jeffrey W. Vincoli, *Basic Guide to Accident Investigation and Loss Control*, Van Nostrand Reinhold, 1994.

14. Jouko Suokas and Veikko Rouhiainen, *Quality Management of Safety and Risk Analysis*, Elsevier Science Publishers B.V., 1993.

15. M. E. Pate-Cornell, "Risk Analysis and Risk Management for Offshore Platforms: Lessons from the Piper Alpha Accident", *Journal of Offshore Mechanics and Arctic Engineering*, Vol. 115, Aug 1993, pg 179-190.

16. N. Siu, "Risk Assessment for dynamic systems: An overview", *Reliability Engineering and System Safety*, Vol. 43, 1994, pg 43-73.

17. Ralph R. Fullwood & Robert E. Hall, *Probabilistic Risk Assessment in the Nuclear Power Industry*, 1st Ed, Pergamon Press, 1988.

18. Raymond L. Kuhlman, *Professional Accident Investigation*, 1st Ed, Institute Press (Division of international Loss Control Institute), 1977.

19. Ted S. Ferry, *Modern Accident Investigation and Analysis*, 2nd Ed, John Wiley & Sons Inc., 1988.

20. Terje Aven, *Reliability and Risk Analysis*, 1st Ed, Elsevier Applied Science, 1992.

연습문제

3.1　다음과 같이 사건 수목이 주어져 있다.

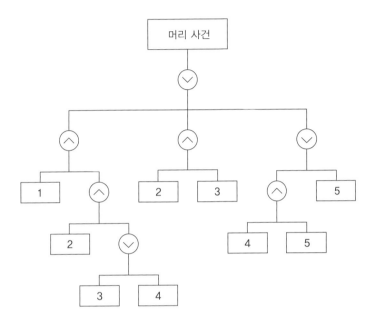

또한 고장률 데이터가 다음과 같다.

$$\lambda_1 = 10^{-6}/\text{hr}$$
$$\lambda_2 = 10^{-5}/\text{hr}$$
$$\lambda_3 = 10^{-6}/\text{hr}$$
$$\lambda_4 = 10^{-5}/\text{hr}$$
$$\lambda_5 = 10^{-6}/\text{hr}$$

(a) 초기 사건에 도달하는 최소 단절군(minimal cut sets, MCS)을 구하고, 이 MCS를 이용하여 간략화된 수목을 체계화하라.

(b) 시간의 함수로 초기 사건에 도달하는 확률을 계산하라.

(c) 구성요소 4와 5는 고정시킨 채 구성요소 1, 2, 3은 100시간에서의 그것으로 변경하여 초기 사건에 도달하는 확률을 다시 계산하라.

3.2　핵연료 제작설비에서의 물리적인 안전 시스템은 다음의 하부 시스템들로 구성되어 있다고 가정하라.

(a) PB : 물리적인 방벽의 주변(벽과 울타리 등을 포함)

(b) GB : 물리적인 방벽의 입구

(c) GG : 방벽 입구에서 테러리스트와 교전하는 (정지된) 입구 경호인 부대

(d) PBA : communications center에 신호를 보내는 물리적인 방벽 알람 시스템

(e) GA : communications center에 알리기 위한 입구 방어 알람 시스템

(f) C : 시설물 내부에 있는 이동 경호인들과 통신하기 위해 사용하는 communications center

(g) MG : communications center로부터의 지시에만 응답하는 이동 경호인 PB 또는 GB로 동일한 확률을 갖고 발생한다고 가정되는 테러리스트의 공격 T에 대하여, 다음의 확률이 서로 다른 물리적인 안전 하부조직과 상호작용할 때 테러리스트의 공격이 실패할 확률이라고 가정한다.

PB = 0.9, PBA = 0.999, GG = 0.8, GB = 0.1, MG = 0.7, GA = 0.95, C = 0.99

다음을 완성하라.

(i) 테러 공격을 받을 수 있는 설비에 대해 시스템 조합을 묘사하는 T로 시작되는 사건 수목을 설계하라. 성공적인 테러 공격은 보호 시스템의 어떤 부분도 테러리스트를 막을 수 없는 것으로 가정할 때, 그 공격의 성공은 S로 그리고 실패는 F로 결과의 조합을 나타내라. 만약 C가 작동되면 그 테러리스트는 MG와만 만난다고 가정하고, 만약 GG가 공격을 막지 못한다면 보호 경보 시스템이 자동으로 움직인다고 가정하라.

(ii) 문제 (a)에서의 수목의 각 가지(branch)에 적절한 확률값을 표기하고, 각 경로의 확률을 계산하라.

(iii) 테러리스트의 공격이 일단 시작되면 계획에 따라 성공할 확률을 문제 (b)의 결과를 이용하여 구하라.

3.3

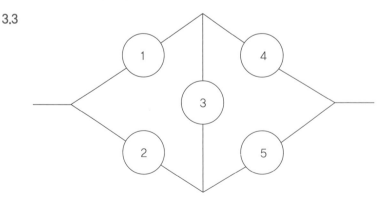

(a) 신호가 왼쪽에서 오른쪽으로 전달된다고 가정할 때, 위 그림의 신뢰도 블록 다이어

그램에 대한 최소 단절군(MCS)을 구하라.

(b) '성공적 신호 전달' 사건에 대한 MPS 표현 방법(성공 구조함수)을 결정하라.

(c) MCS와 실패에 해당하는 구조함수를 구하라.

(d) MPS와 MCS를 비교하라. MCS를 통해 MPS를 어떻게 구할 수 있겠는가?

(e) 각각의 구성 기기들이 서로 독립적이고 고장률이 다음과 같다고 가정할 때 이 시스템의 고장률을 계산하라.

$$q_1 = q_2 = q_3 = 0.05, \quad q_5 = 0.01$$

(f) Bridge 회로 고장률의 연속적인 상한, 하한 경계치를 구하라. 이 시스템에 있어서 REA(Rare Event Approximation)의 적용이 적절한가?

3.4 두 지점에서 낮은 압력의 보조 시스템이 높은 압력의 주 시스템과 연결되어 있는 원자로가 주어졌다. 주 시스템이 압력하에 있을 때 격리된 상태를 유지하기 위해 연결된 라인 각각에 대해, 2개의 모터로 작동하는 밸브는 직렬로 연결되어 있다. 추가적으로, 주 시스템이 압력을 받을 때 모터가 밸브를 여는 것을 방지하기 위해 하나의 연동장치는 4개의 모든 밸브와 연결되어 있다. 연동장치는 낮은 압력과 높은 압력의 시스템 간 압력 차이를 감지하는 pressure-transducer를 사용한다.

(a) 초기 사건이 낮은 압력 시스템이 과압 상태가 되는 것이라 할 때, 사건 수목을 그려라.

(b) 구성요소가 고장 나도 고치지 않는다는 가정하에, 사건 수목을 수학적으로 어떻게 풀지 설명하라.

(c) testing과 repair는 풀이 과정식을 어떻게 변화시키겠는가?

3.5 어떤 고장 수목의 MCS를 $\{X_C\}$와 $\{X_A X_B\}$라고 할 때

(a) MPS를 구하라.

(b) 이 시스템에 대한 신뢰도 블록 다이어그램을 구성하라.

(c) 초기 사건(X_A, X_B, X_C)을 사용하여 정점 사건(X_T)을 indicator 변수로 표현하라.

(d) A, B, C가 각각 서로 독립이고, 각각의 확률이 다음과 같다고 가정할 때 정점 사건이 발생할 확률을 계산하라[$P(A) = 0.2$, $P(B) = 0.2$, $P(C) = 0.1$].

(e) REA(Rare Event Approximation) 분석 방법을 사용해 얻은 결과값이 이 문제에서 의미 있는 값이 되겠는가?

4.1 직렬 시스템

직렬 시스템은 구성요소가 모두 작동할 때만 작동하는 시스템이며 회로도는 그림 4.1과 같다. 예를 통해 직렬 시스템을 살펴보자.

오늘 한양대학교 원자력공학과 신뢰도공학 1교시 수업에 늦지 않게 도착하기 위해서는 아래 절차를 따른다.

1. 정시에 일어난다.
2. 오토바이를 탄다.
3. 교통정체가 없어야 한다.

이때 $R_i = P(i$요소 작동$)$, $R_{sys} = P($시스템 작동$)$이라 하면 각 구성요소가 독립적으로 작동할 때 시스템 성공 확률을 구할 수 있으며 일반화된 직렬 시스템의 확률은 그림 4.1과

□ 그림 4.1   직렬 시스템의 회로도

식 (4.1)에 의하여 구해진다.

$$P(\text{시스템 작동}) = P(1 \text{ 작동} \cap 2 \text{ 작동} \cap \cdots \cap n \text{ 작동})$$
$$= P(1 \text{ 작동}) \times P(2 \text{ 작동}) \times \cdots \times P(n \text{ 작동})$$

따라서

$$R_{sys} = R_1 R_2 \cdots R_n \tag{4.1}$$

이다. 앞서 제시한 예제 문제의 경우 각 요소의 확률을 다음과 같이 가정하면

$$P(\text{정시에 일어나기}) = 0.8$$
$$P(\text{오토바이 작동}) = 0.9$$
$$P(\text{교통체증 없음}) = 0.75$$

그 수업에 정시에 도착할 확률은 다음과 같다.

$$P(\text{정시 도착}) = 0.8 \times 0.9 \times 0.75 = 0.54$$

4.2 병렬 시스템

병렬 시스템은 구성요소 중 임의의 요소가 작동하기만 하면 작동되는 시스템을 말한다. 병렬 시스템의 사례는 다음과 같다.

아침에 정시에 일어나기 위해 침대 옆 탁상 시계로 오전 6시 30분, 디지털 시계로 오전 6시 31분, 휴대전화에 오전 6시 32분으로 알람을 맞춰 놓을 경우 세 가지 선택 중 무엇이든지 성공적으로 작동하면 아침에 정시에 일어날 수 있을 것이다. 이때 병렬 시스템의 실패는 모든 구성요소가 실패할 때만 가능하다. 이 실패확률의 계산은 그림 4.2와 식 (4.3)으로부터 구해진다.

$$Q_i = 1 - R_i = P(i \text{ 실패}) \tag{4.2}$$

$$P(\text{시스템 실패}) = P(1 \text{ 실패} \cap \cdots \cap n \text{ 실패})$$
$$= P(1 \text{ 실패}) \times \cdots \times P(n \text{ 실패})$$

즉

$$Q_{sys} = Q_1 Q_2 \cdots Q_n \tag{4.3}$$

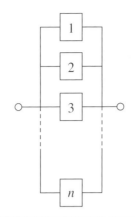

그림 4.2   병렬 시스템의 회로도

또는

$$1 - R_{sys} = (1 - R_1)(1 - R_2) \cdots (1 - R_n) \qquad (4.4)$$

이다. 이때 직렬 예제와 마찬가지로 확률값을 다음 자료로 가정하면

$$P(\text{침대 옆 탁상 시계 알람 작동}) = R_1 = 0.9$$
$$P(\text{디지털 시계 알람 작동}) = R_2 = 0.8$$
$$P(\text{휴대전화 알람 작동}) = R_3 = 0.75$$
$$P(\text{시스템 실패})$$
$$= Q_1 Q_2 Q_3 = 0.005$$

가 된다.

직렬 시스템($R_{sys} = R_1 R_2 \cdots R_n$)에서는 구성요소를 추가하면 신뢰도가 감소하고, 병렬 시스템($Q_{sys} = Q_1 Q_2 \cdots Q_n$)에서는 오히려 신뢰도가 증가한다.

그렇다면 20개의 독립적인 동일한 요소의 직렬 시스템은 적어도 0.99의 신뢰도를 유지해야 할 경우 각 요소의 신뢰도는 얼마여야 하는가?

$$R_1 = R_2 = \cdots = R_{20} = R \text{이므로 } R_{sys} = R_1 R_2 \cdots R_{20} = R^{20} \text{이 된다.}$$

그러므로

$$R_{sys} \geq 0.99 \Leftrightarrow R^{20} \geq 0.99$$
$$\Leftrightarrow R \geq R^{1/20} \approx 0.9995 \qquad (4.5)$$

가 된다.

또한 각각 신뢰도 0.7의 독립적인 동일한 요소로 구성된 병렬 시스템은 적어도 0.99의 신뢰도를 필요로 할 때 몇 개의 요소가 있어야 하는가?

비신뢰도를 고려해 보면 최대 0.01이어야 한다. 이때 n개의 요소가 있다면

$$
\begin{aligned}
Q_{sys} &= Q_1 Q_2 \cdots Q_n \\
&= Q^n = 0.3^n \le 0.01
\end{aligned}
\tag{4.6}
$$

이 되고, 이것은 부등방정식을 풀어서 해를 찾을 수 있다.

$$
n \ge \frac{\log 0.01}{\log 0.3} = 3.82
\tag{4.7}
$$

따라서 적어도 4개의 요소가 99%의 계통신뢰도를 유지하기 위해 필요하다.

4.3 중복 시스템

n개의 요소로 구성된 시스템 가운데 임의의 m개 요소가 작동하면 성공적으로 작동하는 시스템을 중복 시스템이라고 한다($n \ge m$). 이 시스템의 예는 다음과 같다.

5개의 요소로 구성된 시스템이 임의의 3개 요소가 작동하면 성공적으로 작동한다(예 : 1와트를 보내는 배터리 5개로 구성된 팩의 배터리 3개가 작동하는 것). 각각의 요소가 0.9의 신뢰도라고 가정하면 시스템의 신뢰도는 얼마가 되는가?

2장에서 설명한 이항분포를 이용하면

$$
\begin{aligned}
P(3개\ 작동) &= P(3개\ 작동,\ 2개\ 실패) \\
&= \binom{5}{3} \times 0.9^3 \times 0.1^2 \approx 0.073
\end{aligned}
$$

$$
P(4개\ 작동) = \binom{5}{4} \times 0.9^4 \times 0.1^1 \approx 0.328
$$

$$
P(5개\ 모두\ 작동) = 0.9^5 \approx 0.590
$$

이다. 그러므로 적어도 세 요소가 작동할 확률은

$$
P(적어도\ 3개\ 작동) = 0.073 + 0.328 + 0.590 = 0.991
$$

이다.

4.4 직렬/병렬 혼합 시스템

모든 요소의 신뢰도가 0.8일 때 그림 4.3과 같은 직렬과 병렬 시스템이 혼합된 중복 시스템의 신뢰도를 구해 보자.

시스템은 직렬 혹은 병렬의 하부 시스템으로 그림 4.4와 같이 자세히 구분될 수 있고 최종적으로 그림 4.5와 같이 2개 노드의 병렬 시스템으로 단순화할 수 있다.

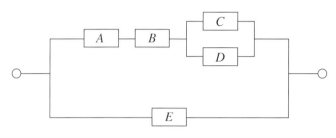

◇ **그림 4.3**   중복 시스템의 사례

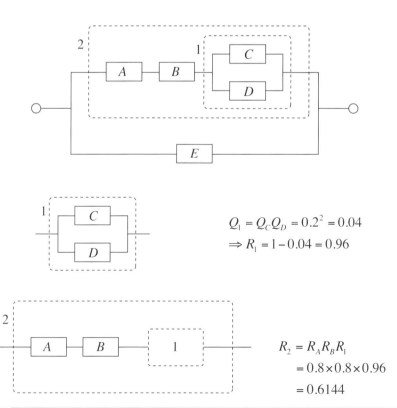

$$Q_1 = Q_C Q_D = 0.2^2 = 0.04$$
$$\Rightarrow R_1 = 1 - 0.04 = 0.96$$

$$R_2 = R_A R_B R_1$$
$$= 0.8 \times 0.8 \times 0.96$$
$$= 0.6144$$

◇ **그림 4.4**   직렬/병렬 시스템의 단순화 과정도

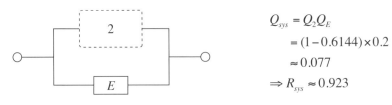

$$Q_{sys} = Q_2 Q_E$$
$$= (1 - 0.6144) \times 0.2$$
$$\approx 0.077$$
$$\Rightarrow R_{sys} \approx 0.923$$

◁ **그림 4.5** 단순화된 병렬 시스템의 블록 다이어그램

4.5 조건확률 분석 방법

일부 복합 시스템은 직렬 혹은 병렬의 하부 시스템으로 나눌 수 없다. 이런 문제를 해결하기 위한 3개의 방법이 있는데, 조건적인 확률, 단절군(cut sets) 및 고장 수목(fault tree)이 그것이다. 이 외에 다른 방법으로 경로군(path sets), 사건 수목(event tree) 등이 있다.

모든 요소가 0.8의 신뢰도를 가질 때 그림 4.6과 같은 복합 시스템의 신뢰도를 구한다고 해 보자.

이 문제는 특별한 요소가 작동하는지 여부에 달려 있다. 이 문제의 요점은 기준 노드(pivot node)를 적절히 선택하는 것이다. 이 경우에는 E요소가 기준 노드이다.

총확률의 법칙을 사용하여

$$P(\text{시스템 작동}) = P(E \text{ 작동})P(\text{시스템 작동} \mid E \text{ 작동})$$
$$+ P(E \text{ 실패})P(\text{시스템 작동} \mid E \text{ 실패})$$

이고, 신뢰도는

$$R_{sys} = R_E R_{sys|E} + Q_E R_{sys|\bar{E}} \tag{4.8}$$

이다.

$R_{sys|E}$의 E가 작동하면 시스템은 그림 4.7과 동일하게 된다.

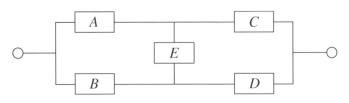

◁ **그림 4.6** 조건확률 분석이 필요한 예제

□ **그림 4.7**   기준 노드가 항상 기능을 할 때의 블록 다이어그램

□ **그림 4.8**   기준 노드가 고장일 때의 블록 다이어그램

$$Q_{AB} = Q_A Q_B = 0.2^2 = 0.04 = Q_{CD}$$

$$R_{sys|E} = R_{AB} R_{CD} = 0.96 \times 0.96 = 0.9216$$

$R_{sys|\overline{E}}$의 E가 작동하지 않으면 시스템은 그림 4.8과 동일하게 된다. 이때

$$R_{AC} = R_A R_C = 0.8^2 = 0.64 = R_B R_D$$

$$Q_{sys|\overline{E}} = Q_{AC} Q_{BD} = (1 - 0.64)^2 = 0.1296$$

$$R_{sys|\overline{E}} = 1 - 0.1296 = 0.8704$$

를 구할 수 있으므로 시스템 신뢰도는 식 (4.9)와 같다.

$$R_{sys} = R_E R_{sys|E} + Q_E R_{sys|\overline{E}}$$
$$= 0.8 \times 0.9216 + 0.2 \times 0.8704 = 0.91136 \qquad (4.9)$$

4.6 단절군 방법

모든 요소들의 신뢰도가 이전과 같이 0.8일 때 그림 4.6과 같은 복합 시스템의 신뢰도를 구해 보자.

단절군(cut set method)은 군 안의 어떤 요소가 실패하면 시스템이 실패하는 특징을 갖는 요소들의 부분집합이다. 예를 들어 위 그림에서 단절군은 {A, B, E}가 된다.

이때 최소 단절군(minimal cut set)은 부분집합이 없는 단절군을 말한다. 예를 들어 그림 4.6에서 $\{A,\ B,\ E\}$는 최소 단절군이 아니고 $\{A,\ B\}$가 최소 단절군이다. 그림 4.6의 모든 최소 단절군은

$$C_1 = \{A,\ B\},\ C_2 = \{C,\ D\},\ C_3 = \{A,\ D,\ E\},\ C_4 = \{B,\ C,\ E\}$$

이다. 시스템 고장은 $C_1, \cdots, C_4$ 집합 안의 모든 요소가 실패하는 사건이라고 정의된다. 따라서

$$P(\text{시스템 고장}) = Q_{sys} = P(C_1 \cup C_2 \cup C_3 \cup C_4) \tag{4.10}$$

이다. 임의의 사건 A, B 및 C에 대한 합집합을 살펴보면 다음과 같다.

$$
\begin{aligned}
&P(A \cup B \cup C) \\
&= P(A) + P(B) + P(C) \\
&\quad - P(A \cap B) - P(B \cap C) - P(A \cap C) \\
&\quad + P(A \cap B \cap C)
\end{aligned}
\tag{4.11}
$$

4개의 최소 단절군에 대하여 같은 방법으로 확장하면 식 (4.12)와 같다.

$$
\begin{aligned}
P(C_1 \cup C_2 \cup C_3 \cup C_4) = {}& P(C_1) + P(C_2) + P(C_3) + P(C_4) \\
& - P(C_1 \cap C_2) - P(C_1 \cap C_3) - P(C_1 \cap C_4) \\
& - P(C_2 \cap C_3) - P(C_2 \cap C_4) - P(C_3 \cap C_4) \\
& + P(C_1 \cap C_2 \cap C_3) + P(C_1 \cap C_2 \cap C_4) \\
& + P(C_1 \cap C_3 \cap C_4) + P(C_2 \cap C_3 \cap C_4) \\
& - P(C_1 \cap C_2 \cap C_3 \cap C_4)
\end{aligned}
\tag{4.12}
$$

사건 C_1, C_2, C_3, C_4는 독립이 아니므로 C_1과 C_3에 대하여 다음과 같이 된다.

$$
\begin{aligned}
C_1 &= \{A\ \text{실패} \cap B\ \text{실패}\} \\
C_3 &= \{A\ \text{실패} \cap D\ \text{실패} \cap E\ \text{실패}\} \\
C_1 \cap C_3 &= \{A\ \text{실패} \cap B\ \text{실패} \cap D\ \text{실패} \cap E\ \text{실패}\}
\end{aligned}
$$

그러므로

$$P(C_1 \cap C_3) = Q_A Q_B Q_D Q_E = Q^4 = 0.2^4 = 0.0016$$

이지만,

$$P(C_1) \times P(C_3) = Q_A Q_B \times Q_A Q_D Q_E = Q^2 \times Q^3 = Q^5$$

의 다른 결과를 얻는다. 식 (4.12)를 적용하여 시스템의 실패확률은 식 (4.13)으로 귀결된다.

$$Q_{sys} = 2Q^2 + 2Q^3 - 5Q^4 + 2Q^5$$
$$= 0.08864 \tag{4.13}$$

이때 신뢰도는 $R_{sys} = 1 - 0.08864 = 0.91136$이다.

4.7 단절군의 하한 경계값

임의의 사건 A, B 및 C에 대하여 REA(Rare Event Approximation) 방법을 적용하면 식 (4.14)가 성립한다.

$$P(A \cup B \cup C) \leq P(A) + P(B) + P(C) \tag{4.14}$$

같은 방법으로 그림 4.6의 계층에 대한 계통 실패확률은 식 (4.15)와 같다.

$$Q_{sys} = P(C_1 \cup C_2 \cup C_3 \cup C_4)$$
$$\leq P(C_1) + P(C_2) + P(C_3) + P(C_4)$$
$$= Q^2 + Q^2 + Q^3 + Q^3 = 0.096 \tag{4.15}$$

이때 신뢰도는 $R_{sys} \geq 1 - 0.096 = 0.904$가 된다.

R_{sys}의 하한 경계 근사값은 정확한 값과 매우 근사하다. 각 요소의 신뢰도가 향상됨에 따라 이 근사는 각 실패확률값이 적을 때 충분히 좋아진다. 더욱이 R_{sys}의 하한 경계값(또는 Q_{sys}의 상한 경계값)은 정확한 값에 보수적이므로 리스크 계산에 유용하게 사용될 수 있다. 원전의 노심손상빈도를 구할 때 보수적인 값을 구하기 위하여 REA 방법론이 사용되는 것이 대표적인 사례이다.

4.8 고장 수목

고장 수목(fault tree)은 복합 시스템의 신뢰도를 산출하기 위해 부울 대수를 사용한다. 복합 시스템을 잇따라 보다 작은 하부 시스템으로 분류하고, 각 단계마다 고장을 일으키는 사건, 시스템 고장으로부터 연역적으로 작업을 분석한다. 직렬/병렬 시스템에 대한 고장 수목의 예를 그림 4.9에 제시하였다.

하부 시스템 G_1, G_2 모두가 고장일 때만 시스템이 고장 난다. 하부 시스템 G_1은 요소 C_1, C_2, C_3 중 임의의 하나가 고장이면 고장 난다. 왼쪽에 AND 게이트, OR 게이트를 사용하여 오른쪽의 고장 수목이라는 시스템 고장에 대한 논리적 도표를 그리면 그림 4.9(b)와 같다.

이제 원전의 전기계통의 일부에 대한 고장 수목을 구성해 보자. 결함은 와이어의 과열이고, 고장의 일차적 원인은 연역적으로 계통 고장의 원인을 논리적으로 구성할 때 그림 4.10과 같은 결과를 얻을 수 있다.

4.8.1 고장 수목에서 절단 경로 생성

G_0에서 시작한 게이트를 통해 부울 대수를 아래로 단계적으로 적용하는 식을 세운다. 그리고 게이트가 "OR"면 분리 선상에서 그것이 지류 게이트/초기 사건 목록으로 대체히고

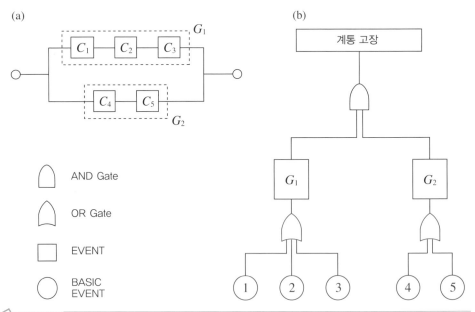

그림 4.9　블록 다이어그램과 고장 수목 모델

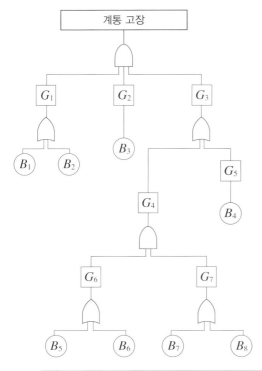

범례

G_0 : 과열된 와이어

G_1 : 퓨즈가 안 열림

G_2 : 모터 단락

G_3 : 장시간의 전력공급

B_1 : 너무 큰 퓨즈

B_2 : 초기 퓨즈 고장

B_3 : 초기 모터 고장

G_4 : 코일에서의 전력비 제거

G_5 : 중계 접속 고장

B_4 : 초기 중계 접속 고장

G_6 : 타이머 안 열림

G_7 : 스위치 안 열림

B_5 : 타이머 코일 안 열림

B_6 : 타이머 접속 고장(닫힘)

B_7 : 스위치 접속 고장(닫힘)

B_8 : 개방 스위치 외부제어 고장

◇ **그림 4.10**   원전의 전기계통 고장 수목 사례

게이트가 "AND"면 같은 행에서 목록 삽입을 한다. 모든 게이트가 기본 사건으로 대체 완료될 때까지 경로 생성을 계속하면 최소 단절군이 그림 4.11과 같이 도출된다.

G_0

$\Downarrow$

G_1, G_2, G_3

$\Downarrow$

B_1, G_2, G_3

B_2, G_2, G_3

$\Downarrow$

B_1, B_3, G_3

B_2, B_3, G_3

$\Downarrow$

B_1, B_3, G_4

B_1, B_3, G_5

B_2, B_3, G_4

B_2, B_3, G_5

$\Downarrow$

B_1, B_3, G_6, G_7

B_1, B_3, B_4

B_2, B_3, G_6, G_7

B_2, B_3, B_4

$\Downarrow$

B_1, B_3, B_5, G_7

B_1, B_3, B_6, G_7

B_1, B_3, B_4

B_2, B_3, G_5, G_7

B_2, B_3, G_6, G_7

B_2, B_3, B_4

$\Downarrow$

B_1, B_3, B_5, B_7

B_1, B_3, B_5, B_8

B_1, B_3, B_6, B_7

B_1, B_3, B_6, B_8

B_1, B_3, B_4

B_2, B_3, B_5, B_7

B_2, B_3, B_5, B_8

B_2, B_3, B_6, B_7

B_2, B_3, B_6, B_8

B_2, B_3, B_4

◇ **그림 4.11**   최소 단절군 생성 과정

4.9 직렬 시스템의 평균 수명

이제까지는 시간이 고정된 시점에서 다양한 시스템의 신뢰도를 산출했다. 이제 시스템의 수명을 살펴보자. 그림 4.1에 제시된 직렬 시스템의 작동 확률은 식 (4.16)~(4.17)로 구해진다.

$$P(t시간에 시스템 작동) = P(t시간에 요소 1 작동) \times P(t시간에 요소 2 작동)$$
$$\times \cdots \times P(t시간에 요소 \ n \ 작동) \tag{4.16}$$

즉,

$$R_{sys}(t) = R_1(t)R_2(t) \cdots R_n(t) \tag{4.17}$$

이 식과 앞 절에서 다룬 $R_{sys} = R_1R_2 \cdots R_n$를 비교해 보면 같은 결과임이 확인된다. 이때 평균 고장 시간(MTTF)은

$$MTTF = \int_{t=0}^{\infty} R_1(t)R_2(t) \cdots R_n(t)dt \tag{4.18}$$

이다.

직렬 시스템 고장까지의 시간은 각 요소의 고장시간의 최솟값이므로 식 (4.19)와 같이 표현된다.

$$T_{sys} = \min(T_1, T_2, \cdots, T_n) \tag{4.19}$$

4.9.1 지수분포의 평균 수명

직렬 시스템에서 각 요소들이 지수분포 수명을 갖는 위험률 λ_i인 요소 i라고 가정하자. 즉,

$$R_i(t) = e^{-\lambda_i t} \tag{4.20}$$

$$R_{sys}(t) = e^{-\lambda_1 t}e^{-\lambda_2 t} \cdots e^{-\lambda_n t} = e^{-(\lambda_1 + \cdots + \lambda_n)t} \tag{4.21}$$

이는 바로 비율 $= \lambda_1 + \cdots + \lambda_n$인 지수분포의 신뢰도 함수가 된다. 그러므로 시스템 수명 또한 다음과 같은 비율의 지수분포를 갖는다.

$$\lambda_{sys} = \lambda_1 + \cdots + \lambda_n \tag{4.22}$$

2개 요소의 직렬 시스템

따라서 시스템이 평균 고장 시간은 다음과 같다.

$$MTTF = \frac{1}{\lambda_{sys}} = \frac{1}{\lambda_1 + \cdots + \lambda_n} \tag{4.23}$$

그림 4.12의 요소 1의 평균 고장 시간은 100시간, 요소 2는 300시간이고 요소의 수명이 지수분포인 직렬 시스템의 평균 고장 시간을 구해 보자.

두 요소의 고장률은 각각

$$\lambda_1 = \frac{1}{100} \ , \quad \lambda_2 = \frac{1}{300}$$

이므로 식 (4.22)로부터 시스템 고장률은 다음과 같다.

$$\lambda_{sys} = \frac{1}{100} + \frac{1}{300} = \frac{1}{75}$$

따라서 시스템의 평균 수명은 75시간이다.

4.9.2 포아송 과정

앞 절의 결과는 비율 λ_i의 포아송 과정의 요소 i의 고장이라고 생각하면 직관적으로 명백해진다. 짧은 시간 간격 $(t, t + dt)$에 대해 생각해 보자.

$$F_i = \{(t, t + dt) \text{ 동안 요소 } i \text{ 고장}\} \tag{4.24}$$

이라고 하면, dt 동안 첫 번째 순서에

$$P(F_i) \approx \lambda_1 dt \tag{4.25}$$

이고, 따라서 시간 간격 동안 시스템이 고장 날 확률은

$$P(F_1 \cup F_2 \cup \ \cdots \ \cup F_n) \approx P(F_1) + P(F_1) + \cdots + P(F_n)$$
$$\approx (\lambda_1 + \lambda_2 + \cdots + \lambda_n)dt \tag{4.26}$$

이다. 여기서 이 시간 간격 안에 하나 이상의 요소가 고장일 확률이 $(dt)^2$으로 매우 작아서 무시 가능하다. 그러므로 포아송 과정에서 시스템의 고장은 식 (4.22)와 같다.

4.9.3 와이블 분포를 갖는 동일 요소

이제 각각 수명분포가 Wei(형상 = v, 척도 = β)인 n개의 동일한 요소로 구성된 그림 4.1과 같은 직렬 시스템을 가정해 보자. 그러면 임의의 요소에 대한 신뢰도함수는 다음과 같다.

$$R(t) = \exp\left(-\left(t/\beta\right)^2\right) \tag{4.27}$$

따라서 시스템의 신뢰도는 식 (4.28)과 같다.

$$
\begin{aligned}
R_{sys}(t) &= R_1(t)R_2(t)\cdots R_n(t) = R_n(t)^n \\
&= \exp\left(-\left(t/\beta\right)^v\right)^n = \exp\left(-n\left(t/\beta\right)^v\right) \\
&= \exp\left(-\left(t/\beta_{sys}\right)^v\right)
\end{aligned}
\tag{4.28}
$$

여기서

$$\beta_{sys} = \frac{\beta}{n^{1/v}} \tag{4.29}$$

이므로

$$T_{sys} \sim Wei(\text{형상} = v,\ \text{척도} = n^{-1/v}\beta) \tag{4.30}$$

이다.

직렬 시스템이 4개의 요소로 구성되어 있는 경우, 각 요소의 수명은 형상모수 $v = 2$, 척도모수 $\beta = 100$시간인 와이블 분포로 단일 요소의 MTTF와 시스템의 MTTF를 구할 수 있다.

앞 절에서 i번째 요소의 MTTF는 다음과 같다.

$$
\begin{aligned}
E[T_i] &= \beta\Gamma(1+1/v) = 100\Gamma(1+1/2) \\
&= 50\Gamma(1/2) = 50\sqrt{\pi} \approx 88.6hr
\end{aligned}
$$

시스템 수명 또한 형상모수 = 2, 척도모수 $n^{-1/v}\beta = 4^{-1/2} \times 100 = 50$인 와이블 분포이

므로

$$MTTF_{sys} = 50\Gamma(1 + 1/2) = 44.3 hr$$

이다. 그러므로 시스템의 MTTF는 각 요소의 MTTF의 절반인 셈이다.

4.10 병렬 시스템의 평균 수명

그림 4.2와 같이 n개의 요소로 구성된 병렬 시스템을 고려해 보자. 앞 절에서 고정된 시간에 신뢰도를 고려하여

$$Q_{sys} = Q_1 Q_2 \cdots Q_n$$

을 구했다. 이를 시간의 함수로 간주한다면, 시스템 불이용도는 다음과 같다.

$$Q_{sys}(t) = Q_1(t) Q_2(t) \cdots Q_n(t) \tag{4.31}$$

시간당 위험률이 지수분포를 갖는 3개의 요소로 구성된 병렬 시스템에 대하여 $\lambda_1 = 0.01$, $\lambda_2 = 0.02$, $\lambda_3 = 0.03$일 때 시스템 신뢰도함수와 시스템의 평균 수명(MTTF)을 구해 보자.

각 요소의 MTTF는 각각 100시간, 50시간, 33.5시간이다. 또한 각각의 비신뢰도함수는

$$F(t) = 1 - e^{-\lambda_i t}$$

이다. 따라서

$$Q_{sys}(t) = (1 - e^{-\lambda_1 t})(1 - e^{-\lambda_2 t})(1 - e^{-\lambda_3 t}) \tag{4.32}$$

이고, 시스템 신뢰도를 표현하면

$$\begin{aligned}
R_{sys}(t) &= 1 - Q_{sys}(t) \\
&= e^{-\lambda_1 t} + e^{-\lambda_2 t} + e^{-\lambda_3 t} - e^{-(\lambda_1 + \lambda_2)t} - e^{-(\lambda_1 + \lambda_3)t} \\
&\quad - e^{-(\lambda_2 + \lambda_3)t} + e^{-(\lambda_1 + \lambda_2 + \lambda_3)t}
\end{aligned}$$

이 된다. 따라서 적분식

$$\int_{t=0}^{\infty} e^{-\lambda t} dt = \frac{1}{\lambda} \tag{4.33}$$

을 사용하여 계통의 MTTF를 다음과 같이 121.7시간으로 구할 수 있다.

$$
\begin{aligned}
MTTF_{sys} &= \frac{1}{\lambda_1} + \frac{1}{\lambda_2} + \frac{1}{\lambda_3} - \frac{1}{\lambda_1+\lambda_2} - \frac{1}{\lambda_1+\lambda_3} - \frac{1}{\lambda_2+\lambda_3} + \frac{1}{\lambda_1+\lambda_2+\lambda_3} \\
&= \frac{1}{0.01} + \frac{1}{0.02} + \frac{1}{0.03} - \frac{1}{0.03} - \frac{1}{0.04} - \frac{1}{0.05} + \frac{1}{0.06} = 121.7 hr
\end{aligned}
$$

4.11 대기 시스템

대기 시스템(standby system)의 한 예로 병원의 비상 전원 공급장치가 있다. 1차 공급은 전기격자, 백업(backup)은 디젤 발전기일 것이다. 두 가지 방법에서 대기 시스템과 병렬 시스템은 나르다. 백업 요소는 1차 요소가 작동하는 동안에는 사용되지 않는다. 1차 요소의 고장을 감지하고 백업 요소를 활성화시키는 전환 장치가 있다. 이 전환 장치는 작동오류, 이를테면 디젤 발전기의 작동 요구 고장이 발생할 수 있다.

그림 4.13과 같이 하나 이상의 백업 요소도 있을 수 있다. 여기서 전환장치의 작동오류의 가능성은 없다고 가정하자. 1차와 백업 요소의 수명을 각각 T_1과 T_2라고 하자. 백업 요소의 수명은 1차 요소가 고장나는 순간에 시작되므로, 시스템의 수명은 다음과 같다.

$$T_{sys} = T_1 + T_2$$

일반적으로 1차 요소와 $n - 1$개의 백업 요소로 된 경우에는 다음과 같다.

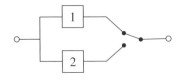

◁ **그림 4.13**   기본 대기 시스템

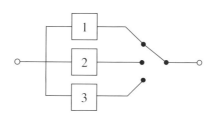

그림 4.14 2개 백업의 대기 시스템

$$T_{sys} = T_1 + \cdots + T_n \tag{4.34}$$

그러므로 MTTF는

$$E\left[T_{sys}\right] = E\left[T_1 + T_2\right] = E\left[T_1\right] + E\left[T_2\right] \tag{4.35}$$

이다.

예제 4.1 1차 요소는 시간당 0.01의 위험률, 백업 요소는 시간당 0.02의 위험률을 갖는다. 이들 요소가 그림 4.15와 같이 (a) 병렬, (b) 대기의 두 경우로 작동될 때 MTTF를 비교하라.

📄 답

(a) 병렬 시스템의 경우

$$E\left[T_{sys}\right] = \frac{1}{\lambda_1} + \frac{1}{\lambda_2} - \frac{1}{\lambda_1 + \lambda_2} = \frac{1}{0.01} + \frac{1}{0.02} - \frac{1}{0.03} = 116.67hr$$

(a)　　　　　　　　　　(b)

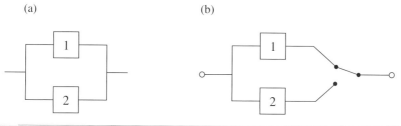

그림 4.15 병렬과 대기 시스템의 차이

(b) 대기 시스템의 경우

$$E\left[T_{sys}\right] = E\left[T_1\right] + E\left[T_2\right] = \frac{1}{\lambda_1} + \frac{1}{\lambda_2} = \frac{1}{0.01} + \frac{1}{0.02} = 150hr$$

이다. 그러므로 대기 시스템의 MTTF가 더 길다. 이는 대기 요소가 더 늦게 그 수명을 시작하기 때문이라는 일반적인 예측과 일치한다.

4.11.1 일정한 위험률

1차 요소와 백업 요소가 위험률이 같은, 말하자면, λ인 특별한 경우, $T_{sys} = T_1 + T_2$를 비율 λ인 포아송 과정에서 2번째 사건의 시간으로 간주할 수 있다. 그러므로,

$$T_{sys} \sim Gamma(형상 = 2, 비율 = \lambda) \tag{4.36}$$

1차 요소와 백업 요소가 시간당 0.01의 같은 위험률을 갖는다고 가정하자. 이들 요소가 (a) 병렬, (b) 대기의 두 경우로 작동할 때 신뢰도함수를 비교해 보자. 병렬 시스템인 경우

$$R_{sys}(t) = 1 - (1 - e^{-\lambda t})(1 - e^{-\lambda t}) = 2e^{-\lambda t} - e^{-2\lambda t}$$

이고, 대기 시스템인 경우

$$R_{sys}(t) = P(T_{sys} > 1) = P(t시간\ 후에\ 두\ 번째\ 고장\ 발생) = P(N \leq 1)$$

이다. 여기서 N은 $(0, t)$ 동안의 고장 수이다. $N \sim Pois(평균 = \lambda t)$이므로

$$R_{sys}(t) = e^{-\lambda t} + \lambda e^{-\lambda t}$$

이다. $\lambda = 0.01\ (hr^{-1})$, $t = 10\ (hr)$라면, 병렬 시스템의 경우

$$R_{sys} = 2e^{-0.1} - e^{-0.2} \approx 0.991$$

이고, 대기 시스템의 경우

$$R_{sys} = 1.1e^{-0.1} \approx 0.995$$

그림 4.16   임의의 고장 시간 s를 나타낸 시간축 개념도

이다. 따라서 일반적인 신뢰도 $R_{sys}(t)$는 식 (4.37)과 같다.

$$R_{sys}(t) = P(T_{sys} > t) = P(T_1 + T_2 > t) \qquad (4.37)$$

해석적인 방법으로 시스템의 신뢰도를 구하기 위해서 고려해야 할 것은 우선 1차 요소가 t시간 후에도 계속해서 작동하는 것이고, 다른 하나는 1차 요소가 $s < t$인 s시간에 고장이 나고 2차 요소가 t까지 남은 시간인 $t - s$ 동안 지속되어야 한다는 것으로 그림 4.16에 임의의 시간 s가 표시되었다.

그러므로

$$R_{sys}(t) = R_1(t) + \int_{s=0}^{t} f_1(s) R_2(t-s) ds \qquad (4.38)$$

이다. 1차 요소는 시간당 0.01의 위험률, 백업 요소는 시간당 0.02의 위험률을 가진 대기 시스템의 신뢰도함수를 계산해 보자. 고장률이 λ_1, λ_2인 일반적인 경우 $R_{sys}(t)$는 식 (4.39)와 같다.

$$
\begin{aligned}
R_{sys}(t) &= R_1(t) + \int_{s=0}^{t} f_1(s) R_2(t-s) ds \\
&= e^{-\lambda_1 t} + \int_{s=0}^{t} \lambda_1 e^{-\lambda_1 t} \cdot e^{-\lambda_2(t-s)} ds \\
&= e^{-\lambda_1 t} + \lambda_1 e^{-\lambda_2 t} \int_{s=0}^{t} e^{(\lambda_2 - \lambda_1)s} ds
\end{aligned}
\qquad (4.39)
$$

여기서는 두 경우의 사이에서 구별한 것을 필요로 한다. $\lambda_1 = \lambda_2$라면 앞의 결과와 다를 것이 없다. 따라서 여기서는 $\lambda_1 \neq \lambda_2$인 경우만을 고려하면 시스템의 신뢰도 식 (4.40)과 같다.

$$R_{sys}(t) = e^{-\lambda_1 t} + \lambda_1 e^{-\lambda_2 t} \left[\frac{e^{(\lambda_2 - \lambda_1)s}}{\lambda_2 - \lambda_1} \right]_{s=0}^{t}$$

$$= e^{-\lambda_1 t} + \lambda_1 e^{-\lambda_2 t} \left(\frac{e^{(\lambda_2 - \lambda_1)t} - 1}{\lambda_2 - \lambda_1} \right)$$

$$= \frac{\lambda_2 e^{-\lambda_1 t} - \lambda_1 e^{-\lambda_2 t}}{\lambda_2 - \lambda_1} \tag{4.40}$$

이때 $\lambda_1 = 0.01/hr$, $\lambda_2 = 0.02/hr$, $t = 10/hr$라고 가정하면 신뢰도는 다음과 같다.

$$R_{sys} = \frac{0.2e^{-0.1} - 0.1e^{-0.2}}{0.2 - 0.1} \approx 0.991$$

대기 시스템 대신에 병렬 시스템이라면 시스템 신뢰도는

$$R_{sys} = e^{-\lambda_1 t} + e^{-\lambda_2 t} - e^{-(\lambda_1 + \lambda_2)t} = e^{-0.1} + e^{-0.2} - e^{-0.3} \approx 0.983$$

이다. 이제 형상모수 $v = 2$, 척도모수 $\beta_1 = 300hr$, $\beta_2 = 100hr$인 와이블 분포를 가진 독립적으로 작동하는 요소를 가진 그림 4.15(b)의 대기 시스템의 경우 200hr 뒤의 시스템의 신뢰도를 산출해 보자.

요소 i에 대해

$$R_i(t) = \exp \left\{ -\left(\frac{t}{\beta_i} \right)^v \right\} \tag{4.41}$$

그리고

$$f_i(t) = \frac{v t^{v-1}}{\beta_i^v} \exp \left\{ -\left(\frac{t}{\beta_i} \right)^v \right\} \tag{4.42}$$

이다. 이를 식 (4.39)에 대입하면 다음과 같다.

$$R_{sys}(200) = R_1(200) + \int_{s=0}^{200} f_1(s) R_2(200 - s) ds$$

이 적분은 해석적 또는 수치해석적으로 쉽게 계산할 수 있다.

4.12 불완전 전환 대기 시스템

불완전한 전환을 다루기 위한 수정은 매우 간단하다. 예를 들어 그림 4.15(b)와 같은 단일 백업 시스템을 고려해 보자.

$$\theta = P(\text{요구 시 스위치가 작동})$$

이라고 하자.

이 경우 스위치가 작동하는지 여부를 고려해 주면 평균 수명은 다음과 같이 구해진다.

$$
\begin{aligned}
E[T_{sys}] &= P(\text{스위치 작동})E[T_{sys}\,|\,\text{스위치 작동}] \\
&\quad + P(\text{스위치 고장})E[T_{sys}\,|\,\text{스위치 고장}] \\
&= \theta(E[T_1] + E[T_2]) + (1-\theta)E[T_1]
\end{aligned}
\tag{4.43}
$$

같은 방법으로 식 (4.38)을 이용해도 식 (4.43)과 동일한 결과를 얻을 수 있다.

$$R_{sys}(t) = R_1(t) + \theta\int_{s=0}^{t} f_1(s)R_2(t-s)ds \tag{4.44}$$

불완전 전환 시스템의 스위치가 성공적으로 작동할 확률이 0.8일 때, 이 대기 시스템의 (a) MTTF, (b) 신뢰도함수를 산출해 보자(1차 요소는 시간당 0.01의 위험률, 백업 요소는 시간당 0.02의 위험률을 갖는다). 이때 식 (4.43)을 적용하면 평균 수명은 130시간이고 계통의 신뢰도는 식 (4.44)로부터

$$R_{sys}(t) = e^{-\lambda_1 t} + 0.8 \times \lambda_1 e^{-\lambda_2 t}\left(\frac{e^{(\lambda_2 - \lambda_1)t} - 1}{\lambda_2 - \lambda_1}\right)$$

이다. 예를 들어 $\lambda_1 = 0.01/hr$, $\lambda_2 = 0.02/hr$, $t = 10/hr$라면

$$R_{sys}(t) = e^{-0.1} + 0.8 \times 0.01 e^{-0.2}\left(\frac{e^{-0.1} - 1}{0.02 - 0.01}\right) \approx 0.843$$

이다. 이 경우 대기 시스템의 신뢰도가 이들 요소를 사용한 병렬 시스템의 신뢰도보다 작다. 따라서 가능하다면 병렬 시스템이 사용될 것이다.

4.13 계통의 신뢰도함수

모든 수명이 지수분포이고, 위험률이 $\lambda_1 = \lambda_2 = \lambda_3 = 0.01/hr$ 및 $\lambda_4 = 0.02/hr$인 그림 4.17과 같은 혼합 시스템에서 (a) 10시간 작동 후의 신뢰도와 (b) MTTF를 구해 보자. $R_A(10) = 1.1e^{-0.1} \approx 0.995$, $R_B(t) = e^{-(\lambda_3+\lambda_4)t}$이므로, $R_B(10) = e^{-0.3} \approx 0.741$이다. 따라서

$$R_{sys}(10) = 1.1e^{-0.1} \times e^{-0.3} \approx 0.737$$

이다. 평균 수명(MTTF)을 산출하기 위해 $R_{sys}(t)$에 대한 해석적인 표현은 각각 다음과 같다.

$$R_A(10) = (1+0.01t)e^{-0.01t}, \quad R_B(t) = e^{-0.03t}$$

그러므로

$$R_{sys}(t) = (1+0.01t)e^{-0.01t} \times e^{-0.03t} = (1+0.01t)e^{-0.04t}$$

이고, 따라서 MTTF는

$$E\left[T_{sys}\right] = \int_{t=0}^{\infty} (1+0.01t)e^{-0.04t}\,dt = 31.25$$

이다.

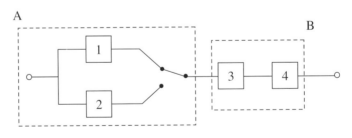

그림 4.17 대기 시스템과 직렬 시스템의 연결도

4.14 몬테카를로 시뮬레이션

모든 수치적 해석 방법 중에서 가장 효율적이고 많이 사용되는 방법 중 하나가 몬테카를로 시뮬레이션이다. 이것은 간단하게 각 요소에 대한 임의의 수명을 생성하고 그것으로 시스템의 수명을 평가한다. 많은 시간 반복되면 관심 대상의 임의의 양에 대해 근삿값을 유도할 수 있다.

형상모수 $v = 2$, 척도모수 $\beta_1 = 300hr$, $\beta_2 = 100hr$인 와이블 분포를 가진 독립적으로 작동하는 요소를 가진 그림 4.15(b)와 같은 시스템의 MTTF와 200시간 뒤의 시스템 신뢰도, 그리고 시스템 신뢰도가 90%일 때의 시간을 Excel이나 Matlab의 몬테카를로 시뮬레이션 방법을 이용하여 구해 볼 수 있다.

시스템이 MTTF = 10^4인 지수 수명분포를 갖는 독립적으로 작동하는 동일한 요소를 갖고 있을 때 시스템의 MTTF와 5,000시간 뒤의 시스템 신뢰도를 몬테카를로 시뮬레이션 방법으로 구해 보자.

이때 이 시스템의 최소 단절군은 다음과 같다.

$$C_1 = \left\{A, B\right\}, C_2 = \left\{C, D\right\}, C_3 = \left\{A, D, E\right\}, C_4 = \left\{B, C, E\right\}$$

앞에서와 마찬가지로, 첫 번째 단계는 각 요소에 대해 10^6의 랜덤 수명을 생성한다. 이제 T_1을 C_1이 '발생'했을 때, 즉 C_1 안의 모든 요소가 고장일 때의 시간이라 하자. 그러면

$$T_1 = \max(T_A, T_B)$$

이다. 이것을 10^6의 모든 가정에 대해 동시에 해야 하기 때문에 R에서 max 함수가 필요하다. 이 경우 다시, 모든 수명이 지수분포이기 때문에 시스템의 정확한 MTTF를 계산하는 것($49/(60\lambda) = 8166.67$)은 매우 쉽다.

$t_C = -\log(0.8)/\lambda \approx 2231.4$시간 뒤의 시스템 신뢰도는

$$R_C(t_C) = \exp(-\lambda t) = 0.8$$

이 된다.

t_C에서의 정확한 시스템 신뢰도는 몬테카를로 방법으로 구한 결과와 매우 근접한 결과를 얻게 된다. 자세한 몬테카를로 시뮬레이션 방법은 7장에서 다시 자세히 설명된다.

4.15 여러 가지 확률분포

계통신뢰도 분석에 많이 사용되는 대표적인 10개의 확률분포는 다음과 같다.

이항분포

$$X \sim binom(n, p)$$

$$P(X = r) = \frac{n!}{r!(n-r)!} p^r \left(1 - p\right)^{n-r}, \quad r = 0, 1, 2, \cdots, n$$

$$\text{평균}(\alpha) = np, \quad \text{표준편차}(\beta) = \sqrt{np(1-P)}$$

포아송 분포

$$X \sim Pois(\mu)$$

$$P(X = r) = \frac{e^{-\mu} \mu^r}{r!}, \quad r = 0, 1, 2, \cdots$$

$$\text{평균}(\alpha) = \mu, \quad \text{표준편차}(\beta) = \sqrt{\mu}$$

균등분포

$$X \sim Uniform(a, b)$$

$$f_T(t) = \frac{1}{b-a}, \quad a < t < b$$

$$\text{평균}(\alpha) = \frac{a+b}{2}, \quad \text{표준편차}(\beta) = \frac{b-a}{\sqrt{12}}$$

지수분포

$$T \sim Expon(rate = \lambda)$$

$$f_T(t) = \lambda e^{-\lambda t}, \quad t > 0$$

$$\text{평균}(\alpha) = 1/\lambda, \quad \text{표준편차}(\beta) = 1/\lambda$$

감마분포

$$T \sim Gamma(shape = \alpha, scale = \beta)$$

$$f_T(t) = \frac{1}{\beta^\alpha \Gamma(\alpha)} t^{\alpha-1} e^{-t/\beta}, \quad t > 0$$

$$\text{평균}(\alpha) = \alpha\beta, \quad \text{표준편차}(\beta) = \beta\sqrt{\alpha}$$

여기서 감마함수의 정의는 다음과 같다.

1. $For x > 0,\ \Gamma(x) = \int_{u=0}^{\infty} u^{x-1} e^{-u} du$

2. $For x > 0,\ \Gamma(x+1) = x\Gamma(x)$

3. $For n = 1,\ 2,\ 3, \cdots,\ \Gamma(n) = (n-1)!$

4. $\Gamma\left(\dfrac{1}{2}\right) = \sqrt{\pi}$

5. $\int_{u=0}^{\infty} u^n e^{-u/\beta} du = \beta^{n+1} \Gamma(n+1)$

와이블 분포

$$T \sim Wei(shape = \nu,\ scale = \beta)$$

$$f_T(t) = \frac{\nu}{\beta}\left(\frac{t}{\beta}\right)^{-\lambda t} \exp\left\{-\left(\frac{t}{\beta}\right)^{\nu}\right\},\quad t > 0$$

$$평균(\alpha) = \beta\Gamma\left(1 + \frac{1}{\nu}\right),\ 표준편차(\beta) = \beta\sqrt{\Gamma\left(1 + \frac{2}{\nu}\right) - \Gamma\left(1 + \frac{1}{\nu}\right)^2}$$

최대 극한값 분포

$$T \sim EV(\xi,\ \delta)\ if\ Y = \log(T),$$

$$where\ T \sim Wei(\nu,\ \beta),\ with\ \xi = \log\beta\ and\ \delta = 1/\nu$$

$$평균(\alpha) = \xi - \gamma\delta,\ 표준편차(\beta) = \frac{\pi}{\sqrt{6}}\delta$$

검벨 분포

$$X \sim Gum(\xi,\ \delta)\ if\ X = -Y,\ where\ Y \sim EV(-\xi,\ \delta)$$

$$평균(\alpha) = \xi + \gamma\delta,\ 표준편차(\beta) = \frac{\pi}{\sqrt{6}}\delta$$

정규분포

$$X \sim N(mean = \mu,\ sd = \sigma)\ if\ Z = \frac{X - \mu}{\sigma} \sim N(0,\ 1)$$

$$f_X(x) = \frac{1}{\sigma\sqrt{2\pi}} \exp\left\{-\frac{1}{2}\left(\frac{x-\mu}{\sigma}\right)^2\right\},\quad -\infty < x < \infty$$

$$평균(\alpha) = \mu,\quad 표준편차(\beta) = \sigma$$

로그정규분포

$$Y \sim LN(\mu, \sigma^2) \ if \ X = \log Y \sim N(\mu, \sigma^2)$$

$$평균(\alpha) = \exp\left(\mu + \sigma^2/2\right),$$

$$표준편차(\beta) = \exp\left(\mu + \frac{\sigma^2}{2}\right)\sqrt{\exp\left(\sigma^2\right) - 1}$$

 ## 참고문헌

1. A. C. GREEN and A. J. BOURNE, *Reliability Technology*, John Wiely and Sons, Inc., New York, 1972

2. Hiromitsu Kumamoto and Ernest J. Henley, *Probabilistic Risk Assessment and Management for Engineers and Scientists*, IEEE Press, 1996

3. *Uncertainty in Probabilistic Safety Assessment*, G. Apostolakis, Nuclear Engineering and Design, 115, 1989

4. *Uncertainty in Nuclear Probabilistic Risk Analysis*, W. E. Vessely and D. M. Rassmuson, Risk Analysis, Vol. 4, No. 3, 1984

 ## 연습문제

4.1 어떤 기계부품이 고장 나는 데 걸리는 시간이 $\lambda = 0.5$를 모수(parameter)로 갖는 지수분 포함수를 따를 때

(a) 이 부품의 고장 나는 시간이 2시간을 넘을 확률을 구하라.

(b) 이 부품의 고장 나는 시간이 9시간을 넘었을 때 적어도 10시간이 걸릴 조건부확률은 얼마인가?

4.2 연구용 원자로의 작동에 있어서, 원자로가 가동 중인지, 정지 상태인지를 아는 것이 매우 중요하다. 3개의 센서가 신뢰할 만한 경보 시스템을 제공하기 위해 사용된다. 각 센서의 신호는 표시등에 연결되어 있다. 적절히 작동 중일 경우, 원자로가 가동되면 바로 센서의 신호는 표시등을 켠다. 그리고 원자로가 정지되어 신호가 없으면 표시등을 끈다.

표시등은 이상이 없으며, 센서는 고장 시 신호를 보내지 않는다고 하자.

운전자는 표시등이 1개, 2개, 3개가 불이 들어왔을 때 원자로의 상태를 판단해야 한다. 센서의 작동률은 p이고, 고장률은 q이다.

(a) 운전자가 원자로가 작동하고 있다는 정확한 정보를 얻을 확률 $p(\text{on})$와 정지하고 있다는 정확한 정보를 얻을 확률 $p(\text{off})$를 구하라.

(b) 센서가 다음과 같은 두 가지 모드로 고장 난다고 가정하자.

   (1) 'on'으로 고장 나는 경우, 원자로가 작동 중이던 정지 중이던 상관없이 표시등을 켜는 경우이다. 이때의 고장률은 $q_{\text{on}} = 0.10$이다.

   (2) 'off'로 고장 나는 경우, 즉 무조건 표시등을 켜지 않는 경우이다. 이 경우의 고장률은 $q_{\text{off}} = 0.10$이다. (따라서 센서의 작동률 $p = 1 = q_{\text{on}} - q_{\text{off}} = 0.80$)

만약 운전자가 앞에 기술된 것처럼 똑같은 판단 기준을 가졌을 때, $p(\text{on})$과 $p(\text{off})$를 구하라.

4.3 전기회로에 흐르는 전류가 매 1,000시간의 작동시간 동안 평균 한 번씩 회로차단기의 오작동을 일으킨다.

(a) 차단기가 2,000시간의 작동시간 동안 오작동을 일으키지 않을 확률은 얼마인가?

(b) 차단기가 2,000시간 이후, 그리고 3,000시간 이전에 오작동을 일으키지 않을 확률은 얼마인가?

(c) 만일 차단기가 2,000시간 동안 오작동을 일으키지 않았다면 그 후 1,000시간 안에 오작동을 일으킬 확률은 얼마인가? 처음 1,000시간의 작동시간 동안 오작동을 일으킬 확률과 비교하면 어떠한가? 설명하라.

4.4 어떤 시스템의 특정 부품의 수명시간 T에 대한 고장률[failure rate, $\lambda(t)$]은 아래와 같다.

$$\lambda(t) = \frac{1}{2\sqrt{t}}$$

이때 다음을 구하라.

(a) 확률밀도함수[probability density Function, $f(t)$]

(b) 누적분포함수[cumulative distribution function, $F(t)$]

(c) 이 부품의 신뢰성[reliability, $R(t)$]

(d) 평균 수명(MTTF)

05

신뢰도 물리 이론

많은 신뢰도 공학의 응용에서는 극심한 조건에서 구조물이나 시스템이 주어진 기간 동안에 안전한지 또는 주어진 임무를 수행할 수 있는지에 대한 조사가 필요하다. 기계학적 입장에서는 외부 하중(충격, 진동 등) 또는 내부적인 장력에 대해 견딜 수 있는 확률이 필요하고, 전자제품에서는 전압의 상승과 입력 신호의 변화들을 견딜 수 있는 확률이 필요하다. 전형적인 스트레스의 예인 외부 하중과 건설 강도는 대개 무작위로 가해진다. 스트레스는 두 가지로 나눌 수 있는데 첫 번째는 외부 환경의 요소와 관계된 것이고 두 번째는 공학 과정에 의한 타고난 불안정성에 기인한 것이다. 따라서 예상되는 스트레스를 근거로 구성요소들의 고장률을 계산할 수 있다. 이 장에서는 신뢰도 물리 이론(reliability physics theory) 혹은 스트레스-강도 간섭 이론으로 불리는 방법론에 관하여 알아본다.

5.1 신뢰도 정의

일반적으로 스트레스를 Y, 강도를 X로 나타낸다. 이때 시스템의 성공적인 수행의 확률을 신뢰도라 하며 R(Reliability)이라고 표현한다. 여기서 신뢰도란 앞에서 언급했던 것처럼 주어진 기간 동안 안전성을 유지하며 주어진 임무 수행을 성공적으로 유지할 수 있는 확률을 뜻한다. 스트레스-강도 간섭 이론으로 표현한다면 가해진 스트레스가 강도를 초과하지 않는 것을 신뢰도라고 표현한다. 이를 수학적으로 표현한다면 식 (5.1)과 같다.

$$R = P_r\{X \geq Y\} \tag{5.1}$$

여기서 $P_r\{X \leq x = F(x)\}$와 $P_r\{Y \leq x = G(x)\}$라 하자. 그러면 시스템의 성공적인 운행 확률은 다음과 같이 계산될 수 있다.

$$R = \int_{-\infty}^{\infty} \Pr(X \geq x) dG(x) = \int_{-\infty}^{\infty} \Pr(Y \leq x) dF(x)$$
$$= \int_{-\infty}^{\infty} [1 - F(x)] dG(x) = \int_{-\infty}^{\infty} G(x) dF(x) \tag{5.2}$$

만일 2개의 분포가 연속분포이면 신뢰도는 다음과 같다.

$$R = \int_{-\infty}^{\infty} [\int_{-\infty}^{y} f(x) dx] g(y) dy = \int_{-\infty}^{\infty} [\int_{x}^{\infty} g(x) dx] f(x) dx \tag{5.3}$$

여기에서 $f(x)$는 $F(x)$의 밀도함수이고, $g(x)$는 $G(x)$의 밀도함수이다. 만일 X와 Y가 독립 확률변수이면 새로운 확률변수인 $Z = X - Y$로 그 분포를 바꿔 쓸 수 있다. 다시 쓴 분포 $H(x)$는 다음과 같다.

$$R = \Pr(Z \geq 0) = \int_{0}^{\infty} dH(x) dx \tag{5.4}$$

5.2 일반적 표현

스트레스와 강도에 대한 확률밀도함수(PDF)를 각각 스트레스가 l과 $l + dl$ 사이에 있을 확률, 강도가 c와 $c + dc$ 사이에 있을 확률이라 가정하면 다음과 같이 표현할 수 있다.

$$f_l(l) dl = \Pr\{l \leq L \leq l + dl\} \tag{5.5}$$

$$f_c(c) dc = \Pr\{c \leq C \leq c + dc\} \tag{5.6}$$

같은 방법으로 누적밀도함수(CDF)도 다음 식과 같이 표현할 수 있다.

$$F_l(l) = \int_{0}^{l} f_l(l') dl' \tag{5.7}$$

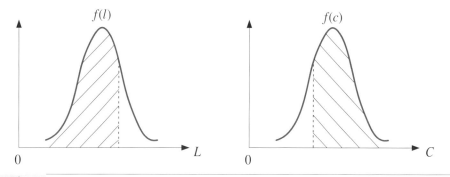

그림 5.1   확률밀도함수

$$G_c(c) = \int_0^c f_c(c') dc' \tag{5.8}$$

정해진 강도에 대해 스트레스의 변화에 따른 $f_l(l)$을 고려할 때, 그림 5.1에서 빗금 친 부분 $r(c)$, 즉 스트레스가 강도보다 작을 확률이 신뢰도이다. 이를 수식으로 표현하면 다음과 같다.

$$r(c) = \int_0^c f_l(l) dl \tag{5.9}$$

여기서 이것은 누적밀도함수와 같음을 알 수 있다. 신뢰도 c가 무한대로 감에 따라 1이라는 값으로 접근하고, c가 0으로 접근함에 따라 0의 값으로 접근한다는 사실 또한 알 수 있다. c는 확률밀도함수 $f_c(c)$에 의해 표현될 수 있으므로 신뢰도에 대한 기댓값은 다음과 같이 얻을 수 있다.

$$\begin{aligned} R &= \int_0^\infty r(c) f_c(c) dc \\ &= \int_0^\infty \left[\int_0^c f_l(l) dl \right] f_c(c) dc \end{aligned} \tag{5.10}$$

단, 고장률 F는 $1 - R$이므로, 고장률 F는 아래의 식과 위 식을 사용하여 다음과 같이 표현할 수 있다.

$$F = \int_0^\infty \left[\int_c^\infty f_l(l) dl \right] f_c(c) dc \tag{5.11}$$

따라서

$$\int_0^\infty f_c(c) dc = 1 \tag{5.12}$$

이다. 그림 5.2에서 고장률은 스트레스와 강도에 대한 확률밀도함수의 겹쳐진 부분으로 나타난다. 따라서 겹쳐지는 부분이 없으면 고장률은 0이고, 신뢰도는 1이다.

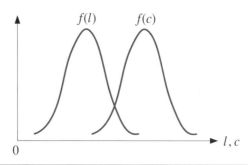

그림 5.2 신뢰도 물리 모델

5.3 강도 분포의 선택

강도나 수명의 분포로서 정규분포, 로그정규분포, 와이블 분포가 자주 이용된다. 이들 세 종류의 분포형은 변동계수가 큰 경우에는 전체적인 형이 명확히 다르게 되지만, 변동계수가 비교적 작은 경우에는 꼬리 부분 이외 부분에서의 형상은 그다지 다르지 않다. 그리고 실측 데이터의 표본 수는 10~50 정도인 경우가 많고 꼬리 부분의 데이터는 충분하지 않은 경우가 많다. 이러한 이유로부터 동일 데이터가 정규분포, 로그정규분포, 혹은 와이블 분포 중에서 2개 혹은 3개가 어느 정도 적합한 경우가 있다. 이러한 경우 분포형의 선택에는 충분한 검토가 필요하고, 또한 선택된 분포형이 절대적인 것이 아님을 인식할 필요가 있다. 예를 들어 피로균열전파수명의 분포에는 로그정규분포와 와이블 분포가 자주 이용되고 있다. 그중에서도 와이블 분포는 재료의 강도 분포를 최약 링크 모델에 의해 설명하는 것으로부터 도입되는 분포이고, 또한 그 취급이 간단하다는 점 등을 고려하여 피로균열전파수명의 확률분포의 취급에는 와이블 분포함수로 가정하여 신뢰도나 최소수명 등을 구하는 경우가 많다.

5.4 특정 분포에 적용

스트레스와 강도가 어떤 분포를 갖느냐에 따라 고장률을 구하는 방법이 달라진다.

대개의 경우 정규분포를 따르기 때문에 여기에서는 정규분포에 대해 중점적으로 알아보고 나머지 몇 가지의 분포에 대한 경우를 알아본다.

5.4.1 $F(x)$와 $G(x)$가 정규분포인 경우

이 경우 신뢰도는 다음의 식이 사용된다.

$$f(x) = \frac{1}{\sigma_f \sqrt{2\pi}} e^{-(x-s)^2/2\sigma_f^2} \tag{5.13}$$

이며 S는 평균, σ_f는 강도 분포의 표준편차를 의미한다.

마찬가지로

$$g(x) = \frac{1}{\sigma_g \sqrt{2\pi}} e^{-(x-L)^2/2\sigma_g^2} \tag{5.14}$$

이며 L은 평균, σ_g는 강도 분포의 표준편차를 의미한다.

이제 새로운 확률변수 $Z = X - Y$를 정의하자. 이 새로운 확률변수의 평균은 $E[Z] = S - L$이고 표준편차는 $\sigma_h = \sqrt{\sigma_f^2 + \sigma_g^2}$ 이다. 따라서 다음과 같은 결과를 얻어낼 수 있다.

$$R = \Pr(Z \geq 0) = \int_0^\infty \frac{1}{\sigma_h \sqrt{2\pi}} \exp[\frac{-(x-E\{Z\})^2}{2\sigma_h^2}]dx = \Phi(\frac{S-L}{\sqrt{\sigma_f^2 + \sigma_g^2}}) \tag{5.15}$$

만약 X와 Y의 분산이 증가한다면 신뢰도는 감소할 것으로 예상된다. 다시 말하자면 불확실하고 안정하지 못한 데이터의 사용은 신뢰도를 더욱 낮게 만들 것이다.

5.4.2 $F(x)$와 $G(x)$가 지수분포인 경우

이 경우 신뢰도는 다음의 식이 사용된다.

$$f(x) = \frac{1}{S} e^{-x/S} \tag{5.16}$$

여기서 S는 강도의 평균을 의미한다.

마찬가지로

$$g(x) = \frac{1}{L} e^{-x/L} \tag{5.17}$$

이고 L은 스트레스의 평균을 의미한다. 이때 위와 같은 방법으로 계산을 하면 다음과 같은 결과를 얻을 수 있다.

$$R = \int_0^\infty \frac{1}{L} e^{-x/L} e^{-x/S} dx = \frac{1}{L} \int_0^\infty \exp[-(1/L + 1/S)x]dx = \frac{S}{S+L} \tag{5.18}$$

여기에서는 분산이 신뢰도에 영향을 미치지 않는다. 하지만 실제로 강도 분포가 지수분포를 따르는 경우는 거의 없다.

5.4.3 $F(x)$가 정규분포이고 $G(x)$가 지수분포인 경우

이 경우 신뢰도는 다음의 식의 사용된다.

$$R = \int_0^\infty f(x)[\int_0^x g(y)dy]dx \tag{5.19}$$

여기에서

$$\int_0^x g(y)dy = \int_0^x \lambda e^{-\lambda y} dy = 1 - e^{-\lambda x} \tag{5.20}$$

라 표현할 수 있으며 이를 사용하여 신뢰도를 다음과 같이 정리할 수 있다.

$$R = \int_0^\infty \frac{1}{\sigma_f \sqrt{2\pi}} \exp[-\frac{1}{2}(\frac{x-S}{\sigma_f})^2][1 - \exp\left(-\frac{x}{L}\right)]dx$$

$$= \frac{1}{\sigma_f \sqrt{2\pi}} \int_0^\infty \exp[-\frac{1}{2}\left(\frac{x-S}{\sigma_f}\right)^2]dx - \frac{1}{\sigma_f \sqrt{2\pi}} \int_0^\infty \exp[-\frac{1}{2}\left(\frac{x-S}{\sigma_f}\right)^2]\exp\left(-\frac{x}{L}\right)dx \tag{5.21}$$

두 번째 항의 지수 부분을 결합하면 다음과 같은 결과를 얻는다.

$$-\frac{1}{2}\left(\frac{x-S}{\sigma_f}\right)^2 - \frac{x}{L} = -\frac{1}{2\sigma_f^2}\left[\left(x - S + \frac{\sigma_f^2}{L}\right) + 2S\frac{\sigma_f^2}{L} - \left(\frac{\sigma_f^2}{L}\right)^2\right] \tag{5.22}$$

이것을 사용하면 다음과 같이 정리된다.

$$R = 1 - \Phi\left(-\frac{S}{\sigma_f}\right) - \frac{1}{\sigma_f \sqrt{2\pi}} \int_0^\infty \exp\left\{-\frac{1}{2\sigma_f^2}\left[\left(x - S + \frac{\sigma_f^2}{L}\right) + 2S\frac{\sigma_f^2}{L} - 2\frac{\sigma_f^4}{L^2}\right]\right\}dx \tag{5.23}$$

새로운 변수 t로 치환하면 다음과 같은 식을 얻을 수 있다.

$$t = \frac{1}{\sigma_f}\left(x - S + \lambda\sigma_f^2\right) \tag{5.24}$$

$$\sigma dt = dx$$

$$R = 1 - \Phi\left(-\frac{S}{\sigma_f}\right) - \frac{1}{2\pi}\int_{[-S-(\sigma_f^2/L)]/\sigma_f}^{\infty} \exp\left[-\frac{t^2}{2}\right]\exp\left[-\frac{1}{2}\left(2\frac{S}{L}-\frac{\sigma_f^2}{L^2}\right)\right]dt \tag{5.25}$$

$$= 1 - \Phi\left(-\frac{S}{\sigma_f}\right) - \exp\left[-\frac{1}{2}\left(2\frac{S}{L}-\frac{\sigma_f^2}{L^2}\right)\right]\left[1-\Phi\left(-\frac{S-\dfrac{\sigma_f^2}{L}}{\sigma_f}\right)\right]$$

이때 대부분의 실제적인 문제들은 강도가 0보다 훨씬 크다. 따라서

$$R \approx 1 - \exp\left[-\frac{1}{2}\left(2\frac{S}{L}-\frac{\sigma_f^2}{L^2}\right)\right]\left[1-\Phi\left(-\frac{S-\dfrac{\sigma_f^2}{L}}{\sigma_f}\right)\right] \tag{5.26}$$

만약 $\lambda\sigma_f$가 작다면 다음과 같은 근사가 가능하다.

$$R \approx 1 - \exp\left[-\frac{1}{2}\left(2\frac{S}{L}-\frac{\sigma_f^2}{L^2}\right)\right] \tag{5.27}$$

게다가 평균 스트레스가 $\dfrac{1}{\lambda}$ 과 같다면

$$R \approx 1 - \exp\left[-S\lambda+\frac{1}{2}\left(\lambda\sigma_f\right)^2\right] \tag{5.28}$$

와 같은 결과를 얻을 수 있다.

5.4.4 $F(x)$가 정규분포이고 $G(x)$가 편향된 지수분포

편향된 지수분포는 그림 5.3에서 보는 것과 같으며, 이 경우 다음과 같이 표현할 수 있다.

$$R = \int_0^{\infty}\frac{1}{\sigma_f\sqrt{2\pi}}\exp\left[-\frac{1}{2}\left(\frac{x-\left(S-i^*\right)}{\sigma_f}\right)^2\right]G^*\left(x\right)dx \tag{5.29}$$

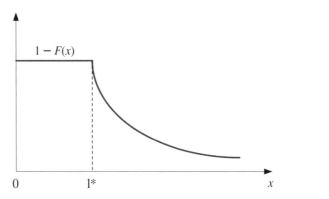

그림 5.3   편향된 지수함수의 예

여기서 $G^*(x)dx$는 $x \leq l^*$일 때는 0이고 $x \geq l^*$일 때는 $1 - e^{-\lambda(x-l^*)}$이다.

변수를 바꾼 후에는 다음 식과 같이 바뀐다.

$$R = \int_{l^*}^{\infty} \frac{1}{\sigma_f \sqrt{2\pi}} \exp\left[-\frac{1}{2}\left(\frac{x-\left(S-l^*\right)}{\sigma_f}\right)^2\right]\left[1-e^{-\lambda x}\right] dx \qquad (5.30)$$

변형을 생략하면

$$R = 1 - \Phi\left(-\frac{S-l^*}{\sigma_f}\right) - \exp\left[-\frac{1}{2}\left[2\left(S-l^*\right)\lambda + \lambda^2\sigma_f^2\right]\right] \times \left[1-\Phi\left(-\frac{\left(S-l^*\right)-\lambda\sigma_f^2}{\sigma_f}\right)\right] \quad (5.31)$$

이 되고, 근사적 표현이 되므로 $(S-l^*)/\sigma_f \geq 1$인 경우에는

$$R \approx 1 - \exp\left[-\frac{1}{2}\left[2\left(S-l^*\right)\lambda + \lambda^2\sigma_f^2\right]\right]\left[1-\Phi\left(-\frac{\left(S-l^*\right)-\lambda\sigma_f^2}{\sigma_f}\right)\right] \qquad (5.32)$$

이 되고 $\lambda\sigma_f$의 값이 작은 경우에는

$$R \approx 1 - \exp\left[-\frac{1}{2}\left[2\left(S-l^*\right)\lambda + \lambda^2\sigma_f^2\right]\right] \qquad (5.33)$$

이 된다.

5.4.5 $F(x)$가 편향된 지수분포이고 $G(x)$가 정규분포

강도가 편향된 지수함수인 경우 강도가 s^*보다 작지 않다고 가정해야 한다. 즉

$$R = \int_0^\infty g(x)\left[\int_{x \geq s^*}^\infty f(y)dy\right]dx = \int_0^{s^*} g(x)dx + \int_{s^*}^\infty g(x)\left[\int_x^\infty f(y)dy\right]dx \qquad (5.34)$$

가 되고, 이것의 단순한 변형에 의해

$$R = \int_{-\infty}^{s^*} dG(x) + \int_{s^*}^\infty \varphi(x)e^{-(x-s^*)\mu}dx = \Phi\left(\frac{s^* - L}{\sigma_g}\right) + \int_0^\infty \varphi(x+s^*)e^{-\mu x}dx \qquad (5.35)$$

가 된다. 더욱 자세한 식은

$$R = \Phi\left(\frac{s^* - L}{\sigma_g}\right) + \int_0^\infty \frac{1}{\sigma_g\sqrt{2\pi}}\exp\left[-\frac{\left(x+\left(s^*-L\right)\right)^2}{2\sigma_g^2}\right]e^{-\mu x}dx \qquad (5.36)$$

가 된다. 최종적으로 다음과 같은 식이 된다.

$$R = \Phi\left(\frac{s^* - L}{\sigma_g}\right) + \exp\left[-\left(s*-L\right)\mu + \frac{\mu^2\sigma_g^2}{2}\right]\varphi\left(\frac{s^* - L + \mu\sigma_g^2}{\sigma_g}\right) \qquad (5.37)$$

여기서 우리는 시스템의 신뢰도와 연관된 문제들에 대해서 알아보았다. 이 밖에 여기에서 다루지 않은 것으로 순환 스트레스-강도 모델과 동적인 스트레스-강도 모델 등이 있다. 이런 경우에는 스트레스-강도 모델의 시간에 따른 변화를 고려해야 한다. 실제로 대개의 경우에는 시간에 따른 피로의 증가가 고장의 원인이 되는 경우가 많다. 또한 대부분의 전기 시스템의 스트레스 과정은 연속적인 확률에 의한 것이다. 이 경우에는 내성의 영역에 대한 무작위성의 고려가 필요하므로 결합 확률분포에 대한 이해가 필요하나 이 장에서는 다루지 않는다. 마지막으로 여기에서는 물리적 변수들의 변동과 강도의 변화로 인해 시스템의 신뢰도가 변화하는 문제들을 다루었다. 이러한 문제를 다룰 때 가장 주의해야 하는 사항은 물리적 수준에 대한 진지한 고려이다. 이런 이유로 합리적인 수학적 모델의 선택이 실제 문제 해결에 선행되어야 한다.

 참고문헌

1. A. Birolini., *Reliability Engineering : Theory and Practice*, Springer, 1999.

2. A. E. Green and A. J. Bourne, *Reliability Technology*, John Wiley & Sons, 1978.

3. Boris Gnedenko and Igor Ushakov, *Probabilistic Reliability Engineering*, New York: Wiley, 1995.

4. E. E. Lewis, *Introduction to Reliability Engineering*, New York: Wiley, 1994.

5. Hiromitsu Kumamoto and Ernest J. Henley, *Probability Risk Assessment and Management for Engineers and Scientists*, IEEE PRESS, 1996.

6. K.K. Aggarwal, *Reliability Engineering*, Kluwer Academic Publishers, 1993.

7. Lawrence M. Leemis, *Reliability : Probabilistic Models and Statistical Methods*, Prentice Hall, 1995.

 연습문제

5.1 H(단위 : m)는 1년 중 강의 최고 수위를 나타낸다. H의 확률밀도함수는 아래 그림과 같은 삼각(triangular) 분포로 표현된다.

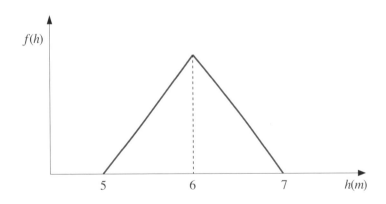

(a) 평균적으로 20년을 주기로 순환하는 수위 h_{20}을 결정하라.

(b) 강의 수위 H가 다음 20년 동안에 적어도 한 번 h_{20}을 범람할 확률은 얼마인가?

(c) 다음 5년 동안 강의 수위가 h_{20}을 단 한 번 범람할 확률은 얼마인가?

(d) 다음 5년 동안 강의 수위가 h_{20}을 두 번 이하로 범람할 확률은 얼마인가?

5.2 water-pumping station에서 여름의 낮 시간 동안의 수요 X는 다음과 같은 삼각 분포를 갖는다.

$$f_X(x) = \begin{cases} \dfrac{(x-50)}{100^2} & 50 \le x \le 150 \text{ cfs} \\[3mm] \dfrac{2}{100} - \dfrac{(x-50)}{100^2} & 150 \le x \le 250 \text{ cfs} \\[3mm] 0 & \text{elsewhere} \end{cases}$$

기존의 펌프는 0~150cfs까지의 모든 수요를 충족하는 데 적당하다. 새로운 펌프는 단지 수요가 기존 펌프의 용량을 초과할 경우에만 추가되고 작동된다. '새로운 펌프에 대한 부하'를 Y(random variable)라 할 때,

(a) Y의 누적분포함수를 구하고 스케치하라.

　(단, Y의 분포는 mixed type이다. 즉 Y의 확률이 정확한 유한값을 가질 수 있는 반면, Y가 연속적인 random variable일 수도 있다.)

(b) 새로운 펌프의 용량을 펌프에 대한 기대수요에 맞추는 것이 새로운 펌프를 선택하는 기준이다. 새로운 펌프의 용량을 구하고, station이 수요를 충족하지 못할 확률을 구하라.

(c) 교체되는 설계규칙은 펌프에 대한 0이 아닌 수요(즉 펌프가 켜져 있어야 한다는 기대수요)의 평균과 동일한 펌프의 용량을 요구한다. 이러한 기준에 의거하여 새로운 펌프의 용량을 결정하고, 이 station이 수요를 충족하지 못할 확률을 구하라.

5.3 트러스 위에 설치된 접시로 구성되어 있는, 큰 라디오의 안테나 시스템은 바람의 영향을 고려하여 설계되었다. 이 시스템에 피해를 줄 만한 강풍은 아주 드물게 발생하므로, 이 강풍의 발생은 포아송 과정으로 모델링될 수 있다. 기상관측 자료를 따르면 지난 50년 동안 이 지역에 10번의 강풍이 발생했다. 이 기간 동안 만약 강풍이 발생한다면, 접시와 트러스가 손상될 확률이 각각 0.2와 0.05라 가정하고, 이 손상은 서로 통계적으로 독립이라고 가정하자. 이때 다음 10년 동안 아래의 사건들에 대한 확률을 구하라.

(a) 강풍이 3번 이상 발생할 확률

(b) 강풍이 2번 이하 발생한다고 가정했을 때 안테나 시스템이 손상될 확률

(c) 안테나 시스템이 손상될 확률

5.4 Screw jack에 의해 증가하는 하중 X는 다음과 같은 uniform 분포를 따른다.

$$f(x) = \begin{cases} \dfrac{1}{b-a} & a \leq x \leq b \\ 0 & \text{otherwise} \end{cases}$$

(a) 하중 X의 평균이 m, 표준편차가 σ일 때, screw jack에 의해 증가한 하중의 최솟값과 최댓값을 구하라.

(b) 이 하중의 누적분포함수를 구하라.

5.5 다음 식은 지진방지 설계 시에 쓰이는 관계식이다.

$$Y = Ce^x$$

위의 식에서 Y는 건물 부지에서의 대지운동강도이고, X는 지진의 세기이며, C는 부지와 지진 중심부와의 거리에 관계된 상수이다. X가 다음과 같은 지수함수분포를 따를 때 Y의 누적분포함수 $f_x(y)$를 구하라.

$$f_x(x) = \lambda e^{-\lambda x}, \quad x \geq 0$$

06

신뢰도 정량적 분석

6.1 서론

이 장에서는 시스템 안전 분석에 대해 지금까지 고려되었던 일반적인 신뢰도 고려사항에서와 다른 점이 강조된다. 신뢰도를 결정할 때 모든 고장이 포함되지만, 여기서는 특히 안전 위험이 발생하는 고장에 중점을 둔다. 설계, 제조 및 운전에 있어 적당한 예방조치를 취하므로 안전 문제를 유발하는 고장은 매우 드물게 일어난다. 또한 발생 확률이 낮아서 분석과 개선을 위해 필요한 자료를 수집하는 데 어려움이 있다. 따라서 이와 같은 위험을 분석하는 것은 일반적으로 매우 어렵다. 그 결과 발생할 수 있는 위험에 대한 엔지니어의 이해뿐만 아니라 정성적인 방법으로 증가된 중요성을 가정한다. 이러한 어려움에도 불구하고, 위험은 생명과 바로 연결되기 때문에 신뢰도 공학에서 안전분석은 필수적이다.

안전 시스템 분석은 중대한 사고를 발생시킬 수 있는 산업 활동으로부터 그 중요성에 의해 시작되었다. 1979년 미국 스리마일 섬(TMI) 원전사고, 1984년 인도 보팔(Bhopal) 지역에서 발생한 대량의 화학물질 누출사고나 1986년 구소련의 체르노빌(Chernobyl) 원전사고, 2011년 일본의 후쿠시마 원전사고와 같은 역사적인 사고들을 검토해 보면 이러한 시스템의 안전 평가에 있어 몇 가지 어려운 점이 분명해진다. 첫째, 시스템은 치명적인 요소의 용장(redundancy) 구조를 갖고 있기 때문에 파국적인 고장확률이 매우 낮다. 따라서 피해야 하는 사건은 발생한 적이 없거나 있더라도 매우 드물다. 전체 시스템의 고장 확률에 대한 통계자료가 극히 드물고, 시스템 차원에 대한 신뢰도 시험은 불가능하다. 둘째, 사고가 발생했다고 해도 신뢰도 시험을 통해 예측하기 쉬운 형태의 요소 고장인 경우는 매우 드물다. 오히려 사고를 야기하는 뒤얽힌 사건은 장비 고장, 보전 및 계장(計裝) 문제, 인간 오류의 복합적인 결과이다.

안전 분석은 큰 과학기술 시스템에서 작은 소비 부품에 이르는 생산물과 시스템 전체 범주에 있어 필수적이다. 여기서 표준 신뢰도 시험과 평가 절차의 제한은 명백하다. 부품 향상 인원에게 1차적인 과제는 부품 정비, 오용, 부적당한 환경 및 표준 신뢰도 시험을 통해 드러나지 않을 수 있는 다른 위험한 상황과 환경의 넓은 다양성을 이해하는 것이다. 추가적인 의무는 부품이 어떤 위험한 방법으로 실패하는지가 아닌 사용자가 정상적인 운전 중에 어떻게 해를 입는지이다. 회전날, 전기 필라멘트, 연화성 액체, 가열된 표면 및 많은 산업과 소비자 부품에 필연적인 다른 잠재적인 위험한 요소에 대해 충분한 보호가 제공되어야 한다.

장비 고장, 인간 오류에 복합적인 영향에 의해 위험이 발생할지라도, 이들 요소 각각에 대한 실험을 통해 분석해 나가야 한다. 따라서 다음 절에서는 안전 위험에 가장 밀접하게 관련되어 있는 장비 고장의 특별한 양상에 초점을 맞추어 논의한다. 또한 사고가 어떻게 일어나는지 이해하고, 그 확률을 추정하기 위한 분석 기법들로 기본적인 인간 오류 분석과 고장 방식 및 영향 분석(FMEA), 사건 수목(Event Tree) 및 고장 수목(Fault Tree) 등 정량적인 신뢰도 분석 방법을 설명한다. 정량적인 인간신뢰도 분석은 구분하여 제9장에서 다룰 것이다.

6.2 정성적 인간 오류 분석

모든 공학은 인간의 노력이다. 넓은 의미에서 볼 때 대부분의 고장은 그것이 무지, 태만, 혹은 경계, 근력, 손재주의 한계 등 인간의 실수로 인해 발생한다. 설계자는 시스템 특성을 충분히 이해하지 못하거나 시스템이 작동하는 데 필요한 환경 조건에 대한 부하의 크기나 성격을 적절히 예상하지 못할 수 있다. 공학 교육은 주로 이들과 관련한 현상을 이해하는 데 주력하고 있다. 유사하게, 건축의 제조 동안에 발생하는 오류는 포함된 인원 또는 제조공정의 체제를 위해 책임 있는 공학자에 기인한다. 제조와 건축에 있어 이러한 과실을 검출하고 제거하는 데는 품질 보증 계획이 중추적인 역할을 한다.

여기서는 설계와 제조 후에 (시스템의 운용과 보전에 대해) 저지르는 인간 오류에 대해서만 고려하기로 한다. 설계와 제조상의 오류는 인간의 실수이든 아니든, 건조된 체계에서 하드웨어(hardware) 신뢰도 결점으로 나타나기 때문에 편리하게 분류할 수 있다. 관점을 운용과 보전 시에 나타나는 인간 오류에 국한할지라도 일반적으로 하드웨어 신뢰도에서의 불확실성이 더 크다는 것을 알 수 있다. 불확실성에는 세 가지 종류가 있다. 첫째, 인간 행동의 가변성에 대해 고려해 볼 수 있다. 사람의 능력이 다를 뿐 아니라 매일, 매 시간마다 개개인의 행동 또한 다양하다. 둘째, 통계학적으로 인간 행동의 다양성을 어떻게 모델링할 것인가에 대한 많은 불확실성이 있다. 그 이유는 환경, 긴장 및 동료와의 상호작용은 극단적으로 복잡하고 대부분이 심리적이기 때문이다. 셋째, 인간 행동의 한정된 양상에 대한 쉬운 모델이 공식화될 수 있을 때라도, 그들을 적용하기 위해 추론되어야 하는 모델변수의 수치적인 확률은 보통 매우 근사적이고, 적용하는 상황의 범위 또한 상대적으로 좁다.

그럼에도 불구하고 복잡한 시스템 분석에도 인간 오류의 영향을 포함하는 것이 필요하다. 왜냐하면 사고의 결과가 심각해질수록, 고신뢰성 하드웨어와 고용장 구조를 강조할수록, 위험의 점점 더 큰 비율이 인간의 실수로부터, 좀 더 정확히 말하면 인간 결점과 장비 문제의 복잡한 상호작용으로부터 초래될 것이기 때문이다. 고장확률의 정확한 예측이 문제이긴 하지만, 하드웨어와 인간 신뢰도의 대조로부터 좋은 대안을 얻을 수 있을 것이다. 이러한 연구로부터 운용 및 보전 인원이 중요한 역할을 할 시점에서 사고를 최소화하고 완화하기 위해 시스템이 어떻게 운용되고 설계되어야 하는지에 대한 통찰력을 얻을 수 있다. 보다 큰 용량의 전력과 화력 발전, 보다 많은 수의 승객을 태우는 항공기, 또는 보다 많은 수용량 건물이든 간에 시스템은 점점 더 집중화되는 추세이다. 이러한 집중화된 시스템의 운용에 있어 인간 오류는 생명과 재산에 중대한 결과를 미치는 사고를 유발하기 때문에 공장 자동화가 강조되어 왔다. 이러한 자동화에는 확실히 제한이 있다. 특히 운용자가 어떠한 상황에 대해 어떻게 반응할 것인지의 불확실성이 자동 제어 시스템과 합동으로 운용될 수 없는 조건에서 인간 적응성의 필요에 의해 무시된다. 게다가 자동 운용에서도 인간을 고려 대상에서 제외하는 것이 아니라, 오히려 2개의 이질적인 임무로 이전시킬 뿐이다—(1) 보전, 시험, 장비 보정 등의 일상적인 임무, (2) 공장 기능 부전에 대한 감시와 사고 확산을 막는 보호 임무. 이 두 종류의 임무를 통해 다른 방법으로 시스템 안전을 고려할 수 있다. 일상적인 실험, 보전 및 수리에서의 인간 오류가 발생할 때, 발전소에 있어 잠재적인 위험 조건을 초래할 것이다. 인간이 비상 조건하에 보호 활동을 취함에 있어서의 오류는 사고의 심각성을 증가시킬 수 있다.

두 종류의 임무에 대한 인간신뢰도를 극대화하는 데 있어서의 고유한 문제를 그림 6.1에서 도식적으로 관찰할 수 있다. 일반적으로 인간 행동에 대한 심리적인 스트레스의 최적 수준이 있다. 수준이 너무 낮으면 인간은 나태하고 부주의한 오류를 범하게 되고, 수준이 너무 높으면 상황에 대한 부적절한 반응을 보인다.

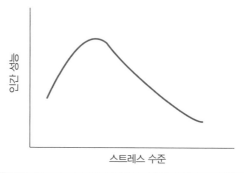

그림 6.1　　스트레스 수준이 인간 성능에 미치는 영향

6.2.1 일상적인 운용

분석 목적을 위해 인간 오류를 우발적, 체계적, 혹은 간헐적으로 분류하는 것이 유용하다. 이들 분류는 그림 6.2에서와 같이 표적을 맞추는 간단한 예로 설명할 수 있다. 우발적인 오류(그림 6.2a)는 편향되지 않고 희망한 값 사이에 분포된다. 즉 x와 y의 평균은 비슷하나 편차가 너무 큰 경우이다. 이들 오류는 부적절한 도구나 인간-기계 계면인 경우에는 교정 가능하다. 유사하게, 특정 임무의 훈련은 우발적인 분포를 줄일 수 있다. 그림 6.2b의 분포는 충분히 작으나 평균으로부터 편향된 체계적이 오류를 설명한다. 이러한 편향은 교정에서 벗어난 도구나 기계를 사용하거나 절차서를 잘못 수행하는 데서 일어난다. 어느 경우거나 교정 대책을 취할 수 있다.

아마도 그림 6.2c에 묘사된 간헐적인 오류가 관찰 가능한 형식을 잘 보여 주지 않기 때문에 다루는 데 매우 어려울 것이다. 이 오류는 극단적이거나 부주의한 방법으로 행동할 때 나타나게 된다. 해야 할 것을 전부 잊거나, 요구되지 않거나 해야 할 것을 역으로 하는 등이 이에 속한다. 예를 들어 검침원이 일련의 검침기를 읽는 데 있어 잘못된 검침기를 읽는 경우이다. 인간-기계 계면의 신중한 설계는 간헐적 오류의 수를 줄일 수 있다. 색, 모

(a) 우발적인 오류　　　　　　(b) 체계적인 오류　　　　　　(c) 간헐적인 오류

그림 6.2　　인간 오류의 분류

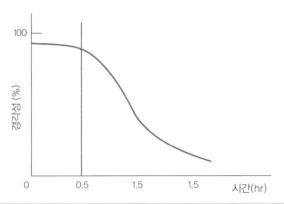

그림 6.3   경각성 대 시간

양 및 다른 방법이 장비를 분화하고 혼동을 최소화하고 통제하기 위해 사용된다. 특히 간헐적인 오류는 낮은 스트레스 상황에서의 고유한 부주의뿐만 아니라 높은 스트레스 상황의 혼동에 의해 증폭된다.

일반적인 상황에서 첫 번째 조사로 간헐적 오류를 행했다고 하자. 확실히, 어떤 상황에서도 잘 설계된 작업 환경은 오류를 최소화한다. 이러한 설계는 모든 표준 사안이나 인적 요소 공학(안락한 착석, 충분한 빛, 온도 및 습도 조절, 혼란 가능성을 최소화하기 위한 잘 설계된 통제와 계기판)을 고려할 것이다. 일상 임무에 기대되는 주의 지속 시간(attenuation span)은 여전히 한정되어 있다. 그림 6.3에서 나타나는 것처럼, 세밀한 감시에 대한 주의 지속 시간은 대략 30분 후 급격히 저하되는 경향이 있다. 최적 수행을 위해 이러한 임무는 잦은 교대가 필요하다. 신중한 체크나 이러한 저하가 확실히 일어나지 않게 다른 간섭이 있지 않는 한 매우 반복적인 임무의 경우에도 같은 저하가 예상된다. 시스템 신뢰도를 저하하는 가장 중요한 요인 중 하나가 용장 부품 사이에 일상 보전, 시험 및 수리 동안의 의존성을 통해서이다. 이러한 공통원인 고장에 대해서는 제5장에서 배웠다. 절차들의 독립적인 점검도 고장확률과 의존도를 저감해 준다.

방법론이 간단하지는 않지만 자료는 일상 업무 중에 저지르는 오류에 유효하다. 지금까지 업무 분석과 시뮬레이션 방법을 개발하기 위한 광대한 노력이 지속되어 왔다. 우선 기초 기능에 대한 고장확률을 추정을 하고, 이들 요소를 결합하여 보다 넓은 절차에 의해 발생하는 오류의 확률을 추정할 수 있다.

6.2.2 비상 운용

그림 6.1에서 보여진 스펙트럼의 끝 부분의 높은 스트레스에서 통제 불능 상태로부터 잠재적인 위험 상황을 방지하기 위한 비상 운용 조건에서 운용자에 의해 수행되는 보호 의

무가 있다. 이러한 상황에서는 일상 운용에서와 유사하지 않게 행동의 실수가 곧 재앙이라는 것을 알고 신속하게 조치를 취해야 하기 때문에 잘 설계된 인간-기계 계면, 명확한절차 및 철저한 훈련이 중요하다. 게다가 이러한 상황은 기능 부전의 미묘한 조합에 의해발생하기 쉬우므로, 운용자는 혼동하기 쉬우며 일상 임무에서 훈련된 기술이나 행동이 아닌 판단 및 문제 해결 능력이 요구된다.

비상 조건하에서 모순된 정보는 운용자가 사고를 확산시키는 방향으로 행동하도록 혼동시킨다. 그러나 심리적인 스트레스 상태에서 기능 수행을 위한 적절한 훈련과 능력을갖는다면 당면한 문제를 해결할 수 있을 것이다.

시스템을 설계하고 운용 절차를 수립할 때 고려해야 할 비상 상황에 대한 몇 개의 공통적인 반응이 있다. 가장 중요한 것이 불신 반응일 것이다. 주요 사고의 드문 사건에 대하여 보편적으로 운용자는 사고가 발생했다는 것을 믿지 못한다. 운용자는 계기나 경보의문제로 잘못된 신호가 오고 있다고 생각하기 쉽다.

비상의 두 번째 공통적인 반응은 고정관념으로의 복귀이다. 최근 이에 대비한 훈련이시행되어 왔지만, 운용자는 그들이 속한 집단의 고정적인 반응으로 복귀한다. 이러한 문제에 대한 명백한 해결책은 인적 요소 공학에 있어 매우 신중하여 계기나 제어 시스템의설계에 있어 집단의 고정관념을 위해하지 않는 것이다.

마지막으로, 잘못된 위치로 스위치를 전환하는 것과 같이 일단 실수를 저지르면 운용자는 당황하여 문제를 직시하기보다는 오히려 실수를 반복하기 쉽다.

요약하면, 비상 상황에서 높은 수준의 인간 신뢰도를 보장하기 위해서는 좋은 인적 공학의 원칙에 따라 신중하게 제어실을 설계해야 한다. 또한 예상되는 모든 상황에 대한 절차를 충분히 이해하고, 마지막으로 운용자가 비상 절차에 대한 빈번한 간격으로 실제 조건을 모델링한 모의 훈련을 실시하는 것이 중요하다.

6.3 계통신뢰도 분석 방법

6.3.1 고장 방식 및 영향 분석

보통 FMEA라고 불리는 고장 방식 및 영향 분석은 요소들이 고장에 의해 가능한 형식을열거하고 전체 시스템 고장의 각 형태의 특성 및 결과를 추적하기 위한 가장 폭넓은 채택기술 중 하나이다. 약간의 실패확률 추정이 포함되는 경우가 있지만, 1차적으로 정성적인방법이 주가 된다.

FMEA는 다양하지만 일반적인 특성은 표 6.1에서와 같이 로켓의 분석을 설명한다. 표

표 6.1　고장 방식 및 영향 분석(FMEA)

품목	고장 방식	고장 원인	가능한 영향	확률	치명도	고장률 혹은 영향 감소 대책
모터 케이스	파열	a. 제작 불량 b. 불량한 제조 c. 운송 중 파손 d. 취급 중 파손 e. 과도한 압력	미사일 파괴	0.0006	치명적	제작 기량이 구성된 표준에 맞도록 제조 공정을 긴밀히 통제, 불량 제거를 위한 기본 재료의 엄격한 품질 관리, 완성된 케이스의 검사와 압력 시험, 운송 중 모터 보호를 위한 적절한 포장 마련
추진제 과립	a. 균열 b. 공백 c. 접합 분리	a. 양생으로부터의 비정상 스트레스 b. 과도한 저온 c. 노화 효과	과도한 연소음 과도한 압력 정상 운용 중 모터 케이스 파열	0.0001	치명적	신중히 통제된 생산, 구성된 온도 한도 내에서만 보관 및 운용, 노화 효과에 적향하는 적절한 지바
내피	a. 모터 케이스로부터 분리 b. 모터 과립 혹은 접연물로부터 분리	a. 제작 후 모터 케이스 청결 불충분 b. 부적절한 접합제 사용 c. 접합 공정 통제 불량 부적절	과도한 연소음 과도한 압력 정상 운용 중 케이스 파열	0.0001	치명적	적절한 청결 절차 업수, 오탈물이 완전한 제거를 위해 모터 케이스 청결 후 엄격한 검사

의 왼쪽 열은 주요 요소나 하부 시스템을 목록화했다. 그다음 열은 각 요소의 고장에 의한 물리적인 형태가 주어졌다. 세 번째 열은 각 고장의 가능한 원인을 나열했다. 네 번째 열은 고장의 영향을 나열했다. 보다 정량적인 분석을 위해 각 고장의 확률치를 추론한다. 보통 단지 불편함이나 다소의 경제적 손실을 초래하는 것으로부터 파국적인 고장 형태를 분별하기 위해 치명도(criticality)나 고장의 중요성의 다른 순위가 포함된다. 대부분의 FMEA 차트에서 마지막 열에는 가능한 대책이 나열된다.

보다 넓은 FMEA에서는 표 6.1에서의 정보가 확장된다. 예를 들어 고장을 단순히 치명적인지 아닌지가 아닌 4단계의 치명도 순위로 분류한다.

(1) 경미(negligible)—체계에 영향을 끼치지 않는 기능의 상실
(2) 한계적(marginal)—체계를 어느 정도 열화시키지만, 체계 비가용 상태를 야기하지 않는 결함. 예를 들면 2개의 용장 펌프 중 1개의 상실
(3) 치명적(critical)—체계를 완전히 열화시키는 결함. 예를 들면 안전 체계의 비가용 상태를 야기하는 부품의 상실
(4) 파국적(catastropic)—심각한 결과와 때로는 부상 및 사망까지도 초래하는 결함. 예를 들면 고압 용기의 파국적 고장

FMEA에는 추가적인 열이 포함될 수도 있다. 각 고장 형태의 검출 방법이나 징후의 목록은 안전 운용을 위해 매우 중요할 수도 있다. 형태에 관계되는 심각성을 강조하기 위해 각 고장 형태의 보상 설비가 제공될 수 있다. 가장 넓게 영향을 미치는 것을 제거하기 위한 개선 노력에 집중하기 위해, 그들에 의하여 발생되는 실패의 백분율에 따르면 특별한 형태의 각종 원인을 평가하는 것 또한 일반적이다.

FMEA에서 강조하는 것은 일반적으로 장치나 요소의 고장을 야기하는 기본적인 물리 현상이다. 그러므로 FMEA는 안전 분석을 위한 다른 기술 중 하나를 진행하기 전에 고장 메커니즘을 이해하고 평가하기 위한 매우 적절한 시작점이 된다.

6.3.2 사건 수목

많은 사고 시나리오에서 초기 사건(initiator events)은 대수롭지 않은 것에서부터 파국적인 것까지 광범위한 결과를 초래한다. 이 결과로 다른 요소나 하부 조직(특히 안전 또는 보호 장치)의 후속 조치 실패나 가동에 의해서 받는 영향, 초기 사건이 인간 오류에 의해 받을 수 있는 영향이 결정된다. 이런 상황에서는 귀납적(inductive) 방법이 매우 유용하다. "만일 초기 사건이 일어난다면?"이라는 질문에서 시작하여, 확산에 영향을 받는 요소나 인간의 성공 혹은 실패를 가정하여 사고는 결정되는 가능한 사건 각각의 결과를 쫓아 간다. 이와 같은 연쇄가 정의된 후에, 정량적인 추정이 필요하다면 확률을 부여할 수 있다. 간단

 그림 6.4　정전 사건에 대한 사건 수목

한 예에 사건 수목 분석(event tree analysis)을 적용해 보자.

병원에서 있을 법한 결과에 따라 정전의 확률을 결정하기 위한 전력 실패의 영향을 가정해 보자. 단순화를 위해 단지 3개의 요소로 상황을 분석한다고 가정하자—(1) 병원으로 전력을 공급하는 외부 전원, (2) 비상 전력을 위한 디젤 발전기, (3) 외부 전원 공급 및 실패 사건 시 디젤 발전기로 신호를 전달하는 전압 모니터.

3개 사건의 연쇄에 관심을 둔다. 초기 사건은 외부 전원의 상실이다. 두 번째 사건은 전압 모니터 시스템의 연속적인 동작 및 상실 감지이고, 세 번째 사건은 디젤 발전기의 시동 및 작동이다. 이 연쇄는 그림 6.4의 사건 수목에 나와 있다. 각 사건에는 시스템이 작동인지 실패인지를 판단하는 가지가 있다. 관례에 따라 위쪽 가지는 성공적인 작동을, 아래쪽 가지는 실패를 나타낸다. n개의 사건에는 2^n개의 가지가 있어야 하지만, 불가능한 가지를 삭제하여 수를 줄인다.

사건의 여러 연쇄 결과와 확률을 찾기 위해 왼쪽에서 오른쪽으로 사건 수목을 따라간다. 다양한 결과의 확률은 수목의 각 사건에 확률을 부여함으로써 결정된다. 위의 사건 수목의 각 확률을 초기 사건 P_i, 전압 모니터 시스템 P_v, 디젤 발전기의 실패 P_g라고 하면 각 실패 사건이 독립적이라는 가정하에 정전의 확률은 $P_i P_v + P_i (1 - P_v) P_g$가 된다.

6.3.3 고장 수목

고장 수목 분석(fault tree analysis)은 사고의 잠재적인 원인을 결정하거나 보다 일반적인 시스템 고장 및 고장확률을 추정하기 위한 연역적인 방법론이다. 수목의 정상에서 고장 수목이 그려지기 때문에 정상 사건이라 불리는 바람직하지 않은 사건의 원인을 결정하는 것에 중점을 둔다. 그다음에 아래 방향으로 정상 사건의 근본원인 또는 조합을 결정하기 위하여 세부 사항을 첨부하면서 시스템을 분석한다. 정상 사건은 보통 중요한 결과의 실패, 심각한 안전 위험의 발생이나 중요한 경제적 손실에 대한 잠재력이 된다. 분석은 당면한 시스템에 대한 정량적 및 정성적 정보를 산출한다.

6.4 고장 수목 구성

고장 수목은 하부 시스템, 구성품, 부품을 실패 자료가 유용한 수준에 도달할 때까지 해부를 요구하는 실패의 근본원인을 추적하는 데 적합하다. 이러한 분석이 신뢰도 블록 도표 (block diagram)에 나타나는 블록을 세분화할 수 있다고 주장할 수 있다. 이것이 사실일지라도 중요한 차이점이 약간 있다. 신뢰도 블록 도표는 성공 위주이다. 즉 시스템이 실패할 확률을 구하기 위해 모든 실패를 한데 묶어 일괄 처리한다. 이와 달리, 고장 수목 분석에서는 특정한 바람직하지 않은 사건과 그것이 발생할 확률에 관심을 둔다. 따라서 정상 사건에 의해 정의되는 안전 위험을 초래하지 않는 실패는 고려 대상에서 제외된다.

6.4.1 중요 게이트

고장 수목은 상자로 표시되는 사건과 게이트로 구성된다. 게이트의 두 형태로 OR와 AND가 있다. 그림 6.5a의 OR 게이트는 하나 이상의 입력 사건이 발생하면 출력 사건이 발생하는 것을 보여 주기 위해 사용되고, 그림 6.5b의 AND 게이트는 모든 입력 사건이 발생해야 출력 사건이 발생하는 것을 보여 주기 위해 사용된다. OR나 AND 게이트 모두 입력 사건의 수 제한은 없다. 일반적으로 OR와 AND 게이트는 그들의 모양으로 구분된다. 제약은 없으나 $\cup$와 $\cap$ 기호를 사용하는 것이 일반석이다. 이 밖의 다른 게이트들은 표 6.2를 참조하라.

6.4.2 결함 분류

시스템 분석에서 1차 고장의 어떤 조합이 정상 사건을 초래하는지가 고장 수목에 있어 중요하므로, 이 절에서는 결함의 분류에 대해 살펴본다.

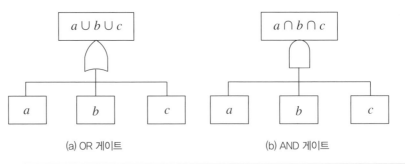

(a) OR 게이트   (b) AND 게이트

그림 6.5   고장 수목 게이트

◇ **표 6.2**   일반적으로 사용되는 고장 수목 상징

상징	명칭	설명
	직사각형	실패 사건 : 보통 다른 사건의 논리적 조합의 결과(머리 사건)
	원	독립적인 1차 실패 사건(기본 사건)
	OR 게이트	사건의 합집합 작용
	AND 게이트	사건의 교집합 작용
	억제(INHIBIT) 게이트	AND 게이트와 비슷한 역할을 하며 X와 조건 A가 만족할 때 상위 사건이 발생한다.
	Triangle—in	삼각형 상징은 고장 수목의 구간 반복을 피하기 위한 방법이다. Triangle-in은 수목의 바닥에 위치하며 다른 곳에서 보여진 수목의 가지를 대신 표현한다.
	Triangle—out	Triangle-out은 수목의 윗부분에 위치하며 수목 A는 다른 곳에 보여질 하부 수목을 대신 나타낸다.

(1) 1차 결함

1차(primary) 결함은 설계 상의 원인에 의해 발생하고 자연적인 노화가 실패의 원인이 된다.

(2) 2차 결함

2차(secondary) 결함은 구성요소가 실패의 원인이라고 고정하지 않는 것을 제외하면 1차 결함과 유사하다. 설계 상의 원인을 떠나 과거나 현재의 과도한 스트레스가 2차 결함의 원인이 된다.

(3) 명령 결함

명령(command) 결함은 부적당한 제어 신호 또는 소음 때문에 구성요소가 비작업 상태에 있는 것으로 정의되고, 보수 행동에서 구성요소를 작업 상태로 전환하는 것이 요구되지 않는다.

예제 6.1 원자력 발전소의 비상발전 시스템이 아래 그림과 같이 구성되어 있다. 3개의 발전기가 각각 30kVA를 생산한다. 발전소를 운용하는 데 적어도 60kVA가 필요하다. 정상 사건은 충분한 전력을 발전소에 보내지 못하는 사건이다. 고장 수목을 작성하라.

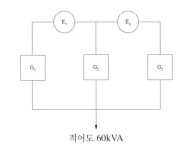

적어도 60kVA

답

6.5 고장 수목의 평가

고장 수목의 직접 평가는 두 단계로 진행된다. 첫째, 기초 사건들의 조합 형식인 정상 사건으로 논리적 표현이 구성된다. 이를 정성적 분석이라고 한다. 둘째, 1차 사건의 확률로 정상 사건의 확률을 구한다. 이를 정량적 분석이라 한다.

6.5.1 정성적 평가

그림 6.6에서의 고장 수목을 평가한다고 가정하자. 이 수목에서는 A에서 C까지가 1차 사건을 의미한다. 동일한 1차 실패는 수목의 하나 이상의 가지에서 발생할 수 있다. 이것은 m/N 용장 시스템의 전형적인 형태이다. 중간 사건은 E, 정상 사건은 T로 표시한다.

6.5.1.1 하향식

하향식(top down)으로 고장 수목을 평가하려면 정상 사건에서 시작하여 게이트를 OR나 AND 기호로 대치해 가며 연역적 방법으로 수목의 단계를 통해 작업한다.

$$T = E_1 \cap E_2 \qquad\qquad : \text{수목의 가장 위 단계}$$
$$E_1 = A \cup E_3; \;\; E_2 = C \cup E_4 \qquad : \text{중간 단계}$$
$$T = (A \cup E_3) \cap (C \cup E_4)$$
$$E_3 = B \cup C; \;\; E_4 = A \cap B \qquad : \text{가장 아래 단계}$$

따라서 $T = [A \cup (B \cup C)] \cap [C \cup (A \cap B)]$이 된다.

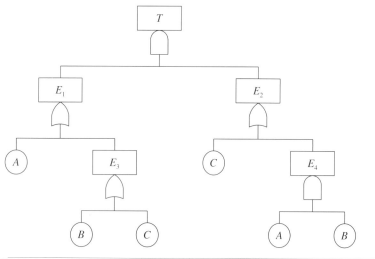

그림 6.6   고장 수목의 예

6.5.1.2 상향식

반대로, 상향식(bottom up)으로 같은 수목을 평가하려면 우선 고장 수목의 게이트를 다음과 같이 표현한다.

$$E_3 = B \cup C, \qquad E_4 = A \cap B$$
$$E_2 = A \cup E_3, \qquad E_2 = C \cup E_4$$
$$E_1 = A \cup (B \cup C), \qquad E_2 = C \cup (A \cap B)$$
$$T = E_1 \cap E_2$$

따라서 $T = [A \cup (B \cup C)] \cap [C \cup (A \cap B)]$이 된다.

6.5.1.3 논리적 축약

대부분의 고장 수목에 있어 특히 수목의 하나 이상의 가지에서 하나 이상의 1차 실패의 발생을 가진 것들은 부울 대수(Boolean algebra)의 교환, 결합, 흡수법칙을 이용하여 간단하게 축약(logical reduction)될 수 있다. 앞의 정상 사건 T를 예로 들면,

$$\begin{aligned}
T &= [A \cup (B \cup C)] \cap [C \cup (A \cap B)] \\
&= [C \cup (A \cup B)] \cap [C \cup (A \cap B)] \\
&= C \cup [(A \cup B) \cap (A \cap B)] \\
&= C \cup [(A \cap B) \tag{6.1}
\end{aligned}$$

가 된다.

6.5.2 정량적 확률 평가

1차 실패면에서 정상 사건에 대한 논리적인 표현이 수목의 간단한 형식이라면 정상 사건이 발생할 확률을 평가할 수 있다. 이 평가는 2개의 임무로 나뉜다. 첫째, 논리적인 표현과 1차 실패면에서 정상 사건의 확률을 표현하기 위해 결합 확률의 규칙을 사용해야 한다. 둘째, 구성요소의 불신뢰도, 불이용도 및 수요 실패(demand failure) 확률의 유용한 자료로 1차 실패확률을 평가해야 한다.

이때 정량적인 평가를 설명하기 위해 다시 축약된 고장 수목을 사용한다. 정상 사건이 C와 $A \cap B$의 합집합이므로,

$$P\{T\} = P\{C\} + P\{A \cap B\} - P\{A \cap B \cap C\} \tag{6.2}$$

의 기초 사건들의 교집합으로 정상 사건을 표현할 수 있다. 기초 사건이 독립적이라면

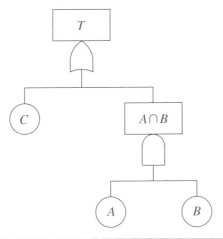

그림 6.7   그림 6.7과 동등한 고장 수목

$$P\{T\} = P\{C\} + P\{A \cap B\} - P\{A\}P\{B\}P\{C\} \tag{6.3}$$

이 된다. 독립이 아니라면, 마르코프(Markov) 모델을 사용하여 $P\{C\}$와 $P\{A \cap B\}$를 정확히 결정해야 한다.

독립을 가정할 수 있더라도, 많은 수의 다른 구성요소의 실패를 고려할 때 문제가 제기된다. 모든 항목을 평가하지 않는 합리적인 근사의 체계적인 방법이 요구된다. $10^{-6} \sim 10^{-2}$처럼 매우 드문 둘 혹은 셋 이상의 항목의 확률이 있기 때문에 이들의 곱은 무시 가능하다. 따라서 두 사건이 불가능하다고 가정하면

$$P\{A \cup B\} \approx P\{A\} + P\{B\} \tag{6.4}$$

로 근사화할 수 있다.

정상 사건이나 1차 실패 자료 중 하나에 의해 표현되는 고장의 특별한 유형 분류 없이 고장확률 면에서 고장 수목을 논의해 왔다. 사실 고장 수목과의 결합에서 빈번하게 사용되는 기초 사건의 세 가지 유형과 부합하는 정상 사건의 세 가지 유형이 있는데, 수요에 대한 실패, 시간 t에서의 불신뢰도, 어떤 시간에서의 불이용도가 그것이다.

수요에 대한 실패가 기초 사건일 때 확률 p가 필요하다. 불신뢰도나 불이용도에 대해 실패확률이 매우 작게 기대되기 때문에 자료의 형태를 다음의 근사로 간략화하여 사용이 가능하다. 일정한 고장률 λ를 가정하면, 불신뢰도는

$$R = e^{\lambda t} \tag{6.5}$$

가 된다. 유사하게, 가장 일반적인 불이용도는 일정한 고장률과 보수율 λ와 ν를 갖는 시스템의 경우 점근적인 값이다.

$$Q = 1 - \frac{\mu}{\mu + \lambda} \tag{6.6}$$

그러나 보통의 경우에는 $\mu \approx \lambda$이므로, 근사화하여

$$Q(\infty) \approx \frac{\lambda}{\mu} \tag{6.7}$$

가 된다.

6.6 최소 단절군을 이용한 고장 수목 평가

직접 평가 방법은 상대적으로 적은 수의 가지나 기초 사건의 고장 수목을 평가하는 데 사용된다. 더 큰 수목을 고려할 경우에는 자료의 평가와 해석 모두 더 어렵게 되어 디지털 컴퓨터 코드를 불가피하게 사용한다. 이러한 코드들은 보통 이 절에서 논의되는 최소 단절군 방법론으로 수식화되어 있다. 다음의 논의는 편의상 정성적 분석과 정량적 분석으로 나뉜다. 정성적 분석에서 수목의 논리 구성에 대한 정보는 취약 부분을 찾아내고 시스템 설계를 평가하고 개선하는 데 사용된다. 정량적인 분석에서는 시스템 설계에 관계되는 구성요소의 실패확률에 대한 연구를 통해 같은 목적을 심화한다.

6.6.1 정성적 평가

여기서는 우선 최소 단절군의 아이디어를 소개하고 이를 고장 수목 평가에 접목시켜 본다. 다음으로 간략하고 큰 고장 수목에 대해 최소 단절군이 어떻게 결정되는지 논의한다. 마지막으로, 시스템의 취약점을 찾아내고 특히 공통 방식 고장에 대한 확률을 구하는 데 사용한다.

6.6.1.1 최소 단절군 정립

최소 단절군은 1차 실패가 모두 발생한다면 정상 사건을 발생시킬 최소 조합으로 정의된다. 그러므로 1차 실패의 조합은 정상 사건을 발생시키기에 충분해야 한다. 최소 조합은 정상 사건이 발생하기 위해서 그 안의 실패가 모두 일어나야 하는 것이다. 최소 단절군 안의 실패 중 하나가 일어나지 않는다면 정상 사건은 발생하지 않는다.

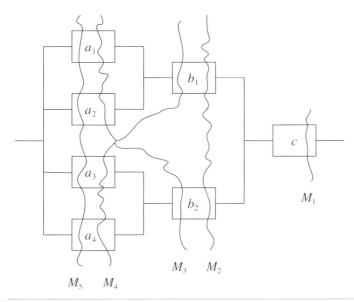

그림 6.8　7개 요소 시스템의 신뢰도 블록 도표에 대한 최소 단절군

보다 큰 시스템의 경우를 예로 들어 보자. 1차 실패가 고장 수목 안에 1개 이상 있을 때 간단한 기하학적 해석에 문제가 생기게 된다. 그러나 개념의 1차적인 특성은 여전히 유효하다. 최소 단절군의 거동 면에서 해석 가능한 체계적인 방법으로 표현되는 고장 수목의 논리적인 구성이 가능하다.

　시스템의 최소 단절군을 구할 수 있다고 가정하자. 다음으로, 시스템 실패인 정상 사건은 이들의 합집합으로 표현될 수 있다. 그러므로 N개의 최소 단절군이 있다면,

$$T = M_1 \cup M_2 \cup \cdots M_N \tag{6.8}$$

이 된다. 또한 각각의 최소 단절군은 정상 사건의 발생에 요구되는 1차 실패의 최소 수의 교집합으로 구성된다. 그림 6.8의 시스템을 예로 들어 보면

$M_1 = c,\ M_2 = b_1 \cap b_2,\ M_3 = a_1 \cap a_2 \cap b_2,\ M_4 = a_3 \cap a_4 \cap b_1,\ M_5 = a_1 \cap a_2 \cap a_3 \cap a_4$

가 된다. 최소 단절군이 아닌 단절군은 부울 대수에 의해 흡수된다. $M_0 = b_1 \cap c$라고 가정하면, $M_0 \cup M_1 = (b_1 \cap c) \cup c = c$이므로 M_0를 고려할 필요가 없다.

6.6.1.2 단절군 해석

특정한 고장 수목의 최소 단절군을 안다는 것은 특정한 단절군이나 정상 사건이 발생할 확률을 계산하는 것이 불가능할지라도 복잡한 시스템의 취약점을 관찰하는 데 매우 가치가 있다. 특히 3개의 정성적인 고려가 매우 유용하다―(1) 요구된 1차 실패의 수에 의한

최소 단절군의 목록, (2) 최소 단절군의 발생에 대해 특정한 구성요소의 실패의 중요성, (3) 공통 방식 실패에 대해 특정 단절군의 민감성.

최소 단절군은 1중항, 2중항, 3중항 등으로 단절군 내에 1차 실패의 수에 따라 목록화된다. 시스템 실패에 가장 큰 기여를 한다고 예상되기 때문에, 실패의 수가 적다고 판단되는 단절군을 삭제하는 것은 중요하다.

단절군 정보의 두 번째 적용은 정성적인 평가에 있어 특정한 구성요소의 중요성이다. 특정 구성요소의 신뢰도 개선을 통해 시스템에 미치는 영향을 평가하거나, 반대로 특정 구성요소가 실패한다면 시스템 전반에 걸친 영향이 고려할 만한지를 알고 싶다고 가정하자. 구성요소가 1중항 혹은 2중항으로 나타난다면 그 신뢰도는 뚜렷한 영향을 받기 쉽다. 반대로 단지 여러 독립적인 실패의 최소 단절군으로 나타난다면, 시스템 실패에 있어 그 중요성은 작을 것이다.

공통원인 고장에 대한 최소 단절군의 민감도를 결정하는 것은 광대한 분석이다. 발전소에서 하나의 원인으로 화재가 발생할 수 있다. 발전소가 여러 개의 화재 예방 격실로 나뉘어 있다면, 다음과 같이 해석할 수 있다. 화재로 인해 야기되는 구성요소 중 하나에 위치한 장비의 모든 1차 실패들을 목록화한다. 다음으로 이들 구성요소들을 최소 단절군으로부터 제거한다. 화재에 의한 것에 대해 얼마나 많은 실패가 정상 사건을 발생시키기 위해 요구되는지는 위 결과에서 나온 단절군으로 알 수 있다. 이러한 분석은 화재, 홍수, 충돌, 지진 등 다양한 원인의 손상으로부터 발전소를 최적으로 보호하기 위한 발전소의 배치를 결정하는 데 긴요하다.

6.6.2 정량적 분석

결정된 최소 단절군으로 1차 실패에 대한 확률 자료를 사용하고 정량적인 분석을 진행할 수 있을 것이다. 이는 일반적으로 정상 사건 발생 확률의 추정과 정상 사건에 대한 단절군이나 구성요소의 중요성을 정량적으로 측정하는 것을 포함한다. 마지막으로, 1차 실패의 확률 자료가 불확실하기 때문에 정상 사건의 발생에 대한 불확실성에 대한 연구가 결과의 정확성을 평가하는 데 필요하다.

6.6.2.1 정상 사건 확률
정상 사건의 확률을 결정하기 위해서는 다음을 계산하면 된다.

$$P\{T\} = P\{M_1 \cup M_2 \cup \cdots \cup M_N\} \tag{6.9}$$

위 식은 다음과 같이 계산된다.

$$P\{T\} = \sum_{i=1}^{N} P\{M_i\} - \sum_{i=2}^{N}\sum_{j=1}^{i-1} P\{M_i \cap M_j\}$$
$$+ \sum_{i=3}^{N}\sum_{j=2}^{i-1}\sum_{k=1}^{j-1} P\{M_i \cap M_j \cap M_k\} - \mathrm{L}$$
$$+ (-1)^{N-1} P\{M_1 \cap M_2 \cap \mathrm{L} \cap M_N\} \tag{6.10}$$

이것을 가끔 포함–배타 원리라고 부른다.

X_m을 최소 단절군 i 내의 m번째 기초 사건이라고 하면

$$P\{M_i\} = P\{X_{i1} \cap X_{i2} \cap X_{i3} \cap \cdots \cap X_{iM}\} \tag{6.11}$$

이고, 주어진 단절군 내의 1차 실패가 독립이라면

$$P\{M_i\} = P\{X_{i1}\}P\{X_{i2}\}P\{X_{i3}\} \cdots P\{X_{iM}\} \tag{6.12}$$

이다. 두 번째로 단절군의 교집합 발생 확률을 평가해야 한다. 단절군이 독립이라면 간단하게

$$P\{M_i \cap M_j\} = P\{M_i\}P\{M_j\} \tag{6.13}$$

$$P\{M_i \cap M_j \cap M_k\} = P\{M_i\}P\{M_j\}P\{M_k\} \tag{6.14}$$

가 된다. 2개의 최소 단절군 내에 같은 1차 실패가 나타나면, 그것들은 서로 독립이라고 할 수 없다. 1차 실패가 서로 독립이라고 할지라도 최소 단절군이 독립일 수도 있다. 최소 단절군이 의존적이라고 해도, 하나 이상의 최소 단절군에서 나타나는 1차 실패에 의해 의존되기 때문에 1차 실패가 모두 독립이라면 이들의 교집합은 매우 간단하게 계산된다. 최소 단절군의 교집합을 계산하기 위해 하나 이상의 최소 단절군 내의 확률의 곱을 취한다.

$$P\{M_i \cap M_j\} = P\{X_{1ij}\}P\{X_{2ij}\} \cdots P\{X_{Nij}\} \tag{6.15}$$

여기서 X_{1ij}, X_{2ij}, $\cdots$, X_{Nij}는 M_i, M_j 혹은 둘 모두 안에 나타나는 실패의 목록이다.

1차 실패가 독립인 2개의 최소 단절군 $M_1 = A \cap B$, $M_2 = B \cap C$를 가정하면

$$M_1 \cap M_2 = (A \cap B) \cap (B \cap C) = A \cap B \cap B \cap C \tag{6.16}$$

가 된다. 그러므로

$$P\{M_1 \cap M_2\} = P\{A \cap B \cap C\} = P\{A\}P\{B\}P\{C\} \qquad (6.17)$$

이다. 독립인 1차 실패를 가정하여 정상 사건의 확률을 계산한 일련의 식을 원칙적으로 정확하게 평가할 수 있다. 그러나 수천, 수만 개의 최소 단절군을 고려한다면 일련의 많은 항목들이 1개 혹은 2개의 항목에 비해 완전히 무시될 수도 있기 때문에 이러한 작업은 금지되고 용납되어서는 안 된다.

해법은 성공적인 항목을 취함으로써 일괄적으로 다루어진다. 처음의 둘 또는 세 항목 이상에 대해 평가하는 것은 거의 필요로 하지 않는다. $P\{T\}$가 정확한 값이라면

$$P_1\{T\} \equiv \sum_{i=1}^{N} P\{M_i\} > P\{T\} \qquad (6.18)$$

$$P_2\{T\} \equiv P_1\{T\} - \sum_{i=2}^{N}\sum_{j=1}^{i-1} P\{M_i \cap M_j\} < P\{T\} \qquad (6.19)$$

$$P_3\{T\} \equiv P_2\{T\} + \sum_{i=3}^{N}\sum_{j=2}^{i-1}\sum_{k=1}^{j-2} P\{M_i \cap M_j \cap M_k\} > P\{T\} \qquad (6.20)$$

이 된다. 첫 번째 근사 $P_1\{T\}$는 종종 합리적이고 보수적인 결과를 보여 준다. 두 번째 근사는 첫 번째보다 좀 더 정확한 확인을 위해 사용된다. 세 번째 근사 이상의 근사는 잘 사용되지 않는다.

6.6.2.2 계통의 중요도 분석

시스템 분석에 있어 간단하지만 유용한 2개의 중요성 분석 방법이 있다. 어느 단절군이 정상 사건을 발생시키는 데 가장 큰 역할을 하는지 알기 위해, 단절군의 중요성은 다음과 같이 정의된다.

$$I_M = \frac{P\{M_i\}}{P\{T\}} \qquad (6.21)$$

일반적으로 정상 사건에 기여하는 다양한 1차 실패의 상대적인 중요성을 결정하길 바란다. 이를 달성하기 위해 1차 실패가 기여하는 것에 모든 최소 단절군의 확률을 추가하는 간단한 방법이 있다. 그러므로 구성요소 X_i의 중요성은

$$I_{X_i} = \frac{1}{P\{T\}} \sum_{X_i \in M_i} P\{M_i\} \qquad (6.22)$$

가 된다. 이 외에도 RAW, RRW, Fussel-Vessely 중요도 분석 방법이 있다.

6.7 고장 수목의 불확실성 분석

지금까지 구했던 것은 정상 사건 확률의 부분이거나 가장 좋은 추정이다. 그러나 구성요소 고장률, 수요 실패 등과 같은 확률을 추정하기 위한 입력 자료인 기초 변수에 있어 매우 많은 불확실성이 있을 수도 있다. 이들을 고려해야 할 불확실성이 주어지면, 결과의 정확도 판단에 의해 수반되는 추정 구간 없이 부분 추정을 받아들이는 것은 매우 의심스럽다. 이 때문에 구성요소 고장률과 다른 자료는 그들 스스로 불확실성을 나타내기 위해 평균이나 분산을 가진 확률변수로 나타낸다. 이 과정에서 로그정규분포(lognormal distribution)를 가장 널리 사용한다. 작은 고장 수목에는 불확실에 대한 민감도를 결정하기 위해 해석적인 방법을 적용하고 큰 고장 수목에는 모멘트 분석법이나 몬테카를로(Monte Carlo) 분석법을 사용한다.

6.7.1 모멘트 불확실성 분석

모멘트 불확실성 분석(Moment method)은 계통이나 입력변수의 분포를 직접 계산하지 않고 분포의 모멘트를 계산하여 이로부터 최종 결과를 유도하는 방법이다. 만약 두 분포 x_1과 x_2를 가법적으로(additively) 결합한다면

$$z = x_1 + x_2 \tag{6.23}$$

로 표시되고, 이때 첫 번째 모멘트, 즉 z의 평균값은 x_1과 x_2의 첫 번째 모멘트들의 합과 같다.

$$\bar{z} = \bar{x} + \bar{y} \tag{6.24}$$

그리고 평균에 대한 두 번째 모멘트, 즉 분산(variance)은 각 분산의 합과 같다.

$$V[z] = V[x_1] + V[x_2] \tag{6.25}$$

만약 분포를 승법적(multiplicatively)으로 결합한다면

$$z = x \times y \tag{6.26}$$

로 표시되고, 식 (6.26)의 첫 번째 모멘트는 각 첫 번째 모멘트들의 곱이 된다.

$$\bar{z} = \bar{x} \times \bar{y} \tag{6.27}$$

그리고 분산은

$$V[z] = V[x]V[y] + x^2\overline{V}[y] + y^2\overline{V}[x] \tag{6.28}$$

가 된다. 이 결과는 만약 한 점에서의 값이 평균값이라면 최종 결과의 평균값은 계통 분석에서 사용되는 수학적 연산자를 이용하여 계산할 수 있음을 보여 주고 있다.

6.7.2 테일러 근사법

계통고장 수목의 Boolean 표현식으로 한 계통의 방정식이 다음과 같다고 가정하자.

$$Q = f(X_1, X_2, \cdots, X_n) \tag{6.29}$$

이러한 경우 각 변수들의 평균값에 대해 함수 j를 다중변수 테일러 전개 방법을 이용하면

$$Q = f(\overline{X_1}, \overline{X_2}, ..., \overline{X_n}) + \sum_{i=1}^{n} \delta \frac{f}{\delta} X_i (X_i - \overline{X_i})$$
$$+ \frac{1}{2}\sum_{i=1}^{n} \frac{\delta^2 f}{\delta X_i^2}(X_i - \overline{X_i})^2 + 2\sum_{i=1}^{n-1}\sum_{j=i-1}^{n} \frac{\delta^2 f}{\delta X_i \delta X_j}(X_i - \overline{X_i})(X_j - \overline{X_j}) + \cdots \tag{6.30}$$

로 표시된다. 여기에서 $\overline{X_i}$는 X_i의 평균값이며 모든 편미분(partial derivatives)은 X_i 변수의 평균값에서 구한 값들이다. 식 (6.27)의 기댓값을 취하면 Q의 평균이 된다.

$$Q = f(\overline{X_1}, \overline{X_2}, ..., \overline{X_n}) + \frac{2}{1}\sum_{i=1}^{n} \frac{\delta^2 f}{\delta X_i^2} u_2(X_i) + \sum_{i=1}^{n-1}\sum_{j=i-1}^{n} \frac{\delta^2 f}{\delta X_i \delta X_j} E(X_i - \overline{X_i})(X_j - \overline{X_j}) + \cdots \tag{6.31}$$

$u_2(X_i) = E(X_i - \overline{X_i}) : X_i$의 분산
$E(X_i - \overline{X_i})(X_j - \overline{X_j}) : X_i$와 X_j의 공분산(covariance)

이 공분산은 각 변수들이 상관관계를 갖지 않을 때(uncorrelated) 0이 된다.

Q의 분산은

$$u_2(Q) = E(Q^2) - \overline{Q}^2 \tag{6.32}$$

으로 표시되고, 이때 $E(Q^2)$는 식 (6.30)을 제곱하고 기댓값을 취하면 구할 수 있다.

$$u_2(Q) = \sum_{i=1}^{n} \left(\frac{\delta f}{\delta X_i}\right)^2 u_2(X_i) + 2\sum_{i=1}^{n-1}\sum_{j=i-1}^{n} \frac{\delta f}{\delta X_i} E(X_i - \overline{X_i})(X_j - \overline{X_j}) + \cdots \tag{6.33}$$

6.7.2.1 합집합

계통의 모델이 확률들의 합인 경우

$$Q = f(X_1, X_2, ..., X_n) = \sum_{i=1}^{n} X_i \tag{6.34}$$

이고, 이때 계통의 평균은

$$Q = f(\overline{X}_1, \overline{X}_2, ..., \overline{X}_n) = \sum_{i=1}^{n} \overline{X}_i \tag{6.35}$$

으로, 각 평균의 합이 된다. 또한 계통의 분산은

$$\overline{Q} = \sum_{i=1}^{n} \overline{X}_i \tag{6.36}$$

이 된다. 즉 계통의 분산은 각 분산의 합이 된다.

6.7.2.2 교집합

만약 계통의 모델이 각 입력분포들의 곱인 경우

$$\overline{Q} = \overline{f}(X_1, X_2, ..., X_n) + \prod_{i=1}^{n} X_i \tag{6.37}$$

이 되고, 계통의 평균은

$$Q = \prod_{i=1}^{n} X_i + \sum_{i=1}^{n-1} \sum_{j=i-1}^{n} \frac{Q}{X_i X_j} E(X_i - \overline{X}_i)(X_j - \overline{X}_j) \tag{6.38}$$

이며, 상관관계를 갖지 않는 변수들에 대해서는

$$Q = \sum_{i=1}^{n} X_i \tag{6.39}$$

가 된다. 앞의 결과는 계통의 평균은 각 분포들의 평균의 합이 된다. 또한 계통의 분산은

$$\sigma^2(Q) = \sum_{i=1}^{n} \frac{\overline{Q}^2}{X_i} u_2(X_i) + \sum_{i=1}^{n-1} \sum_{j=i-1}^{n} E(X_i - \overline{X}_i)(X_j - \overline{X}_j) + 2\sum_{i=1}^{n-1} \sum_{j=i-1}^{n} \frac{\overline{Q}^2}{X_i X_j} E(X_i - \overline{X}_i)(X_j - \overline{X}_j) \tag{6.40}$$

가 된다. 만약 공분산이 0이라면, 즉 각 변수들이 상관관계를 갖지 않는다면

$$\sigma^2(Q) = \sum_{i=1}^{n} \frac{Q^2}{X_i} u_2(\overline{X}_i) + \sum_{i=1}^{n-1} \sum_{j=i-1}^{n} u_2(X_i) u_2(X_j) \qquad (6.41)$$

가 된다.

6.7.3 몬테카를로 분석법

몬테카를로 분석법은 난수 발생기를 사용하여 각 입력변수들에 부여된 확률분포로부터 입력변수값을 택하여 입력변수와 출력변수의 관계식을 따라 묘사하는 방법이다. 이 분석법은 불확실성의 전체적인 전파(propagation)를 찾기에 적합하다는 장점을 갖고 있지만, 컴퓨터 수행시간이나 비용이 많이 필요하다는 단점이 있다. 이러한 단점을 보완하기 위하여 적은 양의 계산으로 확률론적 추론을 할 수 있는 방법인 Latin Hypercube Sampling(LHS)이 도입되어 사용되고 있다.

선정된 인자의 변화 구간 내에서 여러 인자의 값을 몬테카를로 분석법과 같은 임의추출법을 이용하여 조합을 생성하면 수많은 조합이 발생하므로 너무 많은 분석 횟수 및 분석시간을 필요로 한다. 반면에 필요한 분석 횟수를 최소화하면서 만족스러운 결과를 얻을 수 있도록 불확실성 인자들의 적절한 조합을 선택할 수 있다면 이 방법은 대단히 유용할 것이다.

일반적으로 k개의 불확실성 인자를 선정하여 이들을 동시에 변화시키면서 계산을 수행하여 복합적인 불확실성 인자들의 전파 과정과 민감도를 분석하고자 할 때는 LHS는 몬테카를로 분석법과는 달리 상대적으로 적은 무작위 추출로서 불확실성 전파에 관한 충분한 정보를 제공해 준다.

6.7.4 LHS 추출 기법

LHS는 k개의 입력변수 $X_1, X_2, X_3, \cdots, X_k$의 각각으로부터 계산에 필요한 n개의 값을 선정하는 기법으로 크게 다음과 같이 3단계로 구분할 수 있다. 1단계는 각각의 입력변수의 구간이 주어진 확률밀도함수에서 동일 확률을 갖도록 구간을 n등분한다. 2단계는 1단계에서 분할된 각각의 구간에서 무작위로 1개의 값을 추출한다. 3단계는 k개의 입력변수 X_1, $X_2, X_3, \cdots, X_k$의 각각에 대해 선정된 n개의 값을 무작위로 짝을 이루게 한다. X_1에 대해 추출된 n개의 값이 X_2에 대해 추출된 n개의 값과 무작위로 짝을 이루며, 이런 방식으로 입력변수 X_k와 무작위로 짝을 이루어 k-tablet을 구성할 때까지 반복된다. 이 기법을 LHS기법이라 한다.

LHS 기법을 적용하기 위해서는 최소한 $4/3k$번의 조합 생성과 이에 따른 계산을 필요로 하며, 일반적으로 $3k \sim 5k$까지의 조합 생성이 권장되고 있다.

6.7.5 불연속확률분포법

불연속확률분포법(Discrete Probability Distribution Method)은 변수를 나타내는 X_i와 이에 따른 확률값 P_i로 순서쌍 (X_i, P_i)을 만들어 연속적인 확률분포로 전환하여 계산하는 방법이다.

합집합 계산

2개의 분포 x_1과 x_2를 더해 주는 경우

$$z = x_1 + x_2 \tag{6.42}$$

인 경우, 연산은 다음과 같다.

$$z = (x_1 + x_2, \ P_1 P_2) \tag{6.43}$$

이것을 일반화하면

$$\begin{aligned}
z = \ & (X_{11} + X_{21}, \ P_{11}P_{21})(X_{11} + X_{22}, \ P_{11}P_{22}) \cdots \\
& (X_{11} + X_{2n}, \ P_{11}P_{2n})(X_{12} + X_{21}, \ P_{12}P_{21}) \cdots \\
& \quad\quad\quad\quad\quad \vdots \\
& (X_{1n} + X_{21}, \ P_{1n}P_{21}) \cdots
\end{aligned} \tag{6.44}$$

이 된다.

교집합 계산

만약 분포를 곱셈 또는 교집합(intersection)에 의해 연산한다고 가정하면

$$z = x_1 \times x_2 \tag{6.45}$$

이 되고, 일반적으로 확장하면 다음과 같다.

$$\begin{aligned}
z = \ & (x_{11}x_{21}, \ P_{11}P_{21})(x_{11}x_{22}, \ P_{11}P_{22}) \cdots \\
& (x_{11}x_{2n}, \ P_{11}P_{2n})(x_{12}x_{21}, \ P_{12}P_{21}) \cdots \\
& \quad\quad\quad\quad\quad \vdots \\
& (x_{1n}X_{2n}, \ P_{1n}P_{2n}) \cdots
\end{aligned} \tag{6.46}$$

 참고문헌

1. Characterization and Evaluation of Uncertainty in Probabilistic Risk Analysis, Parry G. W. and P. W. Winter, Nuclear Safety, Vol. 22, No. 1.

2. Comparison of Two Uncertainty Analysis Methods, Neil D. Cox, Nuclear Science and Engneering, 64, 1977.

3. Decisionmaking under Uncertainty : Models and Choice, Holliway C.A.

4. On the Quantiative Definition of Risk, Kaplan S. and B. J. Garrick, Risk analysis, Vol. 1, No. 1.

5. PRA Procedure Guide, NUREG/CR-2300.

6. *Technical Note : Statistical Tolerance in Safety Analysis*, Parry G. W, P. Shaw and D.H.Worledge, Nuclear Safety, Vol. 22, No. 4.

7. Uncertainty in Nuclear Probabilistic Risk Analyses, W. E. Vessly and D. M. Rasmuson, Risk Analysis, Vol. 4, No. 3, 1984.

8. Uncertainty in Probabilistic Safety Assessment, G. E. Apostolakis, Nuclear Engineering and Design 115, 1989.

9. Uncertainty Propagation in Probabilistic Risk Assessment : A Comparative Study Metcalf D.R., *Transaction of the Amercan Nuclear Society*, Vol. 38.

10. Wash-1400-Quantifying the Uncertainties, Erdmann R. C., nuclear Technology, Vol. 53.

 연습문제

6.1 (a) 지속적으로 2년 동안 10개의 기기가 테스트되었다. 다음과 같은 경우 이것이 어떠한 고장 정보를 제공하는지 논하라.

(i) 하나의 기기가 테스트 동안 고장

(ii) 어느 기기도 테스트 동안 고장 나지 않음

(b) 하나의 시스템이 정상적으로 작동 중이고, 동일 시스템이 대기 중이다. 첫 번째 시스템이 고장 났을 때, 두 번째 시스템은 첫 번째 시스템의 작동 원리를 따른다고 가정한다. 두 번째 시스템이 작동 중일 때, 첫 번째 시스템은 정비되고 대기 상태로 들어간다. Mean time to failure와 정비 시간이 일정한 값이라고 가정하고, 2개의 시스템

으로 된 그룹의 신뢰도를 산출하라. 고장, 정비 데이터에 있어서 얼마큼의 변동이 시
스템 신뢰도에 영향을 주는지를 논하라.

(c) 위성 시스템은 발사 후에는 정비를 할 수 없다. 정비와 보수는 작동에 있어 필수적
인 부분이다. 정비 과정이 안전에 어떻게 영향을 주는지 논하라. 필요하다면, 예로서
(b)를 사용하라.

6.2 호출표시기 시스템의 고장률은 λ이다. 신뢰성이 매우 낮은 것으로 생각되기 때문에 같
은 디자인의 여분의 호출표시기를 설치할 예정이다. 디자인 공학자는 active parallel과
standby parallel 중 하나를 결정해야 한다. 공학자는 standby 상태에서의 실패는 거의 무
시할 만하나 switching failure가 상당히 큰 확률 p가 존재한다는 것을 알고 있다.

(a) active parallel redundancy 시스템의 신뢰도를 구하라.

(b) standby case에 대한 시스템의 신뢰도를 구하라.

(c) 매개변수들의 정보는 다음과 같다.

> λ : 중심값이 10^{-4}/hour이고 error factor가 5인 lognormal 분포
>
> p : 평균값이 0.05이고 표준편차가 0.02인 정규분포
>
> 표준편차 = 0.02
>
> 가동시간 = 720

당신은 active parallel과 standby parallel 중 어느 것을 선택하겠는가? 그 이유는 무엇
인가?

6.3 원자로 안전을 평가하는 데 있어서 계속되는 논쟁의 주제는 정지불능 예상 과도상태
(ATWS)의 빈도의 접근이다. ATWS의 중요성은 몇몇 ATWS 사건들이 핵연료를 녹인다
는 데 있다. ATWS의 빈도는 대개 AT와 WS 개별적으로 발생한다는 모델에 의해 평가
된다. 다음의 모델은 연구 보고서에서 제안되었다.

- AT는 연간 일정하게 μ의 비율로 포아송 과정으로 발생한다.
- WS의 발생은 통계적으로 AT의 발생과 연관이 없다.
- WS는 연간 일정하게 θ의 비율로 포아송 과정으로 발생한다.
- 해마다 $N = 12$의 정기적 정지계통 검사가 이루어진다.

위의 모델을 이용하여

(a) ATWS의 빈도 $f = \dfrac{\mu\theta}{2N}$(운전연수당 = per reactor year)임을 보여라. 단, θ는 unity보
다 훨씬 작다고 가정한다.

(b) 정지계통의 요구당 실패확률은 다음과 같이 정의된다.

$$P = \frac{\theta}{2N}$$

유용한 자료들로 이 확률을 평가하기 위해서는, θ에 대한 two-sided 90%(classical) confidence bounds를 우선 결정한다. 659년의 운전연수당 한 번의 정지 사고가 관측되었다는 사실을 이용하여, p에 해당하는 confidence bounds뿐만 아니라 이러한 bounds도 구하라.

6.4 1,000시간 후에 테스트를 멈추기로 하고 15개의 모터를 동시에 고장 테스트를 한다. 고장이 나면 교체하여 테스트를 수행하는데 1,000시간 동안 5개의 모터가 고장을 일으켰다. 이 모터의 고장률(λ)을 구하라. 또 이 모터의 신뢰성[Reliability, $R(t)$]을 계산하라.

6.5 다이오드 여러 개를 직렬 혹은 병렬로 연결할 수 있다. Open Failure Probability EMBED Equation, $q_0 = 0.10$이고, Short Failure Probability, $q_s = 0.20$이다. 신뢰도를 최대로 하기 위해서는 어떻게 다중성(redundancy)을 고려하여 배치해야 하는가?

07

시스템 불이용도

원자력 발전소의 공학적 안전 계통의 신뢰도 분석은 점 추정으로 계산하는 것과 어떤 주기적인 점검이나 보수 중에 있는 계통의 평균 불이용도의 계산을 필요로 한다. 일반적으로 계산의 복잡성으로 인해 실제 결과를 나타내기 위하여 모사(simulation)하게 된다. 그러나 이는 불이용도에 기여하는 단서들을 보여 줄 단순한 해석적인 표현을 통해 하드웨어 고장, 요구 타입의 고장, 인간 오류, 그리고 공통원인 고장과 같은 다양한 종속적인 고장 형태 및 같은 계통의 고장 모드의 상대적인 중요도를 보여 주는 시야를 제공한다.

7.1 서론

원자력 발전소에 대한 공학적 안전 계통들은 대부분 활동적인 상태에 있지 않다. 그것들의 작동성(operability)을 검증하기 위해서는 점검이 있어야 하고 필요하다면 주기적인 기간(일반적으로 매달 한 번)을 갖고 수리되어야 한다. 그런 상황에서 관심을 갖게 되는 것은 계통의 불이용도이다. 다음에 네 가지 불이용도가 정의되어 있다.

(1) 점 추정 불이용도

$$q(t) \equiv \Pr(\text{계통이 } t \text{시간에 고장}) \qquad (7.1)$$

(2) 제한된 불이용도

$$q \equiv \lim_{t \to \infty} q(t), \text{ 극한값이 존재할 경우} \qquad (7.2)$$

(3) $(0,T)$ 사이 구간 동안의 평균 불이용도

$$q_{av} \equiv \frac{1}{T} \int_0^T q(t) dt \qquad (7.3)$$

(4) 제한된 평균 불이용도

$$q_{av} \equiv \lim_{T \to \infty} \left[\frac{1}{T} \int_0^T q(t) dt \right], \text{ 극한값이 존재할 경우} \qquad (7.4)$$

평균 불이용도는 $[0,T]$ 시간 사이에서의 활동이 없는 시간(dead time)의 평균 분율이다. 즉 계통이 다운되어 있는 시간의 평균율이다.

안전 연구(Safety Study)에서는 전 추정 불이용도 계산에 필요한 자세한 정보를 요구하는 것은 원하지 않는다. 다시 말해 우리는 가능한 한 시간에 종속된 용어는 없어지기를 바라고 있다. 이것은 일반적으로 제한된 불이용도를 사용하여 도달할 수 있다. 식 (7.2)는 마르코프 과정으로 모델링된 대부분의 경우에서 나타난다. 식 (7.3)은 일정하게 주기적으로 보수하는 계통에서 사용될 수 있다. 후자의 경우에 점 추정 불이용도는 주기함수이고 한계를 갖고 있지 않다. 그것은 평균 불이용도가 확률이 아니라는 점을 말하고 있다. 이것은 식 (7.3)의 정의에서 명확하게 확인할 수 있다. 결과적으로 확률의 이론은 평균 불이용도에 대해서는 적용되지 않는다.

평균 불이용도에 대한 계산은 식 (7.3)과 같이 곧바로 그 정의를 이용한다. 일반적인 고장, 점검, 수리 시간의 분포를 갖고 주기적으로 점검하는 기기의 불이용도에 대한 모델링을 한다. 계통의 기기의 고장은 독립적이라고 가정하였고 그들은 지수분포로 모델링되었다. 점검 기간뿐만 아니라 점검 수리 시간은 일정하다고 가정하였다.

평균 불이용도에 기여하는 것을 고려하여 다음 몇 가지로 선택하였다. 예를 들면 자신이 점검되어 생기는 고장(test itself)이나 무작위적인 고장(random failure)으로부터 생기는 것을 들 수 있다. 그것들은 각 기기를 통해서 계산되었고 계통 불이용도를 만들기 위해 표준 고장 수목 관계를 사용하여 결합되었으나, 점 추정과 평균 불이용도 사이의 차이점은 만들어지지 않았다.

7.2절에서는 단일 기기에 대한 모델과 기본적인 가정이 주어져 있다. 7.3절에는 1/2 계통에서의 평균 불이용도를 자세하게 유도하는 과정이 주어져 있다. 순차적인(sequential) 점검과 지그재그(staggered) 점검의 과정도 고려되어 있다. 1/3 계통과 2/3 계통의 식도 7.4절에서 주어진다. 7.5절에서는 불이용도 표현의 유용성을 설명하는 구체적인 예를 나타내고 있다.

7.2 단일 기기의 평균 불이용도

보수 중에 있는 단일 기기의 경우는 여기에 사용된 기술을 소개하는 데 좋은 예가 되고 더 복잡한 계통을 유도하는 데 있어 도움을 줄 것이다. 그림 7.1은 보수 계획에 있어 주기적인 경향을 잘 분석하고 있다.

보수(maintenance)라는 용어는 점검을 포함하여 가능하다면 수리하는 것까지도 포함하여 이해되고 있다. 그림 7.1에서 보여 주는 모든 기간은 일정하다고 가정되었다. Ω의 값은 첫 번째 특별한 구간을 나타낸다. 그것은 보수가 존재하지 않는 선행구간이며 τ와는 다른 것으로 간주된다.

기기의 고장의 특성은 다음과 같다.

$F(t) \equiv$ 고장 분포(누적분포함수)

$Q_0 \equiv$ 요구 시의 고장확률

$\gamma_0 \equiv$ 보수로 인해 기기를 이용할 수 없을 확률

$F(t)$와 Q_0의 값은 일반성을 위해서 소개되었다. 특수한 경우에 있어 고장 모델은 1개 혹은 그 외의 것의 기기 고장으로 충분히 설명될 수 있다. 양쪽이 모두 존재한다면 Q_0는 기기가 작동 중(on-line)인 상태가 되기를 원할 때 전환 작업을 나타내는 것으로 생각될 것이다. 일반적으로 γ_0는 감시(inspection), 점검, 혹은 수리하는 동안 보수로 인해 불능 상태의 결과를 만드는 인간 오류의 가능성을 나타낸다. 예를 들어 Wash-1400 보고서에서는 어떤 아이템이 누락된(빠트린) 상태를 제어실에서 나타내지 못하는 누락(omission)의 확률을 언급하고 있다. (예를 들어 적절한 배열을 위해 보수 작업한 점검 밸브를 수동의 원 상태로 돌려놓는 것을 잊어버린 경우를 말한다.) 이러한 경우의 발생 확률은 10^{-2}이다. 반면에 작위(commission)의 인간 오류의 확률도 있다. 예를 들어 라벨을 잘못 읽은 경우에는 3×10^{-3}이다. 평균 불이용도는 식 (7.3)을 사용하여 유도된다. 처음에 언급했듯이 평균 불이용도는 또한 평균 불능 시간의 부분으로 설명될 수도 있다. 이것은 불능 시간(downtime)의 기대치 $<D>$가 주어진 어떤 한 구간 안에서 다음과 같음을 의미한다.

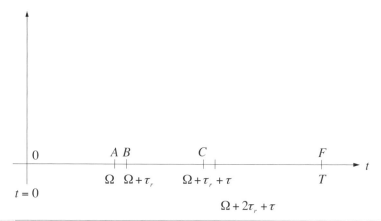

그림 7.1 단일 기기에 대한 보수 기간

$$< D > \ = \int_0^T q(t)dt \tag{7.5}$$

그림 7.1에서의 각 구간에서 평균 불능 시간은 다음과 같은 계산을 따른다.

(1) OA 구간($0 < t < \Omega$)

기기가 처음에는 정상적인 상태라고 기정하면 고징일 경우의 확률은 나음 두 가지의 합이 된다.

$$q_{OA} = Q_0' + (1 - Q_0')F'(t) \tag{7.6}$$

$T \equiv$ 기기의 수명

$\tau \equiv$ 보수 사이의 구간

$\tau_\gamma \equiv$ 보수 기간의 길이

$\Omega \equiv$ 작동 시작과 첫 번째 보수 사이의 구간

여기서 프라임 기호(′)는 확률을 첫째 구간 안에서 다른 값으로 갖게 될 수 있다는 것을 가리킨다. 식 (7.6)은 기기는 요구 시에 고장이 생길 수 있고 또한 '무작위적'으로 생길 수도 있다는 것을 나타낸다. ('무작위적인 고장'이라는 용어는 고장이 일반적으로 고장률로 이해될 수 있는 것을 가리킨다.)

평균 불능 시간의 추정은 이제 단순한 방법이다. 식 (7.5)와 식 (7.6)으로부터 우리는 다음과 같이 나타낼 수 있다.

$$< D_{OA} >= Q_0'\Omega + (1 - Q_0')\int_0^\Omega F'(t)dt \tag{7.7}$$

(2) AB 구간($\Omega < t < \Omega + \tau_\gamma$)

계통은 보수 기간 동안 이용 불가능하며 불능 시간의 기대치는 다음과 같다.

$$< D_{AB} >= \tau_\gamma \tag{7.8}$$

(3) BC 구간($\Omega + \tau_\gamma < t < \Omega + \tau_\gamma + \tau$)

기기는 무작위적 고장, 요구 시의 고장, 보수의 오류로 인해서 작동 불능이 될 수 있다. 그래서 총확률의 이론은 다음과 같이 주어진다.

$$q_{BC}(t) = \gamma_0 + (1 - \gamma_0)\left[Q_0 + (1 - Q_0)F(t)\right] \tag{7.9}$$

이것의 불능 시간은 다음과 같이 주어진다.

$$< D_{BC} >= \gamma_0 \tau + (1 - \gamma_0)\left[Q_0 \tau + (1 - Q_0)\int_0^\tau F'(t)dt\right] \tag{7.10}$$

(4) CF 구간($\Omega + \tau_\gamma + \tau < t < T$)

일반적인 보수 주기는 기기의 수명 T에 대해서 반복된다. $AB-BC$ 주기의 총반복 수는 다음과 같다.

$$k = \frac{T - \Omega}{\tau + \tau_\gamma} \tag{7.11}$$

총불능 시간의 기대치는 단지 식 (7.8)과 식 (7.10)에 대한 합에서 k배 해 주면 된다.

$$< D_{AF} >= \frac{T - \Omega}{\tau + \tau_\gamma}\left\{\tau_\gamma + \gamma_0 \tau + (1 - \gamma_0) \times \left[Q_0 \tau + (1 - Q_0)\int_0^\tau F(t)dt\right]\right\} \tag{7.12}$$

그래서 총 $(0, T)$라는 기간 동안 총불능 시간의 기대치는 식 (7.7)을 포함하여,

$$< D_{OF} >= Q_0' \Omega + (1 - Q_0')\int_0^\infty F'(t)dt$$
$$+ \frac{T - \Omega}{\tau + \tau_\gamma}\left\{\tau_\gamma + \gamma_0 \tau + (1 - \gamma_0) \times \left[Q_0 \tau + (1 - Q_0)\int_0^\tau F(t)dt\right]\right\} \tag{7.13}$$

평균 불이용도는 이제 다음을 따른다.

$$q_{av} = \frac{1}{T}(Q_0'\Omega + (1-Q_0')\int_0^\Omega F'(t)dt$$

$$+ \frac{T-\Omega}{\tau+\tau_\gamma}\{\tau_\gamma + \gamma_0\tau + (1-\gamma_0)$$

$$\times [Q_0\tau + (1-Q_0)\int_0^\tau F(t)dt]\}) \tag{7.14}$$

어떤 일정한 가정을 주면 식 (7.14)에서 우리는 몇 가지 단순한 형태의 결과를 얻을 수 있다. 첫 번째 구간에 기여하는 요소를 무시할 수 있다면 일반적으로 다음과 같다.

$$\tau_\gamma << \tau \tag{7.15}$$

식 (7.15)는 다음과 같다.

$$q_{av} = \frac{\tau_\gamma}{\tau} + \gamma_0 + (1-\gamma_0) \times \left[Q_0 + \frac{(1-Q_0)}{\tau}\int_0^\tau F(t)dt\right] \tag{7.16}$$

식 (7.16)의 부등식은 τ가 대개 720시간 정도이고 τ_γ이 몇 시간인 경우 대부분 항상 만족한다.

$F(t)$가 지수적 접근으로 주어진다는 가정하에서는

$$F(t) = 1 - \exp(-\lambda t) \cong \lambda t \quad (\text{ if } \lambda t < 0.10) \tag{7.17}$$

과 같다. 우리는 다음을 얻을 수 있다.

$$q_{av} = \frac{\tau_\gamma}{\tau} + \gamma_0 + (1-\gamma_0) \times \left[Q_0 + (1-Q_0)\frac{1}{2}\lambda\tau\right] \tag{7.18}$$

또한 대부분의 적용에 있어서 다음과 같은 접근법이 유용하다.

$$\gamma_0 << 1 \tag{7.19}$$

$$Q_0 << 1 \tag{7.20}$$

식 (7.18)은 다음과 같아진다.

$$q_{av} = \frac{\tau_\gamma}{\tau} + \gamma_0 + Q_0 + \frac{1}{2}\lambda\tau \tag{7.21}$$

다양한 기여 인자가 이제 명확하게 되었다.

$$\frac{\tau_\gamma}{\tau} = \text{보수 기여도}$$

$$\gamma_0 = \text{인간 오류}$$

$$Q_0 = \text{요구 시의 고장}$$

$$\frac{1}{2}\lambda\tau = \text{'무작위적' 고장}$$

우리는 이제 쉽게 평균 불이용도가 최소가 되는 지점인 τ^*를 계산할 수 있다. 식 (7.18)을 미분하고 0과 같다고 놓으면 다음을 얻게 된다.

$$\tau^* = \left[\frac{2\tau_\gamma}{(1-\gamma_0)(1-Q_0)\lambda}\right]^{1/2} \tag{7.22}$$

식 (7.19)와 식 (7.20)을 통해서 식 (7.22)를 단순화할 수 있다.

$$\tau^* \cong \left(\frac{2\tau_\gamma}{\lambda}\right)^{1/2} \tag{7.23}$$

마지막으로 어느 정도는 비현실적이지만, $\gamma_0 = 1$인 경우를 생각해 보는 것은 흥미롭다. 최적의 Ω^*는 $\Omega = 0$에 관하여 식 (7.14)의 일계 도함수를 정함으로써 얻을 수 있다.

$$F'(\Omega) = 1 \tag{7.24}$$

식 (7.24)의 해답은 $\Omega \to \infty$일 때이고, 이것은 직관적으로 볼 때 옳은 결과이다. 왜냐하면 어떤 보수 행위는 확률 1로 기기가 고장이 날 것이기 때문이다.

7.3 1/2 계통의 불이용도

7.3.1 순차 시험

연속적인 순차 시험에서 기기는 순서대로 점검된다. 그림 7.2는 이러한 계획을 시각화한 것이다. 각각의 기기에 대한 점검과 보수는 τ_γ(AB와 BC 구간)라는 시간 동안 지속된다. 식 (7.15)를 타당하다고 가정할 수 있다. 그리고 첫 번째 구간은 무시할 수 있다. 왜냐하면 점 주정 불이용도는 각각의 구간에 따라 달라지기 때문이다. 식 (7.3)을 다음과 같이 다시 쓸 수 있다.

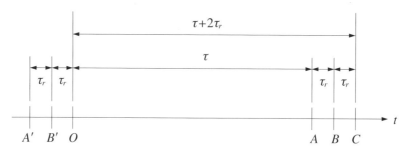

그림 7.2   1/2 계통에서의 순차 시험

$$q_{av} = \frac{1}{\tau + 2\tau_\gamma}\left[\int_0^\tau q_{OA}(t)dt + \int_\tau^{\tau+\tau_\gamma} q_{AB}(t)dt + \int_{\tau+\tau_\gamma}^{\tau+2\tau_\gamma} q_{BC}(t)dt\right] \tag{7.25}$$

식 (7.15)를 사용하면 다음을 얻을 수 있다.

$$q_{av} = \frac{1}{\tau}\left[\int_0^\tau q_{OA}(t)dt + \int_\tau^{\tau+\tau_\gamma} q_{AB}(t)dt + \int_{\tau+\tau_\gamma}^{\tau+2\tau_\gamma} q_{BC}(t)dt\right] \tag{7.26}$$

계통의 고장 모델은 다음과 같다.

$$F_R(t) \equiv 1 - \exp(-\lambda_R t) \cong \lambda_R t \tag{7.27}$$

$$F_C(t) \equiv 1 - \exp(-\lambda_C t) \cong \lambda_C t \tag{7.28}$$

$Q_0 \equiv$ 요구 시의 고장의 확률

$Q_1 \equiv \Pr[$요구 시의 한 기기의 고장 | 같은 요구 시의 다른 기기가 고장 났을 때$]$

$\gamma_0 \equiv$ 한 주기 동안 첫 번째 시간에서 보수 실수가 발생할 확률

$\gamma_1 \equiv$ 한 주기 동안 두 번째 시간에서 보수 실수가 발생할 확률

식 (7.27)은 각 기기에 대해 친숙한 지수 고장 분포이다. λ_R의 비율은 한 기기가 고장을 일으킴으로써 나타나는 충격(shock)을 나타낸다. 식 (7.28)의 λ_C는 같은 시간(종속적이거나 혹은 '공통원인' 고장)에 전체 계통의 고장을 일으키는 충격을 나타낸다.

Q_0와 γ_0의 값은 요구 시의 고장을 나타내고 인간의 오류에 의한 것이다. 조건부 확률인 Q_1과 γ_1은 종속성의 가능성을 갖고 평가된다.

$$Q_0 \le Q_1 \le 1 \tag{7.29}$$

$$\gamma_0 \le \gamma_1 \le 1 \tag{7.30}$$

명확하게도 Q_1이 Q_0와 같은 경우에는 기기는 독립적으로 고장이 될 것이라고 가정한다. 반면에 Q_1이 1로 설정되어 있다면, 고장은 완벽하게 종속적이라는 것을 가정한다. 비슷하게 γ_1에 대해서도 같은 입장을 취하게 된다.

인간 오류의 확률 γ_0와 γ_1을 고려하여 더 좋은 가정이 만들어질 수 있는데, 인간의 행동은 어떤 기간과 기간 사이에서 독립적이라는 것이다. 이것은 합리적인 가정이다. 왜냐하면 RSS의 연구에 따르면 인간의 행동은 시간이 크게 떨어진 경우에 독립적인 경향이 있기 때문이다. 두 보수 기간은 일상적으로 720시간 떨어져 있고 우리는 종속성이 최소화된 충분히 긴 기간이라고 가정할 수 있다.

각 구간에 대한 분석은 다음을 따른다.

(1) OA 기간 ($0 < t < \tau$)

사건을 정의하면,

$E_1 \equiv A'B'$에서 보수 실수(기기 1에 대해서 그것이 보수되었을 경우를 가정할 때)

$E_2 \equiv B'O'$에서 보수 실수(기기 2에 대해서)

총확률의 이론을 사용하면 다음을 얻게 된다.

$$
\begin{aligned}
q_{OA} = {} & \Pr\left[S \middle| E_2 E_1\right] \Pr\left[E_2 \middle| E_1\right] \Pr\left[E_1\right] \\
& + \Pr\left[S \middle| \overline{E_2} E_1\right] \Pr\left[\overline{E_2} \middle| E_1\right] \Pr\left[E_1\right] \\
& + \Pr\left[S \middle| E_2 \overline{E_1}\right] \Pr\left[E_2 \middle| \overline{E_1}\right] \Pr\left[\overline{E_1}\right] \\
& + \Pr\left[S \middle| \overline{E_2 E_1}\right] \Pr\left[\overline{E_2} \middle| \overline{E_1}\right] \Pr\left[\overline{E_1}\right]
\end{aligned} \tag{7.31}
$$

이제 다음을 얻을 수 있다.

$$\Pr\left[E_2 \middle| E_1\right] \equiv \gamma_1$$

$$\Pr\left[E_2 \middle| \overline{E_1}\right] \equiv \gamma_0$$

$$\Pr\left[S \middle| E_2 E_1\right] = 1$$

$$\Pr\left[S \middle| \overline{E_2} E_1\right] = F_R(t) + Q_0 + F_C(t)$$

$$\Pr\left[S \middle| E_2 \overline{E_1}\right] = F_R(t + \tau_\gamma) + Q_0 + F_C(t + \tau_\gamma)$$

$$
\begin{aligned}
\Pr\left[S \middle| \overline{E_2 E_1}\right] &= \left[F_R(t) + Q_0\right]\left[F_R(t + \tau_\gamma) + Q_1\right] + F_C(t) \\
&= F_R(t)F_R(t + \tau_\gamma) + F_R(t)Q_1 + F_R(t + \tau_\gamma)Q_0 + Q_0 Q_1 + F_C(t)
\end{aligned}
$$

그리고 식 (7.31)이 다음과 같이 된다.

$$q_{OA} = \gamma_0\gamma_1 + \left[(1-\gamma_0)\gamma_0 + \gamma_0(1-\gamma_1)\right] \times \left[\lambda_R t + Q_0 + \lambda_C t\right]$$
$$+ (1-\gamma_0)^2 \times \left(\lambda_R^2 t^2 + 2Q_0\lambda_R t + Q_0 Q_1 + \lambda_C t\right) \tag{7.32}$$

식 (7.32)는 다음과 같이 설명될 수 있다.

$\gamma_0\gamma_1 \equiv \Pr[$양쪽 기기가 보수 실수로 인하여 고장인 경우$]$

$\left[(1-\gamma_0)\gamma_0 + \gamma_0(1-\gamma_1)\right] \times \left[\lambda_R t + Q_0 + \lambda_C t\right]$

　　$\equiv \Pr[$한 기기가 보수 실수인 상태 $\cap$ 다른 기기는 요구 시에 고장이거나 충격이
　　발생한 상태인 경우$]$

$(1-\gamma_0)^2 \times \left(\lambda_R^2 t^2 + 2Q_0\lambda_R t + Q_0 Q_1 + \lambda_C t\right)$

　　$\equiv \Pr[$보수 실수가 없는 경우 $\cap$ 충격에 의해 기기가 모두 고장인 상태 $\cup$ 요구
　　시에 한 기기의 고장과 다른 기기는 충격에 의해 고장인 경우 $\cap$ 요구 시에
　　두 기기가 모두 고장인 경우$\}]$

평균 불이용도에 대한 구간 OA의 기여도는 식 (7.26)과 같다.

$$q_{av,OA} = \gamma_0\gamma_1 + \left[\gamma_0 + \gamma_0(1-\gamma_1)\right]\left[Q_0 + \frac{1}{2}(\lambda_R + \lambda_C)\tau\right]$$
$$+ \frac{1}{3}\lambda_R^2 t^2 + Q_0\lambda_R\tau + Q_0 Q_1 + \frac{1}{2}\lambda_C\tau \tag{7.33}$$

여기서 식 (7.19)와 (7.20)을 근사하여서 만들어지게 된 것이다.

(2) AB 기간 ($\tau \leq t \leq \tau + \tau_\gamma$)

첫 기기는 보수에 의해서 작동이 불가능한 상태이다. 점 추정치 불이용도는 위에서 언급한 변수들과 그 결과를 이용하여 이끌어 낼 수 있으며, 결과는 다음과 같다.

$$q_{AB} = \gamma_0\gamma_1 + \gamma_0(1-\gamma_0) + \left[(1-\gamma_0)^2\right.$$
$$\left. + \gamma_0(1-\gamma_1)\right]\left[(\lambda_R + \lambda_C)(t+\tau) + Q_0\right] \tag{7.34}$$

평균 불이용도에 대한 기여도는 다음과 같이 계산된다.

$$q_{av,AB}(t) = \frac{\tau_\gamma}{\tau}(\gamma_0 + Q_0) + (\lambda_R + \lambda_C)\tau_\gamma \tag{7.35}$$

(3) BC 기간 $(\tau + \tau_\gamma \leq t \leq \tau + 2\tau_\gamma)$

두 번째 기기는 보수되는 중이고, 불이용도에 대한 기여도는 AB 기간에 막 보수된 첫 번째 기기로부터 나온다. 점 추정치 불 이용도는 다음과 같다.

$$q_{BC}(t) = \gamma_0 + (1-\gamma_0)\left[(\lambda_R + \lambda_C)t + Q_0\right] \tag{7.36}$$

그리고 평균 불이용도에 대한 기여도는 다음과 같다.

$$q_{av,BC}(t) = \frac{\tau_\gamma}{\tau}(\gamma_0 + Q_0) \tag{7.37}$$

계통의 평균 불이용도는 식 (7.33), 식 (7.35), 식 (7.37)의 합이다. 각각을 다음과 같이 다시 정리하여 쓸 수 있다.

$$q_{av} = q_R + q_C + q_D + q_M \tag{7.38}$$

여기서

(가) '무작위적' 독립 고장 발생

$$q_R = \frac{1}{3}\lambda_R^2 t^2 + \lambda_R \tau \tag{7.39}$$

(나) 충격에 의한 종속 고장 발생

$$q_C = \frac{1}{2}\lambda_C \tau + \lambda_C \tau_\gamma \tag{7.40}$$

(다) 요구 고장 발생

$$q_D = Q_0\left(Q_1 + \gamma_0 + \lambda_R \tau + 2\frac{\tau_\gamma}{\tau}\right) \tag{7.41}$$

(라) 보수 발생

$$q_M = \gamma_0[\gamma_1 + (1-\gamma_1)Q_0$$
$$+ (2-\gamma_1)(\lambda_R + \lambda_C)\frac{\tau}{2} + 2\frac{\tau_\gamma}{\tau}] \tag{7.42}$$

식 (7.39)의 각 항은 지수적인 고장 분포를 갖는다는 가정하에 1/2 계통의 표준 불이용도를 나타낸 것이다.

식 (7.39)에서 식 (7.42)까지 나타나는 항들은 쉽게 설명될 수 있다. 예를 들면

$$\frac{1}{3}\lambda_R^2\tau^2 = \text{'무작위적' 독립 고장의 기여도}$$

$$\gamma_0\gamma_1 = \text{2개의 기기에 대한 (종속적) 보수 실수의 기여도}$$

$$Q_0Q_1 = \text{요구 시의 양쪽 기기의 고장}$$

$$\gamma_0Q_0 = \text{인간 오류에 의한 한 기기의 작동 불능과 요구 시의 다른 기기의 고장}$$

7.3.2 비순차 시험

그림 7.3은 지그재그 보수로 불리는 비순차 시험의 절차를 보여 준다. 여기서 첫 번째 기기의 보수는 시초 $k\tau(0 \le k \le 1)$이다. $\tau + \tau_\gamma$의 값은 보수 기간이고, 이것은 순차적인 점검의 경우의 $\tau + 2\tau_\gamma$와 비교될 수 있다. 그러나 식 (7.15)의 가정을 사용하면 같은 근사 기간 τ로 결정하게 된다.

지그재그의 경우를 분석하는 데 있어 중요한 가정은 두 연속적인 보수 행동이 시간적으로 분리되어 있다는 것이고, 다시 말하면 둘 사이의 어떤 종속성도 무시할 수 있다는 것이다. 이것은 $\gamma_0 = \gamma_1$임을 함축하고 있다.

두 번째 초점은 유도하는 과정과 자세하게 연관되어 있다. 점 추정치 불이용도는 평균 불이용도를 산출하여 적분할 때 두 종류의 항이 존재한다—시간 종속적인 것과 시간 독립적인 것이다. 시간에 대해 독립적인 항은 구간 길이에 선형적으로 불능 시간이 산출된다. 예를 들어 그림 7.3을 고려하면 대기 구간이 $k\tau$와 $(\tau - k\tau - \tau_\gamma)$의 길이를 갖는다. 어떤 상수 기여도 γ가 합쳐진다고 하면, 그 후 총불능 시간의 기여도는 다음과 같다.

$$\gamma(k\tau) + \gamma(\tau - k\tau - \tau_\gamma) = \gamma(\tau - \tau_\gamma) \approx \gamma\tau \tag{7.43}$$

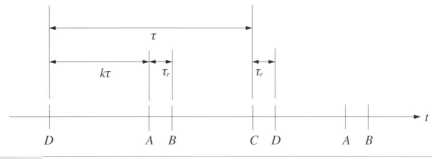

그림 7.3　1/2 계통에서의 지그재그 점검 절차

이와 같이 비록 대기 구간이 지그재그 보수에서는 두 부분으로 나뉘어 있을지라도 유도하면서 상수항의 기여도는 순차적인 점검에서와 같다. 두 보수 형태의 차이점은 시간에 종속적인 항에서만 존재하게 될 것이다. 결론적으로, 지그재그 비순차 시험의 경우에 있어 평균 불이용도는 시간 종속적인 기여도를 다시 계산하고 순차적인 보수의 공식에서 q_M과 q_D에서 $\gamma_0 = \gamma_1$으로 세팅하여 계산될 수 있다.

시간 종속적인 항의 영향에 대한 예로, 한 보수 대기 주기 동안에 무작위적인 고장 기여도는 다음과 같이 계산된다.

(1) DA 구간 $(0 \leq t \leq k\tau)$

$$q_{DA}(t) = \lambda_\gamma^2 t[t + (\tau - k\tau)]$$

불이용도에 대한 기여도는 다음과 같다.

$$q_{av,DA} = \frac{1}{\tau + \tau_r} \int_0^{k_\gamma} \lambda_R^2 t[t + (\tau - k\tau)]dt$$

$$\approx \frac{1}{\tau} \int_0^{k_\gamma} \lambda_R^2 t[t + \tau(\tau - k\tau)]dt$$

$$\approx \frac{\lambda_R^2}{\tau}\left[\frac{\tau^3}{6}(3k^2 - k^3)\right] \tag{7.44}$$

(2) AB 구간 $(k\tau \leq t \leq k\tau + \tau_\gamma)$

$$q_{av,AB} \approx \frac{1}{\tau}\int_0^{\tau_\gamma} \lambda_R t(t + k\tau)dt \approx \frac{\lambda_R}{\tau}\left(\frac{\tau_\gamma^2}{2} + k\tau\tau_\gamma\right) \approx k\lambda_R\tau_\gamma \tag{7.45}$$

(3) BC 구간 $(k\tau + \tau_\gamma \leq t \leq \tau)$

$$q_{av,BC} \approx \frac{1}{\tau}\int_0^{\tau(1-k)} \lambda_R^2 t(t + k\tau)dt \approx \frac{\lambda_R^2}{\tau}\left[\frac{\tau^3}{6}(k^3 - 3k + 2)\right] \tag{7.46}$$

(4) CD 구간 $(\tau \leq t \leq \tau + \tau_\gamma)$

$$q_{av,CD} = \frac{1}{\tau}\int_0^{\tau_\gamma} \lambda_R[t + (1-k)\tau]dt \approx (1-k)\lambda_R\tau_\gamma \tag{7.47}$$

평균 불이용도는 식 (7.38)에 주어져 있으며 이 경우 기여도는 다음과 같다.

$$q_R = \frac{(\lambda_R \tau)^2}{3} \left(\frac{2 - 3k + 3k^2}{2} \right) + \lambda_R \tau_\gamma \qquad (7.48)$$

$$q_C = \frac{\lambda_R \tau}{2} (k^2 - k + 1) + \lambda_C \tau_\gamma \qquad (7.49)$$

$$q_D = Q_0 \left[Q_1 + \gamma_0 + 2(\lambda_R + \lambda_C) \frac{\tau}{2} + \frac{2\tau_\gamma}{\tau} \right] \qquad (7.50)$$

$$q_M = \gamma_0 \left[\gamma_0 + Q_0 + (\lambda_R + \lambda_C)\tau + \frac{2\tau_\gamma}{\tau} \right] \qquad (7.51)$$

만약 식 (7.48)과 (7.49)에서 $k = 1$이거나 $k = 0$이라면, 순차적인 경우에 식 (7.39)와 식 (7.40)으로 줄어든다. 게다가, 만약 $\gamma_0 = \gamma_1$이라고 놓으면 식 (7.42)에서 식 (7.39)는 식 (7.48)에서 식 (7.51)까지와 같을 것이다.

　최적의 지그재그 점검은 k에 관계하여 식 (7.48)과 식 (7.49)를 미분하고, 그 결과를 0과 같다고 놓으면 찾을 수 있다.

$$\frac{\partial q_R}{\partial k} \propto -3 + 6k = 0 \rightarrow k_{OPT} = \frac{1}{2} \qquad (7.52)$$

그리고 식 (7.49)는

$$\frac{\partial q_R}{\partial k} \propto 2k - 1 = 0 \rightarrow k_{OPT} = \frac{1}{2} \qquad (7.53)$$

이것은 균일한 지그재그 점검이다.

7.4 계통 불이용도

앞 절의 방법은 다음과 같은 1/3 계통이나 2/3 계통의 표현을 유도하는 데도 사용된다.

7.4.1 1/3 계통의 불이용도

(1) 순차적인 보수

$$q_R = \frac{1}{4} (\lambda_R \tau)^3 + \left(\frac{\tau_\gamma}{\tau} \right) (\lambda_R \tau)^2 \qquad (7.54)$$

$$q_C = \frac{1}{2}\lambda_C \tau \tag{7.55}$$

$$q_D = Q_0\{Q_1Q_2 + \gamma_0[1 + 2(1-\lambda_1)Q_1 + \gamma_0\lambda_R\tau$$
$$+ Q_1\frac{3}{2}\lambda_R\tau + (\lambda_R\tau)^2 + 3\lambda_R\tau_\gamma + \left(\frac{\tau_\gamma}{\tau}\right)(3Q_1 + 3\gamma_0)\} \tag{7.56}$$

$$q_M = \gamma_0\{\gamma_1\gamma_2 + 2(1-\gamma_1)Q_0(\gamma_0 + 2\gamma_1)Q_0 + (\gamma_0 + 2\gamma_1)\frac{1}{2}(\lambda_R + \lambda_C)\tau + [1 + 2(1-\gamma_0)]$$
$$\times\frac{1}{2}\lambda_C\tau + [1 + 2(1-\gamma_1)]\frac{1}{3}(\lambda_R\tau)^2 + \left(\frac{\tau_\gamma}{\tau}\right)\times[\gamma_0 + 2\gamma_1 + \gamma_1\gamma_2 + 3Q_0 + (3-\gamma_1\gamma_2)(\lambda_R + \lambda_C)\tau]\} \tag{7.57}$$

(2) 비순차 시험

$$q_R = \frac{1}{12}(\lambda_R\tau)^3 + \left(\frac{\tau_\gamma}{\tau}\right)\frac{2}{3}(\lambda_R\tau)^2 \tag{7.58}$$

$$q_C = \frac{1}{6}\lambda_C\tau \tag{7.59}$$

$$q_D = Q_0\left\{Q_1Q_2 + 3\gamma_0Q_1 + \gamma_0\lambda_R\tau + \frac{3}{2}Q_1\lambda_R\tau + \frac{2}{3}(\lambda_R\tau)^2 + \left(\frac{\tau_\gamma}{\tau}\right)(3Q_1 + 3\gamma_0 + 3\lambda_R\tau)\right\} \tag{7.60}$$

$$q_M = \gamma_0\{\gamma_0^2 + 3Q_0\gamma_0 + 2Q_0\lambda_R\tau + \frac{2}{3}(\lambda_R\tau)^2 + \frac{5}{6}\lambda_C\tau + \gamma_0\frac{3}{2}(\lambda_R + \lambda_R)\tau$$
$$+ \left(\frac{\tau_\gamma}{\tau}\right)\times[3\gamma_0 + 3Q_0 + 3(\lambda_R + \lambda_C)\tau]\} \tag{7.61}$$

7.4.2 2/3 계통의 불이용도

2/3 계통에서는 보수 중인 기기가 이용할 수 없는 경우, 이 경우 계통은 2/2로 성공하는 경우와 보수 중인 기기가 '작동'의 상태에 있다고 가정하는 경우, 이 경우 계통의 1/2로 성공하는 것으로 나누어서 생각해야 한다.

7.4.2.1 기기가 보수 중이라고 가정('작동')

(1) 순차 시험

$$q_R = (\lambda_R \tau)^2 \qquad (7.62)$$

$$q_C = \frac{1}{2} \lambda_C \tau \qquad (7.63)$$

$$q_D = Q_0 \{ 3\lambda_R \tau + 3Q_1 + 3\gamma_0) \qquad (7.64)$$

$$q_M = \gamma_0 \left\{ \frac{3}{2} \lambda_C \tau + 3\lambda_R \tau + 2\gamma_0 + 2\gamma_1 + \gamma_0 + 3Q_0 \right\} \qquad (7.65)$$

(2) 비순차 시험

$$q_R = \frac{2}{3} (\lambda_R \tau)^2 \qquad (7.66)$$

$$q_C = \frac{1}{2} \lambda_C \tau \qquad (7.67)$$

$$q_D = Q_0 \left(3\lambda_R \tau + 3Q_1 + \frac{3}{2} \gamma_0 \right) \qquad (7.68)$$

$$q_M = \gamma_0 \left(\frac{3}{2} \lambda_R \tau + \frac{1}{2} \lambda_C \tau + \gamma_0 + \frac{3}{2} Q_0 \right) \qquad (7.69)$$

7.4.2.2 이용 불가능하다고 가정한 기기의 보수('비작동')

(1) 순차 시험

$$q_R = \lambda_R^2 \tau^2 + 3\lambda_C \tau_\gamma \qquad (7.70)$$

$$q_C = \frac{1}{2} \lambda_C \tau \qquad (7.71)$$

$$q_D = Q_0 \left(3\lambda_\tau + 3Q_1 + 3\gamma_0 + 6\frac{\tau_\gamma}{\tau} \right) \qquad (7.72)$$

$$q_M = \gamma_0 \left(\frac{3}{2} \lambda_C \tau + 3\lambda_\tau + \gamma_0 + 3Q_0 + 6\frac{\tau_\gamma}{\tau} \right) \qquad (7.73)$$

(2) 비순차 시험

이런 경우에 있어서는 같은 방법으로 다음과 같은 구간별 불이용도가 구해진다.

$$q_R = \frac{2}{3}\lambda_R^2\tau^2 + 4\lambda_R\tau_\gamma \tag{7.74}$$

$$q_C = \frac{1}{2}\lambda_C\tau \tag{7.75}$$

$$q_D = Q_0\left(3\lambda_R\tau + 3Q_1 + \frac{3}{2}\gamma_0 + 6\frac{\tau_\gamma}{\tau}\right) \tag{7.76}$$

$$q_M = \gamma_0\left(\frac{3}{2}\lambda_R\tau + \frac{3}{2}Q_0 + \frac{1}{2}\lambda_C\tau + \gamma_0 + 6\frac{\tau_\gamma}{\tau}\right) \tag{7.77}$$

7.5 격납건물 주입계통 평균 불이용도

평균 불이용도 분석을 위한 예시로 원전의 격납건물 주입계통(Containment Spray Injection System, CSIS)을 예제 문제로 사용하였다. 그림 7.4는 CSIS의 개요도이며 이 계통은 기본적으로 1/2 계통 구조를 갖고 있다. 이 계통의 작동은 Consequence Limiting Control System(CLCS)으로부터의 신호로 시작되고, 재충수 탱크(Refueling Water Storage Tank)로부터 붕산수를 보내는 것이다.

분석의 첫 단계로 표 7.1의 데이터를 사용한다. 값들의 선택에 있어서 추정이 있었지만, 대부분의 정보는 RSS로부터 얻었다. 평균값들이 리스트되었으며, 이 값들은 RSS에서 나타난 로그정규분포의 확률변수들에 대해 EF(error factor)나 90%의 신뢰도를 사용하여 도출되었다.

표 7.1에 나와 있는 모든 기기는 720시간(1개월)의 동일한 보수 기간을 갖는다. 그러나 CSIS에서의 모든 기기가 동일한 주기에 보수되는 것은 아니다. 예를 들어 스프레이 노즐은 격납건물 안에 위치하고 있어 접근이 용이하지 않기 때문에 매달 점검하지 않는다. 또한 펌프들은 매달 점검되고, 4.5개월마다 보수된다. 노즐의 고장과 펌프의 보수로 인한 계통 평균 불이용도에 대한 영향은 무시된다. 따라서 계통은 앞에서 분석한 1/2계통과 같은 방법으로 분석될 수 있다.

밸브 V_1과 V_3를 구동시키는 모터는 $5 \times 10^{-7}(h^{-1})$의 고장률로 의도치 않게 닫힐 수 있다. 평상시 닫힌 수동 밸브 V_{2A}와 V_{2B}는 매달 점검 후 열린 상태로 남겨질 수 있다. 이러한

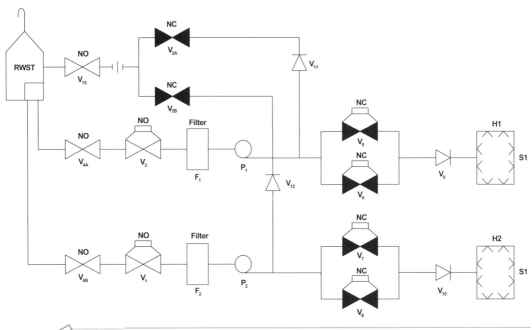

그림 7.4　CSIS 개요도

표 7.1　CSIS의 기기 변수값($\tau = 720h$, $\tau_\gamma = 1.4h$)

기기	변수	평균값
V_1, V_3	λ_R	$5 \times 10^{-7}(h^{-1})$
V_{2A}, V_{2B}	γ_0	10^{-2}
	γ_1	10^{-1}
F_1, F_2	λ_R	$5 \times 10^{-7}(h^{-1})$
(V_5, V_6), (V_7, V_8)	Q_0	10^{-2}
	Q_1	10^{-1}
P_1, P_2	λ_R	$8 \times 10^{-5}(h^{-1})$
	Q_0	2×10^{-3}
	Q_1	2×10^{-2}

인간 오류는 함께 고려된다. 만약 계통이 밸브 V_{2A}와 V_{2B}가 열려 있을 때 작동된다면 충분한 유량이 RWST로 전환될 것이고, 관련 루프는 실패한 것으로 간주될 것이다.

필터 F_1과 F_2는 고장률 $5 \times 10^{-7}(h^{-1})$로 막힐 수 있다. 밸브 V_5와 V_6는 1/2 중복 계통을 구성한다. 단일 밸브의 고장은 무시되고, 2개 이상의 밸브 고장 시에만 고려한다. CLCS

회로는 CSIS의 필요 시 밸브와 펌프를 동작시키는 데서 실패할 것이다. 그리고, RSS에 따르면, CLCS의 센서들은 부정확하게 조정되어 있을 것이다. 이것은 밸브의 쌍으로 이루어진 요구 타입 고장 형태로 취급된다. 펌프 P_1, P_2는 작동 시작 시 실패와 동작 중 실패로 나눌 수 있다.

기기들은 2개의 동일 트레인으로 그룹화된다. 이 각각의 트레인은 supercomponent로 취급된다. 그 supercomponent의 랜덤 고장률은 각 기기의 랜덤 고장률의 합이다. Supercomponent의 공통원인 고장률은 supercomponent 모두가 고장 났을 때 그것의 고장률 합이다. 쌍으로 이루어진 인간 오류는 밸브 V_{2A}와 V_{2B}를 열어 놓은 채로 방치해서 생기는 것이다. Supercomponent의 요구 고장확률은 각 기기의 요구 고장확률의 합이다.

만약, Q_0^1과 Q_0^2가 기기 1, 2에 대해 이전의 요구 고장이 없었던 요구 고장확률이라면, Q_1^1와 Q_1^2는 이전의 요구 고장이 있었던 요구 고장확률을 나타낸다. Supercomponent의 요구 고장확률은 다음과 같다.

$$Q_0 = Q_0^1 + Q_0^2 \tag{7.78}$$

다른 supercomponent에서의 요구 고장 조건확률은 다음과 같다.

$$Q_1 = \frac{Q_0^1 Q_1^1 + Q_0^2 Q_1^2}{Q_0} \tag{7.79}$$

결과의 변수값은 표 7.2에 나와 있으며, 그 값들은 표 7.3에 나와 있는 CSIS의 평균 불이용도를 구하기 위해 식 (7.39)와 식 (7.42)가 사용되었다.

이를 보면 몇 가지 점이 명확하다. 균일한 지그재그 점검은 계통의 평균 불이용도를 줄인다는 결과다. 이는 보수로 인한 고장이 보수 전략에 의해 영향을 받는다는 것이다. 즉 균일한 지그재그 점검의 경우에서 종속 보수 고장 항 γ_1이 γ_0와 동일해지기 때문이다.

표 7.2　1/2 계통 불이용도 변수값(CSIS)

τ	$720h$
τ	$1.4h$
λ_R	$8.1 \times 10^{-5} h^{-1}$
γ_0	10^{-2}
γ_1	10^{-1}
Q_0	1.2×10^{-2}
Q_1	8.7×10^{-2}

표 7.3   CSIS 불이용도

불이용도 타입	순차적 점검	균일 지그재그 점검
$q_{1/2}$	4.9×10^{-3}	3.6×10^{-3}
q_R	1.3×10^{-3}	8.2×10^{-4}
q_M	1.7×10^{-3}	8.4×10^{-4}
q_D	1.9×10^{-3}	1.9×10^{-3}

또한 영향을 주는 두 번째 항은 '무작위' 독립 고장 기여도이다. 따라서 순차적 점검에서 $\frac{1}{3}\lambda_R^2\tau^2$항은 지그재그 점검인 비순차 점검에서는 $\frac{5}{24}\lambda_R^2\tau^2$가 된다.

범례

$\tau \equiv$ 점검 간격

$\tau_\gamma \equiv$ 보수 기간

$\lambda_R \equiv$ 고장률

$\gamma_0 \equiv$ 한 주기 내에서 처음으로 보수 고장이 발생할 확률

$\gamma_1 \equiv$ 한 주기 내에서 두 번째로 보수 고장이 발생할 확률

$Q_0 \equiv$ 요구 시 고장확률

$Q_1 \equiv$ 다른 기기가 고장 났을 때 기기가 요구 시 고장확률

$q_{1/2} \equiv$ 1/2 계통의 평균 불이용도

$q_R \equiv$ '무작위' 고장 분포

$q_M \equiv$ 보수 고장 분포

$q_D \equiv$ 요구 고장 분포

참고문헌

1. A. E. GREEN and A. J. BOURNE, Reliability Technology, John Wiley and Sons, Inc., New York., 1972.

2. B. B. CHU and D. P. GAVER, "Availability Analysis for Some Standby Systems," Proc. Topl. Mtg. Probabilistic Analysis of Nuclear Reactor Safety, Los Angels, California, May 8-10, 1978, II, p. VI-8.1., 1978.

3. E. DRESSLER and H. SPINDLER, "The Effect of Test and Repair Strategies on Reactor Safety," Proc. IAEA Symp. Reliability of Nuclear Power Plants, Innsbruck, Austria, April 14-15, 1975, CONF-750416., 1975.

4. G. E. APOSTOLAKIS and P. P. BANSAL, "Effect of Human Error on the Availability of Periodically Inspected Redundant Systems," IEEE Trans. Reliab., R-26, 220., 1977.

5. G. E. APOSTOLAKIS, "The Effect of a Certain Class of Potential Common Mode Failures on the Reliability of Redundant Systems," Nucl. Eng. Des., 36, 123., 1976.

6. H. M. HIRSCH, "Methods for Calculating Safe Test Intervals and Allowable Repair Times for Engineered Safeguard Systems," NEDO-10739, General Electric Company., 1973.

7. I. M. JACOBS, "Reliability of Engineered Safety Features as a Function of Testing Frequency," Nucl. Safety, 9, 303., 1968.

8. J. K. VAURIO, "Unavailability of Components with Inspection and Repair," Nucl. Eng. Des., 54, 309., 1979.

9. J. M. KONTOLEON, "Optimum Supervision Intervals and Order of Supervision in Nuclear Reactor Protective Systems," Nucl. Sci. Eng., 66, 9., 1978.

10. J. OLMOS and L. WOLF, "A Modular Representation and Analysis of Fault Trees," Nucl. Eng. Des., 48, 531., 1978.

11. J. P. SiGNORET, "Availability of a Periodically Tested Standby System," NUREG/TR-0027, U. S. Nuclear Regulatory Commission., 1976.

12. R. E. BARLOW and F. PROSCHAN, Statistical Theory of Reliability and Life Testing, Holt, Rinehart, and Winston, Inc., New York., 1975.

13. Reactor Safety Study, WASH−1400, NUREG 75/014, U. S. Nuclear Regulatory Commission., 1975.

14. S. C. CHAY and M. MAZUMDAR, "Determination of Test Intervals in Certain Repairable Standby Systems," IEEE Trans. Reliab., R-24, 201., 1975.

연습문제

7.1 예비 열수력 계통은 2개의 동일한 관이 병렬로 연결되어 있는데, 이 각각의 관은 요구되는 유량을 제공할 수 있다. 이 각각의 관은 고장률 $5 \times 10^{-4} hr^{-1}$을 갖고 고장 시간에 대해 지수분포를 갖는다. 이 계통은 일반적으로 무인작동이나, 매 100시간마다 한쪽 관이 테스트와 수선을 하고, 뒤이어 다른 쪽 관이 비슷한 테스트를 하게 된다. 각각의 관이 테스트를 위해 정지하는 시간은 한 시간이다. 검사하는 동안 어떤 밸브들은 각각의 관으로부터 유량의 흐름을 바꾸기 위해 열려 있고, 이런 밸브들은 검사가 끝남과 동시에 다시 닫힌 상태를 유지하게 된다. 관과 연결된 밸브를 닫지 못하는 경우, 이것은 그 관을 이용할 수 없게 만든다. 작동자가 하나의 관의 밸브를 닫는 것을 잊어버릴 확률은 10^{-2}이고, 그가 첫 번째 관의 밸브를 닫는 것을 잊어버린 상태에서 두 번째 관의 밸브를 닫는 것을 잊어버릴 확률은 10^{-1}이다. 이 열수력 시스템의 평균 불이용도는 얼마인가? 이 불이용도에 영향을 주는 여러 가지 요인을 밝혀라. 시간이 무한대로 갈 때 pointwise 불이용도의 한계는 얼마인가?

7.2 어떤 시스템이 평행하게 작동되는 2개의 Unit으로 구성되어 있다. 각각의 Unit은 constant failure rate λ를 가지고 있고, constant repair rate μ를 가지고 수선될 수 있다. (만일 2개의 Unit이 모두 고장 난다면 각각 독립적으로 수선된다고 가정하라.)

(a) 다음의 상태를 사용하여 시스템의 steady-state availability를 결정하라.

　　0 : 2개의 Unit 모두 작동
　　1 : 1개는 작동 중이고 다른 하나는 수선 중
　　2 : 2개 모두 수선 중

(b) 단 하나의 Unit만이 한 번에 수선될 수 있을 때, 문제를 공식으로 나타내라(풀이는 하지 않는다).

7.3 PWR에서 보조급수계통(AFWS)은 다음과 같이 구성되어 있다.
－ 필요한 유량의 50%를 각각 공급하는 2개의 전기 작동 펌프
－ 필요한 유량의 100%를 공급할 수 있는 1개의 증기 작동 펌프

전기는 발전소 부지 외부의 3개의 전력선으로부터 오거나 발전소 내부에 있는 2개의 비상디젤 중 하나로부터 공급되며, 증기는 증기 발생기로부터 공급된다. 모든 펌프는 각각의 펌프로 갈라지는 동일한 파이프를 통해 압축저장탱크로부터 물을 흡입한다. 각 펌프의 입구 측과 출구 측에는 모터로 작동되는 밸브가 있다. 증기 발생기와 터빈 작동펌프 사이에 있는 증기선에는 1개의 밸브가 있다.

(a) 보조 급수계통에 위의 구성요소가 요구될 때 정점사건(Top Event)이 보조급수계통 으로부터 불충분한 유량이 공급되는 고장 수목(Fault tree)을 그려라.

(b) 구성요소들의 임의의 고장률이 상수이고 다음과 같다고 가정하자.

$$\lambda_{pump} = 10^{-4}/year$$
$$\lambda_{valve} = 10^{-3}/year$$
$$\lambda_{power\ line} = 0.5/year$$
$$\lambda_{diesel} = 0.1/start$$
$$\lambda_{storage\ tank} = 10^{-2}/year$$
$$\lambda_{pipe} = 10^{-10}/year$$

만일 설비가 1년에 한 번씩 점검되고 그것이 고장 났을 때 새것과 같은 상태로 복구된 다. 또한 여분의 구성요소의 공통모드 고장을 무시한다면 보조급수계통의 불이용도는 얼마인가?

7.4 원자력 발전소에서 전기 생산을 중단시킬 수 있는 고장(Faults)을 고려해 보자. 그러한 고장이 생기면 수리를 하게 되는데, 그 수리를 끝마쳤을 때 발전소는 처음의 고장이 없 는 상태가 된다고 한다. 고장이 일어나기까지의 시간은 평균 200시간이다. 각각의 고장 이 일어났을 때부터 그 고장을 수리할 때까지 걸리는 시간의 분포는 2시간을 평균값으 로 갖는다. 다음을 구하라.

(a) 발전소 한계 이용도(Limiting Value of the Plant's Availability)

(b) 100,000시간 동안 운전했을 때 총 정지 시간

7.5 화학 공장의 동일한 지점에 3개의 동일한 온도 감지 부품들이 연결되어 있다. 2개나 그 이상의 온도 센서가 미리 설정된 수준 이상의 온도를 감지할 경우에 경보가 울리도록 설 계되어 있다. 각 센서의 실패하는 시간은 평균 5,000시간을 갖는 지수함수 분포를 갖는 다. 다음을 구하라.

(a) 500시간, 2,000시간에서 설정 온도를 넘었을 때 경보 시스템이 작동하지 않을 확률

(b) 경보 시스템이 완전히 고장 날 때까지의 평균 시간

(c) 이 시스템을 500시간마다 처음 상태로 회복시킬 때의 평균 불이용도(Mean Fractional Dead Time)

8.1 기본 개념

공통원인 고장(Commom Cause Failure)이란 2개 이상의 기기가 어떤 공통된 원인에 의하여 동시 또는 짧은 시간 내에 고장이 발생하는 것을 의미한다. 해외 원전에 대한 CCF 분석 방법에 대한 연구는 NRC(Nuclear Regulatory Commission)를 중심으로 수행되었다. 1987년에 NUREG/CR-4780 보고서를 발행하였으며, 1998년 NUREG/CR-4780을 개정한 NUREG/CR-5485를 발간하였다. 또한 최근까지 해외 CCF 분석 방법 관련 기술보고서 및 논문을 검토한 결과 공통적으로 NUREG/CR-4780과 NUREG/CR-5485를 발표한바 있다. 국내 원전의 경우 주로 MGL(Multi Greek Letter) 방법이 사용되고 있다. 이 CCF 분석 방법은 NRC에서 발행한 보고서인 NUREG/CR-4780, NUREG/CR-5485에 자세히 설명되어 있다.

고압안전주입계통(HPSIS)에서와 같이 하나의 계통에 동일한 2개의 펌프로 구성되어 있는 경우, 펌프들의 이중고장에 의한 계통의 고장확률은 이 기기들의 공통원인 고장의 발생 가능성 여부에 따라 달라진다. 만일 이 펌프들이 독립 고장 메커니즘에 의해서만 고장이 날 경우 계통 고장확률 Q_s^{noCCF}은 다음과 같다.

$$Q_s^{noCCF} = P(A \text{ and } B) = P(A) \cdot P(B|A) = P(A) \cdot P(B) \tag{8.1}$$

그러나 일반적으로 이들 두 펌프 간에는 다음에 설명할 어떤 공통원인 고장 메커니즘에 의해 공통원인 고장이 발생할 수도 있다. 따라서 공통원인 고장 메커니즘이 존재할 경우 계통 고장확률 Q_s^{CCF}은 다음과 같다.

$$Q_s^{CCF} = P(A \text{ and } B) = P(A) \cdot P(B|A) \neq P(A) \cdot P(B) \tag{8.2}$$

즉 공통원인 고장 메커니즘이 있을 경우에는 펌프 A의 고장이 발생했을 때 펌프 B의 고장이 발생할 조건부 확률은 펌프 B의 고장이 발생할 확률과 같지 않고 다음에 나타낸 바와 같이 더 크게 된다.

$$P(B|A) > P(B) \tag{8.3}$$

따라서 공통원인 고장 메커니즘이 존재할 경우의 계통 고장확률이 독립 고장 메커니즘에 의해서만 고장이 발생할 경우의 계통 고장확률보다 크다는 것을 알 수 있다. 즉

$$Q_s^{CCF} > Q_s^{noCCF} \tag{8.4}$$

인 것이다. 이 식에 의해서도 공통원인 고장 메커니즘의 존재 여부가 계통 고장확률, 즉 성능에 영향을 미친다는 것을 알 수 있다. 그러므로 공통원인 고장에 대해 확실히 이해하고 이에 대한 방어 대책을 강구하는 것이 필요하다.

공통원인 고장을 기술적으로 정의하면, 기기의 고장을 야기할 수 있는 어떤 근본원인이 어떠한 연계요인에 의해 다수의 기기가 동시 또는 짧은 시간 내에 고장 나는 것을 의미한다. 다음 절에서는 공통원인 고장의 기본 개념을 이해하기 위해 근본원인과 연계요인으로 분류하여 보았다.

8.2 공통원인 고장의 원인

8.2.1 공통원인 고장의 근본원인

기기 고장의 근본원인이란 기기를 가용 상태에서 고장 또는 이용불능 상태로 이전하게 하는 메커니즘을 의미한다. 공통원인에 의해 다수의 기기가 고장 나는 공통원인 고장의 경우 그 근본원인은 표 8.1에서 보여 주는 바와 같이 (1) 기기 내부적 근본원인, (2) 인적 근본원인, (3) 절차서 상의 근본원인, (4) 설계상의 근본원인, (5) 환경적 근본원인의 다섯 가지로 분류할 수 있다.

이러한 분류 외에 설계, 제작, 정비, 환경 등 여러 가지 다른 형태로 분류를 하는 경우

◇ **표 8.1**   공통원인 고장의 근본원인

구분	비고
기기 내부	• 부식(erosion 또는 corrosion), 오염, 피로(fatigue) 또는 마모
인적	• 보수, 시험 또는 보정절차 이행 실패
절차서	• 보수, 시험 또는 보정절차서의 결함
설계	• 부적절한 설계 또는 설계 오류
환경	• 화학반응, 전기적 고장, 전자기적 간섭, 재료반응, 습기, 방사능, 온도 또는 진동부하

도 있으나 위의 다섯 가지 근본원인으로 분류한 것이 고장의 방어와 실제적인 관점에서 적합하다고 할 수 있다.

8.2.2 공통원인 고장의 연계요인

공통원인 고장의 연계요인이란 다중고장의 발생을 연계하는 요인을 의미한다. 고장의 근본원인이 발생하는 경우 다음의 연계요인에 의해 공통원인 고장이 일어날 수 있다.

(1) 동일한 기기/설계 연계요인
  – 연계요인은 이를테면 2개의 밸브가 같은 부품을 사용하고 있는 경우 이 부품이 결함이 있을 때 두 밸브의 동시고장을 야기할 수 있다.

(2) 동일한 인적 요소 연계요인
  – 설계, 시험 또는 정비 등의 업무가 같은 사람에 의해 같은 오류가 여러 기기에 수행될 때 관련된 기기를 동시에 고장 나게 한다.

(3) 동일한 절차서 연계요인
  – 부적절하거나 애매모호한 정비 절차서에 따라 여러 기기를 정비하였을 경우 관련 기기가 동시에 제 기능을 수행하지 못하게 한다.

(4) 동일한 환경 연계요인
  – 같은 위치 또는 유사한 환경에 처할 수 있는 다수의 기기가 온도, 습분, 진동 등의 동일한 환경에 의해 동시에 고장 날 수 있다.

이들 연계요인도 근본원인의 분류와 같이 공통원인 고장의 방어와 실제적인 관점에서 분류한 공통원인 고장의 연계요인 중 중요한 것들이다. 이러한 연계요인은 특정 원인에 의해 발생하는 고장이 독립고장과 공통원인 고장을 구분할 수 있는 개념이 된다.

8.3 공통원인 고장의 특징

8.3.1 공통원인 고장의 특성 분류(방어)

(1) 고장 밀착성과 고장 비밀착성

이는 공통원인 고장의 고장 발생 시간과 관련되어 있는데, 빠른 시간에 발생하는 다중고장은 밀착적으로 분류하고 그렇지 않은 경우는 비밀착적으로 분류한다. 예를 들어 화재, 홍수, 지진에 의해 짧은 시간 동안 발생하는 다중고장은 밀착성을 갖고 있다고 간주할 수 있다.

(2) 지속적 고장원인과 즉각적 고장원인

지속적 고장원인은 부식, 마모, 노화 등과 같이 계속해서 기기에 존재하게 되는 원인을 의미한다. 또한 즉각적 고장원인은 어떤 원인에 의해 다중고장이 공통원인 고장 메커니즘에 의해 즉시 발생하는 원인을 뜻한다.

(3) 공통원인 고장의 검출을 가능케 하는 전조의 존재 여부

예를 들면 비상디젤발전기 공기시동계통 공기공급장치 내의 수분 함유량(이는 공기시동계통의 고장으로 비상디젤발전기가 기동되지 않게 만들 수 있다)과 같이 고장 발생 여부를 검출할 수 있는 전조가 있는지에 대한 분류이다.

8.3.2 공통원인 고장의 특성 분류(사고 시)

(1) A형 공통원인 고장

이 고장은 통상적인 시험이나 보수 시에는 대부분 발견되지 않고 사고 시에 공통원인 고장이 발생하게 되는 경우를 의미한다. 통상적인 시험이나 보수 시 발견되지 않는 이유는 이러한 원인에 노출된 기기들의 완전한 기능적 고장은 좀처럼 발생하지 않는 특성이 있기 때문이다. 공통원인 고장의 근본원인 중 설계, 정비, 기기 설치 또는 절차서와 관련된 대부분의 원인들이 이에 해당한다.

(2) B형 공통원인 고장

이 고장은 자연적인 상호작용 또는 인간과의 상호작용을 통해서 발생하게 되는 공통원인 고장으로 기기의 즉각적인 고장 발생, 기능 저하 또는 고장으로의 점차적인 진행과 같은 특성을 지니고 있다. 이러한 공통원인 고장 메커니즘은 기기의 성능이 어느 정도 저하되었거나 고장 났을 경우에 일상적인 시험과 보수를 통해서 발견이 가능하다.

8.4 분석체계

공통원인 고장의 분석을 위한 분석체계는 일반적으로 4개의 단계로 구성되어 있고, 각각의 단계는 몇 개의 요소로 구성되어 있다. 그림 8.1은 이러한 체계의 주요 구성내용을 보여 준다.

(1) 시스템 논리모델 개발 단계(1단계)

공통원인 고장 분석을 위해 필수적인 단계로 확률론적 안전성 평가(Probability Safety Assessment, PSA)의 일반적인 지침을 포함하고 있다.

```
┌──────────────────────────────────────┐
│       1단계 – 시스템 논리모델 개발 단계        │
│                                      │
│          1.1 시스템 친숙화               │
│          1.2 문제의 정의                 │
│          1.3 논리모델 개발               │
└──────────────────────────────────────┘
```

```
┌──────────────────────────────────────┐
│        2단계 – 공통원인요소 그룹의 식별         │
│                                      │
│          2.1 정성적 분석                 │
│          2.2 정량적 심사                 │
└──────────────────────────────────────┘
```

```
┌──────────────────────────────────────┐
│       3단계 – 공통원인 모델링과 데이터 분석        │
│                                      │
│     3.1 공통원인 기본 사건의 정의            │
│     3.2 공통원인 기본 사건을 위한 확률론적 모델의 선택  │
└──────────────────────────────────────┘
```

```
┌──────────────────────────────────────┐
│        4단계 – 시스템 정량화와 결과의 해석         │
│                                      │
│          4.1 정량화                    │
│          4.2 결과의 평가와 민감도 분석         │
│          4.3 보고서 작성                 │
└──────────────────────────────────────┘
```

그림 8.1   공통원인 고장 분석을 위한 절차 체계

(2) 공통원인요소 그룹의 식별(2단계)

이 단계는 심사 과정에 초점이 맞추어져 있고, 상세한 분석 범위의 정의를 위해 중요한 단계이다.

(3) 공통원인 모델링과 데이터 분석(3단계)

논리 모델에서 공통원인 사건의 결합은 그 구조의 간단한 변화에 의해 이루어진다. 공통원인 고장의 기여도 정량화와 분석을 위한 모델의 선택 및 데이터의 처리는 most guidance라 불리는 직무를 구성한다.

(4) 시스템 정량화와 결과의 해석(4단계)

이 단계에서는 시스템 고장확률의 정량화를 이끌어 낸 전 단계의 주요 결과를 종합한다. 또한 불확실성과 민감도 분석을 통해 추가적인 견해를 제시한다.

8.5 여러 가지 방법론

1960년대 후반부터 다양한 모델과 방법이 제안되어 신뢰도 연구에 반영되기 시작한 공통원인 고장은 오랜 기간 동안 연구 주제가 되어 왔으며, 논쟁의 대상이다. 이러한 다양한 모델과 방법 중 여러 분석가에 의해 받아들여지고 또한 실제적으로 신뢰도 분석에 응용된 몇 가지 모델이 있다. 이 절에서는 그중 기본 모수 모델(Basic Parameter), Beta-Factor, Alpha-Factor, C-Factor, Multiple Greek Letter(MGL), Binomial Failure Rate(BFR), Multinomial Failure Rate(MFR) 등을 살펴보려고 한다. 이러한 모델들은 2개의 그룹으로 나눌 수 있는데 BP, Beta-Factor, Alpha-Factor, MGL은 parametric 모델로, BFR, MFR은 shock 모델로 분류할 수 있다. 이제 이러한 모델들의 특징과 모델링 기법에 대해 알아보도록 하겠다.

8.5.1 공통원인 고장 모델링

PSA에서는 공통원인 고장을 처리하기 위하여 종속적인 사건과 독립적인 사건을 별도의 사건으로 취급한다. 고장 수목에서 공통원인 고장을 모델링하는 방법은 기기들에 대해 모든 조합 가능한 공통원인 고장을 각기 기본 사건으로 모델링하는 것이다.

예를 들어 그림 8.2와 같이 A, B, C라는 기기가 병렬로 이루어진 3트레인 계통의 경우는, A에 대해 $E_A + C_{AB} + C_{AC} + C_{ABC}$, B에 대해 $E_B + C_{AB} + C_{BC} + C_{ABC}$, C에 대해 $E_C + C_{AC} + C_{BC} + C_{ABC}$와 같이 모델링된다.

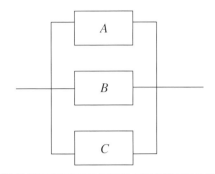

그림 8.2   다중도가 3인 예제 계통

여기서

E_X : X의 독립 고장 사건

C_{XY} : X, Y 2개 기기의 공통원인 고장 사건

C_{XYZ} : X, Y, Z 3개 기기의 공통원인 고장 사건

이다. 위에서 알 수 있듯이 고장 수목 구성 시 다중성이 증가하면 필요한 기본 사건의 수가 많아진다.

이러한 기본 사건의 확률값을 계산하기 위해서는 m개의 공통원인 고장 기기 집단에서 k개의 기기가 동시에 고장 날 사건의 확률값을 구해야 한다. 이러한 확률값을 $Q_k^{(m)}$이라 하면, $Q_k^{(m)}$은 다음과 같이 정의할 수 있다.

$$Q_k^{(m)} = m\text{개의 공통원인 기기 그룹에서 } k\text{개의 기기가 동시에 고장 나는}$$
$$\text{사건의 확률}$$

이 확률값은 계산할 때의 복잡성을 줄이기 위해 '동일한 기기의 동일 기본 사건의 확률은 같다'는 대칭성 가정을 사용한다. 예를 들어 A, B, C가 공통원인 기기 그룹으로 구성되어 있다면

$$P(A_1) = P(B_1) = P(C_1) = Q_1^{(3)}$$
$$P(C_{AB}) = P(C_{AC}) = P(C_{BC}) = Q_2^{(3)}$$
$$P(C_{ABC}) = Q_3^{(3)} \tag{8.5}$$

이다. 따라서 공통원인 고장 기기군 내의 어떠한 주어진 기본 사건의 고장확률은 특정 기기의 기본 사건에 의존하는 것이 아니라 그 기기군의 수에 의존함을 알 수 있고, 어느 한 기기에 대한 총고장확률은 다음과 같게 된다.

$$Q_t = Q_1 + {}_{m-1}C_1 Q_2 + {}_{m-1}C_2 Q_3 + \cdots \tag{8.6}$$

즉 Q_t는 다음과 같이 계산된다.

$$Q_t = \sum_{k=1}^{m} {}_{m-1}C_{k-1} Q_k \tag{8.7}$$

8.5.2 기본 모수 모델

기본 모수(Basic Parameter) 모델에 의해 확률값을 계산하기 위해서는 $Q_k^{(m)}$의 확률값을 구해야 한다. $Q_k^{(m)}$의 확률값이 수요기반으로 정의된다면 $Q_k^{(m)}$은 공통원인 고장 사건 수 및 시험 수로부터 다음과 같이 주어진다.

$$Q_k^{(m)} = \frac{n_k}{N_k} \tag{8.8}$$

여기서 n_k는 k중 공통원인 고장 그룹의 고장 수이고, N_k는 k중 공통원인 고장 그룹의 시험 수를 의미한다. 여기서 시험 및 고장이력으로부터 k개의 기기가 동시에 고장 나는 공통원인 고장값을 구하는 방법은 한 번의 시험을 수행할 때 계통 내의 모든 기기를 동시에 시험하는 방법으로 시험하는 경우에는 다음과 같이 구할 수 있다.

$$Q_k^{(m)} = \frac{n_k}{{}_mC_k \times N_D} \tag{8.9}$$

여기서 N_D는 계통에 대한 시험 수이다.

8.5.3 Alpha Factor 모델

Alpha Factor 모델의 모수는 계통 내에서 발생하는 각 경우의 총고장 사건 수에 대한 k중 기기 고장 사건 수의 비로 정의된다. 이 모델은 다중도 m의 계통에 대해 m개의 모수를 가지며 다음과 같이 계산된다.

$$\alpha_k^{(m)} = \frac{{}_mC_k \times Q_k^m}{\sum\limits_{k=1}^{m} {}_mC_k \times Q_k^m} \tag{8.10}$$

여기서 ${}_mC_k \times Q_k^m$는 m개의 공통원인 고장 그룹으로 이루어진 계통에서 k개의 기기가 공통원인 고장으로 고장 난 사건의 확률이고, 분모는 그러한 확률의 합이다.

예를 들어 3개의 유사한 기기의 그룹에 대하여

$$\alpha_1^{(3)} = \frac{3Q_1^{(3)}}{3Q_1^{(3)} + 3Q_2^{(3)} + Q_3^{(3)}} \qquad (8.11)$$

$$\alpha_2^{(3)} = \frac{3Q_2^{(3)}}{3Q_1^{(3)} + 3Q_2^{(3)} + Q_3^{(3)}} \qquad (8.12)$$

$$\alpha_3^{(3)} = \frac{Q_3^{(3)}}{3Q_1^{(3)} + 3Q_2^{(3)} + Q_3^{(3)}} \qquad (8.13)$$

이고, $\alpha_1^{(3)} + \alpha_2^{(3)} + \alpha_3^{(3)} + 1$이다. Alpha Factor 모델에 의해 $Q_k^{(m)}$의 값을 구하기 위해서 Alpha Factor 모델의 모수로부터 $Q_k^{(m)}$의 값을 Q_t와 Alpha Factor로 나타낼 수 있다.

$$Q_k^{(m)} = \frac{m\alpha_k^{(m)}}{{}_mC_k \times \alpha_t}Q_t \quad \leftrightarrow \quad \frac{Q_k^{(m)}}{Q_t} = \frac{k}{{}_{m-1}C_{k-1}}\frac{\alpha_k^{(m)}}{\alpha_t} \qquad (8.14)$$

여기서

$$\alpha_t = \sum_{k=1}^{m} k\alpha_k^{(m)} \qquad (8.15)$$

이다. 각각의 Alpha Factor 모델의 모수는 계통 내에서 발생하는 각 경우의 총고장 사건 수에 대한 k중 기기 고장 사건 수의 비로 정의된다. 그러므로 m개의 다중성을 갖는 계통에 대해서 α_k는 다음과 같다.

$$\alpha_k^{(m)} = \frac{n_k}{\displaystyle\sum_{k=1}^{m} n_k} \qquad (8.16)$$

그러므로 이 경우에는 CCF의 분포를 평가하기 위해 Q_t와 n_k만 필요할 뿐, N_k의 추정은 필요하지 않다. 그러나 Alpha Factor 모델의 조직화에 있어 N_k 평가에 대한 가정이 내포되어 있음을 주의해야 한다.

위에서 살펴본 바와 같이 CCF의 분포를 평가를 위해서는 기본 모수 모델의 경우 N_D, $n_1, \cdots, n_m$을 구해야 하고, Alpha Factor 모델의 경우 $Q_t, n_1, \cdots, n_m$을 구해야 한다.

8.5.4 Beta Factor 모델

Beta Factor 모델은 공통원인 고장 모델 중에서 가장 간단한 모델이다. 그러나 3트레인 이상을 적절히 취급할 수 없다는 단점 때문에 거의 사용되지는 않고 있다. 이 절에서는 Beta Factor 모델의 모수와 공통원인 고장확률 $Q_k^{(m)}$을 구하는 공식만 간단히 살펴보겠다.

Beta Factor 모델의 모수는 다음과 같이 정의된다.

$$\beta = \frac{\displaystyle\sum_{k=2}^{m} kn_k}{\displaystyle\sum_{k=1}^{m} kn_k} \tag{8.17}$$

이러한 Beta Factor 모델의 모수를 통해 공통원인 고장확률 $Q_k^{(m)}$을 구하는 공식은 다음과 같다.

$$Q_k^{(m)} = \begin{cases} (1-\beta)Q_t, & k = 1 \\ 0, & 2 \le k \le m \\ \beta Q_t, & k \le m \end{cases} \tag{8.18}$$

8.5.5 MGL 모델

MGL(Multiple Greek Letter) 모델은 Beta Factor 모델을 다항 모수로 확장한 모델이며, MGL 모델은 기본 모수 모델과 수학적으로 동일하다. MGL 기법은 모수 추정에 있어서 기기 고장에 기반을 두고 있고, Alpha Factor 모델은 계통 고장을 바탕으로 모수 추정을 하는 기법이다. 예를 들어 n_3가 3일 경우 기기 고장 관점에서는 3개의 기기가 동시에 고장 남을 의미하고, 계통 고장 관점에서는 3개의 기기가 동시에 고장 나는 사건이 한 번 발생했음을 뜻한다. 즉 MGL 기법은 전사의 관점에서 모수를 측성하고 Alpha Factor 기법은 후자의 관점에서 모수를 추정한다. MGL 기법의 모수는 다음과 같이 정의된다.

$$\rho_i = \frac{\displaystyle\sum_{k=i}^{m} kn_k}{\displaystyle\sum_{k=i-1}^{m} kn_k} \tag{8.19}$$

이러한 MGL 기법의 모수를 통해 공통원인 고장확률 $Q_k^{(m)}$을 구하는 공식은 다음과 같다.

$$Q_k^{(m)} = \frac{\displaystyle\prod_{i=1}^{k} \rho_i(1-\rho_{k+1})Q_t}{_{m-1}C_{k-1}} \tag{8.20}$$

이상이 Parametric 모델이고 Parametric 모델의 모수 추정 및 발생확률에 대해서는 표 8.2에 정리해 놓았다.

8.5.6 BFR 모델

BFR(Binomial Failure Rate) 모델에는 두 가지 버전이 있다. Vesely에 의해 발표된 원래

표 8.2 Parametric 모델의 공통원인 고장 모수 추정 및 발생확률 정량화 방법

구분	모수 추정	CCF 발생확률
Alpha Factor	$\alpha_k^{(m)} = \dfrac{n_k}{\sum\limits_{k=1}^{m} n_k}$	$Q_k^{(m)} = \dfrac{m\alpha_k^{(m)}}{{}_mC_k \times \alpha_t} Q_t$
Beta Factor	$\beta = \dfrac{\sum\limits_{k=2}^{m} kn_k}{\sum\limits_{k=1}^{m} kn_k}$	$Q_k^{(m)} = \begin{cases} (1-\beta)Q_t, & k=1 \\ 0, & 2 \le k \le m \\ \beta Q_t, & k \le m \end{cases}$
MGL	$\rho_i = \dfrac{\sum\limits_{k=i}^{m} kn_k}{\sum\limits_{k=i-1}^{m} kn_k}$	$Q_k^{(m)} = \dfrac{\prod\limits_{i=1}^{k} \rho_i(1-\rho_{k+1})Q_t}{{}_{m-1}C_{k-1}}$

버전은 두 가지 형태의 실패를 보여 준다. 첫 번째 형태는 고장이 기기에 미치는 영향이 한 번에 하나씩 미치지만 항상 독립적으로 생기는 것이고, 두 번째 형태에서는 고장의 정의가 포아송 과정으로 작용해서 시스템 또는 공통원인 그룹에 있는 모든 기기가 동시에 응답을 거부하는 충격의 결과로 정의된다. 이러한 원래 버전의 BFR 모델에 의하면 각각의 충격 발생에서 개개의 기기는 일정하면서도 독립적인 고장확률을 갖는다. 이 모델의 이름은 각각의 충격 발생의 결과로 발생하는 구성기기의 수가 이항분포라는 사실에 기인한다. BFR 모델에서 한 가지 주목할 만한 것은 BFR 모델이 개개의 기기가 주어진 충격에 독립적인 고장의 기회를 갖는다고 가정(어떤 기기에 주어진 충격의 고장확률이 다른 기기의 충격에 의존적이지 않다)하지만 다중고장의 시간은 동시에 일어난다는 사실이다. 그러므로 이 모델에 의하면 사실상 다중고장의 무조건부 확률은 의존적이다. 다시 말해 주어진 시간 동안 주어진 기기의 고장확률은 공통원인 그룹 내 다른 기기의 실패가 알려지는 것과 상관없이 의존적인 것이 된다.

최근 Atwood에 의해 개발된 일반적인 버전의 BFR 모델은 원래 모델의 모든 구성요소에 '치명적 충격(lethal shock)'이라 불리는 두 번째 형태의 충격을 고려하였다. 치명적 충격이라는 이름은 치명적 충격이 발생하였을 때 모든 기기는 1의 조건부 확률을 갖는다는 가정으로부터 유래했다. 치명적 충격을 가진 BFR 모델의 응용은 공통원인 그룹 내 기기의 수에 상관없이 다음 모수들의 집합을 사용한다.

λ = 개별 기기의 독립 고장률

μ = 비치명적 충격의 발생률

p = 비치명적 충격이 주어진 개별 기기의 조건부 확률

ω = 치명적 충격의 발생률

이 모델에 의하면 m개의 기기로 구성된 공통원인 그룹 내에 정확히 k개의 기기가 비치명적 공통원인 충격에 의해 고장 나는 비율은 이항적으로 다음과 같이 분포한다.

$$P_k = \mu_m C_k p^k (1-p)^{m-k} \tag{8.21}$$

여기서

$$_m C_k = \frac{m!}{k!(m-k)!}, \quad \sum_{k=0}^{m} P_k = \mu \tag{8.22}$$

이다. 또한 k개의 기기가 고장 나는 확률 λ_k는 다음과 같이 λ, P_k, ω로 표현된다.

$$
\begin{aligned}
\lambda_0 &\cong (1-\lambda)^n + P_0 \\
\lambda_1 &\cong n\lambda + P_1 \\
\lambda_k &= P_k \\
\lambda_n &= P_n + \omega \\
k &= 2, 3, 4, \cdots, (n-1)
\end{aligned}
\tag{8.23}
$$

8.5.7 MFR 모델

MFR(Multinomial Failure Rate) 모델에서 기기의 고장을 다루는 방법은 BFR 모델과 매우 흡사하다. MFR 모델과 BFR 모델의 근본적인 차이는 확률분포의 사용에 있다. BFR 모델이 공통원인 충격에 의한 기기의 고장에 이항분포를 사용하는 반면에 MFR 모델은 다항분포를 사용한다. 다항분포는 이항분포보다 자료에 더욱 유연하게 잘 맞는다는 장점이 있다.

8.6 방법론 적용

Basic Parameter 모델의 모수는 'k중 공통원인 고장확률(m개의 공통원인 기기 집단에서 k개의 기기가 동시에 고장 날 사건의 확률)'이며 이를 Q_k로 표현한다. BPM 모수를 추정하는 방법은 시험 방법에 따라 다르다. 여기에서는 KAERI/TR-2444/2003 보고서의 가정

을 사용하였다.

BPM은 가장 기본이 되는 공통원인 고장 분석 방법이다. 또한 BFM, MGL, AFM 분석 방법은 BPM 모수(Q_k)로 변환할 수 있으며, 그중 BFM을 제외한 MGL, AFM, BPM은 동일한 시험이력 및 고장 수가 주어졌을 때 같은 k중 공통원인 고장확률(Q_k) 값을 갖는다. BPM의 모수 추정식은 다음과 같다.

$$Q_k = \frac{k\text{중 공통원인 고장 그룹의 고장 수}}{k\text{중 공통원인 고장 그룹의 시험 수}}$$

$$= \frac{n_k}{N_k} \tag{8.24}$$

이 BPM의 모수는 시험 방법에 따라 추정 방법이 다르다. 시험 방법에는 비순차 시험(Non-staggered Test)과 순차 시험(Staggered Test)이 있으며, 시험 방법에 따라 k중 공통원인 고장 그룹의 시험수(N_k)가 달라진다.

8.6.1 비순차 시험에 대한 모수 추정

다중성을 고려한 기기 수($m = 3$)가 3개(A, B, C)인 병렬로 이루어진 계통에 대하여 계통에 대한 시험 수(N_D)가 3번인 비순차 시험은 그림 8.3과 같다.

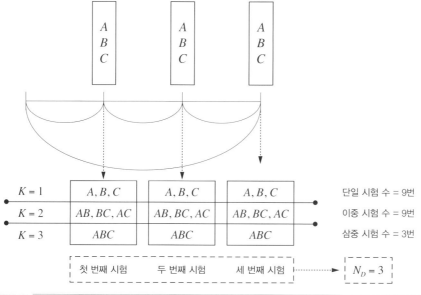

그림 8.3 비순차 시험에서의 기기 시험

비순차 시험은 매 시험마다 3개의 기기 A, B, C에 대하여 시험이 동시에 이루어지며, 이는 AB, BC, ABC에 대한 시험 역시 동시에 이루어지는 것을 의미한다. 즉 매 시험마다 기기 수(m)에 대하여 k중 공통원인 고장 그룹의 시험에 대한 수(N_k)는 조합 $_mC_k$와 N_D로서 계산된다. 이는 다음과 같이 계산되며, 그림 8.3에서 계산된 k중 시험 수(N_k)와 동일하다.

$$N_k = {}_mC_D \cdot N_D = N_k^{NS} \tag{8.25}$$

$$m = 3(A, B, C), N_D = 1 : A, B, C, AB, BC, AC, ABC$$

단일 시험 수($k = 1$) : A, B, C (3번), $_3C_1 \geq \dfrac{3!}{1!(3-1)!} = 3$번

이중 시험 수($k = 2$) : AB, BC, AC (3번), $_3C_2 \geq \dfrac{3!}{2!(3-2)!} = 3$번

삼중 시험 수($k = 3$) : ABC (1번), $_3C_3 \geq \dfrac{3!}{3!(3-3)!} = 1$번

$N_D = 3$일 때 N_k^{NS}

$$N_1 = {}_3C_1 \cdot N_D = 3 \times 3 = 9번$$
$$N_2 = {}_3C_2 \cdot N_D = 3 \times 3 = 9번$$
$$N_3 = {}_3C_3 \cdot N_D = 1 \times 3 = 3번$$

비순차 시험에 대한 k중 기기에 공통원인 고장 그룹의 시험 수와 k중 공통원인 고장확률을 N_k^{NS}, Q_k^{NS}로 표현하였다. 따라서 비순차 시험에 대한 BPM 모수 추정식은 다음과 같다.

$$Q_k = \frac{n_k}{N_k}, N_k = {}_mC_k \cdot N_D = N_k^{NS} \tag{8.26}$$

$$Q_k^{NS} = n_k/N_k^{NS} = n_k/({}_mC_k \cdot N_D) \tag{8.27}$$

8.6.2 순차 시험에 대한 모수 추정

다중성을 고려한 기기 수($m = 3$)가 3개(A, B, C)인 병렬로 이루어진 계통에 대하여 계통에 대한 시험 수(N_D)가 3번인 순차 시험은 그림 8.4와 같다.

순차 시험은 각 기기마다 시험이 이루어진다. 즉 각 기기(A, B, C)의 시험이 독립적으

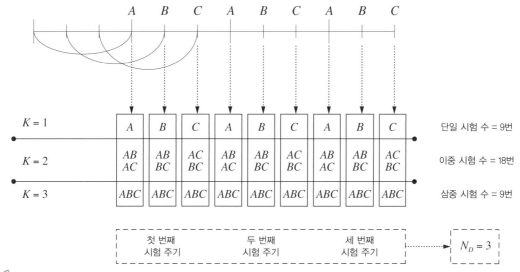

그림 8.4 순차 시험에서의 기기 시험

로 이루어지면 계통에 대한 시험 수(N_D)는 1번이다. 이 순차 시험에서는 하나의 기기를 시험하여 고장이 발생하지 않는다면 다른 기기에 대한 시험은 수행하지 않으며, 고장이 발생한다면 다른 기기에 대한 시험을 수행하는 것으로 가정한다.

고장이 발생하지 않으면, A에 대한 단일 고장 사건 및 공통원인 고장 사건들인 AB, AC, ABC에 대한 시험이 이루어지는 것을 의미한다. 여기서 공통원인 고장 BC에 대한 시험은 수행되지 않는다는 것에 주의해야 한다. 만일 A기기 시험 시 고장이 발생하였다면 B 및 C에 대한 시험이 이루어져 공통원인 고장 사건들인 AB, BC, AC, ABC에 대한 시험이 동시에 이루어지는 것을 의미한다. 즉 시험 시 고장이 발생하였다면, 이는 비순차 시험과 같은 가정 사항을 따르게 된다. 이는 다음과 같이 계산되며, 그림 8.4에서 계산된 k중 시험 수(N_k)와 동일하다.

고장이 발생하지 않을 경우 : $_{m-1}C_{k-1}$

고장이 발생할 경우 : $_mC_k$

$$N_k = (N_d - N_f) \cdot m \cdot {_{m-1}C_{k-1}} + N_f \cdot {_mC_k} \tag{8.28}$$

$$N_k = N_d \cdot k \cdot {_mC_k} - (N_f \cdot k - N_f) \cdot {_mC_k} \tag{8.29}$$

여기서 N_f를 첫 번째 시험에서 고장이 발견된 수라 가정하고, 고장확률이 1보다 매우 적다고 가정하면, N_f는 전체 시험 수보다 매우 적을 것이다. 따라서 다음과 같은 관계를 갖는다.

$$N_d \cdot k \gg N_f \cdot k - N_f \tag{8.30}$$

이것은 다음과 같이 간략화할 수 있다.

$$N_k = N_d \cdot k \cdot {}_mC_k = N_d \cdot m \cdot {}_{m-1}C_{k-1} = N_k^S \tag{8.31}$$

$$_mC_k = (m/k) \cdot {}_{m-1}C_{k-1} \tag{8.32}$$

이 식을 이용해 그림 8.4의 가정 사항에 따라 계산하면 동일한 N_k를 갖는다.

$$m = 3 \text{ (A)} : A, AB, AC, ABC$$

단일 시험 수($k = 1$) : A (1번),　$_2C_0 \geq \dfrac{2!}{0!(2-0)!} = 1$번

이중 시험 수($k = 2$) : AB, AC (2번),　$_2C_1 \geq \dfrac{2!}{1!(2-1)!} = 2$번

삼중 시험 수($k = 3$) : ABC (1번),　$_2C_2 \geq \dfrac{2!}{2!(2-2)!} = 1$번

$N_D = 1$일 때 : $N_k = m \cdot {}_{m-1}C_{k-1}$

단일 시험 수($k = 1$) : A, B, C (3번), $3 \cdot {}_2C_0 = 3$번

이중 시험 수($k = 2$) : $2AB, 2BC, 2AC$ (6번), $3 \cdot {}_2C_1 = 6$번

삼중 시험 수($k = 3$) : $3ABC$ (3번), $3 \cdot {}_2C_2 = 3$번

$N_D = 3$일 때 N_k^S

$N_1 = m \cdot {}_2C_0 \cdot N_D = 3 \times 1 \times 3 = 9$번

$N_2 = m \cdot {}_2C_1 \cdot N_D = 3 \times 2 \times 3 = 18$번

$N_3 = m \cdot {}_2C_2 \cdot N_D = 3 \times 1 \times 3 = 9$번

순차 시험에 대한 k중 기기에 공통원인 고장 그룹의 시험 수와 k중 공통원인 고장확률을 N_k^S, Q_k^S로 표현하였다. 따라서 순차 시험에 대한 BPM 모수 추정식은 다음과 같다.

$$Q_k = \frac{n_k}{N_k}, \ N_k = {}_{m-1}C_{k-1} \cdot m \cdot N_D = N_k^S \tag{8.33}$$

$$Q_k^S = n_k/N_k^S = n_k/({}_{m-1}C_{k-1} \cdot m \cdot N_D) \tag{8.34}$$

8.6.3 한 기기의 고장확률

어느 한 기기에 대한 총고장확률 Q_t는 공통원인 고장 사건 확률들의 대칭성을 가정하면
다음과 같이 계산될 수 있다.

$$Q_t = Q_1 + {}_{m-1}C_1 Q_2 + {}_{m-1}C_2 Q_3 + {}_{m-1}C_3 Q_3 + \cdots \tag{8.35}$$

$$Q_t = \sum_{k=1}^{m} \left[{}_{m-1}C_{k-1} \cdot Q_k \right]$$
$$= \sum_{k=1}^{m} \left[{}_{m-1}C_{k-1} \cdot \frac{n_k}{N_k} \right] \tag{8.36}$$

한편, 순차 시험과 비순차 시험을 고려한 한 기기의 총고장확률 Q_t의 계산은 다음과 같다.

[Non-Staggered : 비순차]

$$Q_t = \sum_{k=1}^{m} \left[{}_{m-1}C_{k-1} \cdot Q_k \right] = \sum_{k=1}^{m} \left[{}_{m-1}C_{k-1} \cdot \frac{n_k}{N_k} \right], \quad N_k = N_k^{NS} = {}_{m}C_k \cdot N_D$$

$$Q_t^{NS} = \sum_{k=1}^{m} \left[{}_{m-1}C_{k-1} \cdot Q_k^{S} \right] = \sum_{k=1}^{m} \left[\frac{n_k}{m \cdot N_D} \right] \tag{8.37}$$

[Staggered : 순차]

$$Q_t = \sum_{k=1}^{m} \left[{}_{m-1}C_{k-1} \cdot Q_k \right] = \sum_{k=1}^{m} \left[{}_{m-1}C_{k-1} \cdot \frac{n_k}{N_k} \right], \quad N_k^{(S)} = {}_{m-1}C_{k-1} \cdot m \cdot N_D$$

$$Q_t^{S(B)} = \sum_{k=1}^{m} \left[{}_{m-1}C_{k-1} \cdot Q_k^{S(B)} \right] = \sum_{k=1}^{m} \left[\frac{n_k}{m \cdot N_D} \right] \tag{8.38}$$

즉 비순차 및 순차 시험에 따른 '한 기기의 총고장확률'인 Q_t의 계산은 비순차 및 순차 시
험에 따라 N_k^{NS} 또는 N_k^{S}을 적용하면 Q_k^{NS}(비순차 시험 적용) 또는 Q_k^{S}(순차 시험 적용) 계산
식을 얻을 수 있다.

8.6.4 BPM 모수를 이용한 계통 고장확률

3계열의 병렬 계통에서 시험주기는 1개월이며 100년간의 자료, 즉 1,200회의 시험주기에 대해 자료를 수집하였으며, 여기서 단일 고장 27회, 2개 기기의 동시 고장 2회, 3개 기기 동시 고장이 1회 발생하였다고 가정한다. 가정 사항에 따라 비순차 및 순차 시험에 대한 BPM의 모수 Q_k, Q_t, Q_s는 표 8.3과 같이 추정할 수 있다(성공 조건 : 3개 중 2개 이상 성공).

표 8.3 모수계산 사례

$m = 3$	단일 고장	2개 기기 동시 고장	3계 기기 동시 고장
k	1	2	3
n_k	$n_1 = 27$	$n_2 = 2$	$n_3 = 1$
N_D^*	1200	1200	1200
N_k^{NS}	$N_1^{NS} = {}_3C_1 \cdot 1200$ $= 3600$	$N_1^{NS} = {}_3C_2 \cdot 1200$ $= 3600$	$N_1^{NS} = {}_3C_3 \cdot 1200$ $= 3600$
N_k^S	$N_1^S = {}_2C_0 \cdot 1200$ $= 3600$	$N_2^S = {}_2C_1 \cdot 1200$ $= 7200$	$N_3^S - {}_2C_2 \cdot 1200$ $= 3600$
Q_k^{NS}	$Q_1^{NS} = n_1/N_1^{NS}$ $= 0.0075$	$Q_2^{NS} = n_2/N_2^{NS}$ $= 0.000556$	$Q_3^{NS} = n_3/N_3^{NS}$ $= 0.000833$
Q_k^S	$Q_1^S = n_1/N_1^S$ $= 0.0075$	$Q_2^S = n_2/N_2^S$ $= 0.000278$	$Q_3^S = n_3/N_3^S$ $= 0.000278$
Q_t^{NS}	$Q_t^{NS} = Q_1 + 2Q_2 + Q_3 = 0.0075 + 2 \cdot 0.000556 + 0.000833$ $= 9.44 \times 10^{-3}$		
Q_t^S	$Q_t^S = Q_1 + 2Q_2 + Q_3 = 0.0075 + 2 \cdot 0.000278 + 0.000278$ $= 8.33 \times 10^{-3}$		
Q_S^{NS}	$Q_S^{NS} = 3Q_1^2 + 3Q_2 + Q_3 = 3(0.0075)^2 + 3 \cdot 0.000556 + 0.000833$ $= 2.67 \times 10^{-3}$		
Q_S^S	$Q_S^S = 3Q_1^2 + 3Q_2 + Q_3 = 3(0.0075)^2 + 3 \cdot 0.000278 + 0.000278$ $= 1.28 \times 10^{-3}$		

$^*N_D = 100yr \times \dfrac{1test}{1month} \times \dfrac{12month}{1yr} = 1200$(계통에 대한 기동 요구 수)

8.7 공통원인 고장의 계통적용

실제 PSA 수행 시 CCF를 고려하기 위해서는 각 계통의 조건에 맞는 CCF 인자 계산값을 이용한다. 따라서 이 연구에서 개발된 프로그램을 이용하여 참조 계통에 대한 고장 수목 (Fault Tree, FT)을 모델링하여 CCF를 고려하였을 때와 하지 않았을 때의 계통이용불능도를 비교해 보았다.

국내 참조원전은 Westing House 형의 가압경수로이며, 계통은 일차측 기기냉각수 (Component Cooling Water, CCW) 계통을 선정하였다. 참조 계통의 단순 계통도는 그림 8.5에 나타냈으며, 고장 수목은 부록 B의 그림 B.1~B.6에 나타냈다(부록 B 참조).

일차측 기기냉각수계통의 기기 중 CCF가 모델링된 기기는 3대의 CCW 모터 드리븐 펌 프(Motor Driven Pump, MDP)와 펌프 후단 3개의 체크 밸브(Check Valve, CV)이다. 이 두 기기의 시험 방법은 순차 시험으로 가정하였으며, 기기 자체의 고장확률은 참조원전의 PSA 보고서를 이용하였다. 사용된 CCF 데이터는 표 8.4에 나타냈으며, 2007년 NRC에 서 제공된 AFM CCF 모수 데이터를 사용하였다. AFM CCF 모수 데이터를 이 연구에서 개발된 프로그램을 사용하여 MGL 모수 및 CCF 인자로 변환한 값은 표 8.5에 있다.

따라서 참조계통에 대한 고장 수목은 부록 B에 구성하였고 공통원인 고장을 고려하였 을 때와 하지 않았을 때의 계통이용불능도는 표 8.6에 비교해 놓았다.

표 8.4   사용된 공통원인 고장 모수

기기	고장 모드	AFM 모수	Mean	Beta 분포	
CCCG=3			NRC CCF 모수(2007년)		
				a	b
CCW MDP	Fail to Start	α_1	9.90.E−01	1.11.E+02	1.13.E+00
		α_2	7.70.E−03	8.65.E−01	1.11.E+02
		α_3	2.39.E−03	2.68.E−01	1.12.E+02
	Fail to Run	α_1	9.86.E−01	8.21.E+01	1.13.E+00
		α_2	1.04.E−02	8.65.E−01	8.24.E+01
		α_3	3.22.E−03	2.68.E−01	8.30.E+01
CCW CV	Fail to Open (Generic Demand)	α_1	9.64.E−01	2.68.E+03	1.00.E+02
		α_2	2.39.E−02	6.66.E+01	2.72.E+03
		α_3	1.22.E−02	3.39.E+01	2.75.E+03

표 8.5 상응하는 MGL 모수 및 공통원인 고장 인자

CCCG=3			NRC CCF 모수(2007년)			CCF 인자	
기기	고장 모드	AFM 모수	Mean	Beta 분포			
				a	b		
CCW MDP	Fail to Start	β	1.01.E−02	1.13.E+00	1.11.E+02	M_1	9.90.E−01
						M_2	3.85.E−03
		γ	2.36.E−01	2.68.E−01	8.65.E−01	M_3	2.39.E−03
	Fail to Run	β	1.36.E−02	1.13.E+00	8.21.E+01	M_1	9.70.E−01
						M_2	1.02.E−02
		γ	2.36.E−01	2.68.E−01	8.65.E−01	M_3	9.49.E−03
CCW CV	Fail to Open (Generic Demand)	β	3.61.E−02	1.00.E+02	2.68.E+03	M_1	9.64.E−01
						M_2	1.20.E−02
		γ	3.37.E−01	3.39.E+01	6.66.E+01	M_3	1.22.E−02

표 8.6 공통원인 고장 모델에 따른 계통이용불능도 비교

시험 방법	계통이용불능도(Q_S)		Q_S 증감
	No CCF	CCF (MGL)	
순차	2.57E−10	2.52E−07	1.02E−03 증가

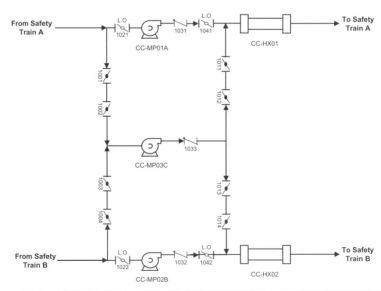

그림 8.5 일차측 기기냉각수계통 단순 계통도

참고문헌

1. 김민철, 공통원인 고장 모델링 기법의 특성 및 방어전략 최적화 연구, 한양대학교 대학원, 2000.

2. 박창규 외, 확률론적 안전성 평가, 브레인코리아, 2003.

3. 황미정 외, 공통원인 고장 분석지침, KAERI/TR-2444/2003, 한국원자력연구소, 2003.

4. A. Mosleh, et al., *Procedures for Treating Connon Cause Failure in Safety and Reliability Studies*, NUREG/CR-4780, Pickard, Lowe, and Garrick, Inc., 1988.

5. C. L. Atwood, *Data Analysis Using the Binomial Failure Rate Common Cause Model*, NUREG/CR-3437, EG&G, 1983.

6. C. L. Atwood, *Estimators for the Binomial Failure Rate Common Cause Model*, NUREG/CR-1401, EG&G, 1980.

7. C. L. Atwood, "*The Binomial Failure Rate Common Cause Model*", Technometrics, Vol. 28, pp. 139-148, 1986

8. F.M. Marshall 외, *Common Cause Failure Data Collection and Analysis System*, Vol. 6, Common Cause Failure Parameter Estimations, INEL-94/0064, INEL, 1995.

9. K. N. Fleming, *A Reliability Model for Common Mode Failures in Redundant Safety System*, GA-13284, 1974.

10. M. G. K. Evans and G. W. Parry, "*On the treatment of Common Cause Failures in System Analysis*", Reliability Eng., Vol. 9, No. 2, 1983.

11. Per Hokstad, "*A Shock Model for Common Cause Failures*", Reliability Eng. Vol. 23, pp. 127-145, 1988.

12. *Procedures for Conducting CCF Analysis in PSA*, IAEA, 1990.

연습문제

8.1 탱크 *A*에서 탱크 *B*로 화학용액을 운반해 주는 역할을 하고 격납건물 살수 주입 및 격납 건물 살수 재순환 계통으로 방사성 물질 제거를 위한 활성용액을 제공하는 역할을 하는 시스템이 있다. 다음 도형은 이런 시스템의 간략화된 flow diagram을 보여 준다. 그리고 다음과 같은 정보가 주어졌다.

– 수동의 정지 밸브 V_1, V_2, V_5, V_6는 보통 열려 있다.
– 밸브 V_3와 V_4를 작동시키는 모터는 대개 닫혀 있다. 이런 두 밸브는 LOCA 발생 시 그 것들의 제어회로로 전자신호를 주는 Consequence Limiting Control System에 의해 자 동으로 열린다. 이때 화학용액은 중력하에 *A*에서 *B*로 자유롭게 흐른다.
– 시스템 성공을 위해 두 flow paths 중 단지 하나만이 열리는 것이 요구된다.
– 밸브를 작동시키는 각각의 모터는 매달 개별적으로 검사를 받는다. 이 테스트 기간 동안 대응하는 관의 두 수동밸브는 모두 닫힌다.

이 2개의 관이 탱크 *B*에 요구되는 화학용액 제공을 실패할 확률을 구하라. 가정과 데이 터 소스를 명확히 진술하라. 이 확률에 하드웨어, 공통원인 고장, test contribution 등과 같이 다양하게 기여하는 것들을 밝혀라.

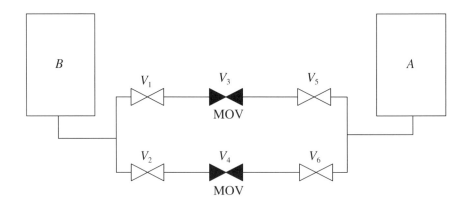

8.2 2개의 동일한 부품으로 이루어진 시스템이 있다. 우리는 다음의 failure model을 정의 한다.
– 기본 모수(BP) 모델
$\lambda_j = j$ 부품의 작동을 요구할 때 시작을 실패하는 비율($j = 1, 2$)

- MGL 모델

λ_s = 모든 원인에 의해 각각의 부품을 요구할 때 시작을 실패하는 비율

β = 한 부품 고장의 원인이 다른 부품과 함께 일어난 시간의 조건 비율

다음의 관계식이 옳다고 주장된다.

$$\lambda_s = \lambda_1 + \lambda_2 \qquad\qquad (1)$$

$$\beta = \frac{\lambda_2}{\lambda_1 + \lambda_2} \qquad\qquad (2)$$

(a) 식 (1)에 동의하는가? m개의 동일한 부품에 적용될 일반적인 공식은 무엇인가?

(b) 식 (2)가 잘못된 결과라고 몇몇 연구자에 의해 최근 주장되었고, 대체될 만한 식은 다음과 같다고 한다.

$$\beta = \frac{\lambda_2}{2\lambda_1 + \lambda_2} \qquad\qquad (3)$$

누구의 결과가 옳은 것인가? 이유를 설명하라.

(c) 다음 통계적인 evidence는 일반적으로 통용되는 것이다.

N = 시스템 테스트와 실제 요구 수

n_1 = 단일 부품의 실패 횟수

n_2 = 이중 고장의 횟수

BP와 MGL 모델의 변수로 state-of-knowledge 분포를 전개하라[MGL 모델의 경우에는 식 (3)을 이용하라]. 당신을 고민하게 만드는 어떤 관계식이 있는가? 당신은 그것을 어떻게 처리할 것인가? 이러한 변수들의 평균값으로 표현하라. 가능한 명확하고 분석적으로 표현하라.

8.3 뒤페이지의 그림과 같은 2/3 밸브 시스템에 대한 가상 자료가 아래 표에 있다. 이 밸브 시스템의 요구 고장확률을 계산하라.

Demands (n)	Single Failures (n_1)	Double Failures (n_2)	Triple Failures (n_3)
4449	30	2	1

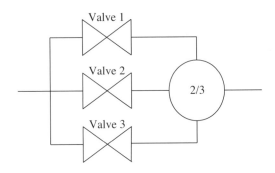

8.4 아래 그림과 같은 1/3 펌프 시스템에 대한 자료가 표에 나타나 있다. 여기서 T는 총작동 시간을 나타낸다. 수행시간 $t = 1$인 1/3 펌프 시스템에 대한 failure-to-operate 확률을 계산하라.

Exposure Time (T)	Single Failures (n_1)	Double Failures (n_2)	Triple Failures (n_3)	Mission Time t
4449	45	6	1	1

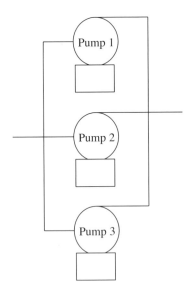

8.5 문제 8.3의 밸브 자료를 사용하여 2/3 밸브 시스템의 demand-failure 확률을 계산하라.

9.1 서론

화학물질을 취급하는 시설에서의 위험성 평가(process safety management)와 방사성 물질을 취급하는 원전의 위험성 평가(probabilistic risk assessment)에서 정량적 위험성 평가에 사건 수목과 고장 수목이 기본 방법으로 사용되며 필요한 안전 기능 및 시스템은 사건 수목의 머리 사건(heading event)으로 사고 시나리오를 모델링한다. 이때 인간 오류는 고장 수목의 한 요소로서 포함되어 평가되나, 몇 가지 특별한 경우에는 사건 수목 표제(Headings)의 하나로 취급된다. 어떤 경우든 간에 인간 오류는 시스템/부품과 같이 취급되며 관련 인간 오류확률(Human Error Probability, HEP)을 구할 수 있을 때까지 구분화(decomposition)된다. 일반적으로 작업자의 인적 오류 평가는 먼저 보수적인 값이 할당되어 시설물에 사고로부터 예상되는 위험도에 기여한 인간 오류의 영향을 계산하고, 위험도에 대하여 중요한 기여도를 갖는 인적 오류들에 대해서는 상세한 분석이 수행된다.

　이러한 인적 오류는 화학물질을 취급하는 시설에서의 보수, 보정, 검사 또는 운전 중에 일어난다. 이 장은 사고 발생 전 검사와 보수작업(T&M Tasks) 시 운전자의 인적 오류 평가 방법과 정상상태 또는 사고 시 발생할 수 있는 운전 시 인적 오류 평가 방법을 기술하였다. 운전 중 일어나는 인적 오류의 평가 방법은 지금까지 THERP, SLIM, HCR 등 여러 가지가 제시되었으나 검사와 보수작업(T&M Tasks) 시 운전자의 인적 오류 평가 방법은 THERP, 즉 HRA Handbook 방법론 외에는 제시된 모델이 없다. 따라서 보수 시 인적 오류 평가 방법은 의존효과를 고려하는 HRA Handbook 모델을 보완한 새로운 의존모델이 제시되었으며 이 장은 이러한 보수 시 및 운전 시 인적 오류 평가 방법의 특징과 내용을 기술하였다.

9.2 인간 오류

모든 공학은 인간의 노력이다. 넓은 의미에서 볼 때 대부분의 고장은 그것이 무지, 태만, 혹은 경계, 근력, 손재주의 한계 등 인간의 실수로 인해 발생한다. 설계자는 시스템의 특성을 충분히 이해하지 못하거나 시스템이 작동하는 데 필요한 환경 조건에 대한 부하의 크기나 성격을 적절히 예상하지 못할 수 있다. 공학 교육은 주로 이들과 관련한 현상을 이해하는 데 주력하고 있다. 유사하게, 건축의 제조 동안에 발생하는 오류는 포함된 인원 또는 제조공정의 체제를 위해 책임 있는 공학자에 기인한다. 제조와 건축에 있어 이러한 과실을 검출하고 제거하는 데는 품질 보증 계획이 중추적인 역할을 한다.

여기서는 설계와 제조 후에 (시스템의 운용과 보전에 대해) 저지르는 인간 오류에 대해서만 고려하기로 한다. 설계와 제조상의 오류는 인간의 실수이든 아니든, 건조된 체계에서 하드웨어(hardware) 신뢰도 결점으로 나타나기 때문에 편리하게 분류할 수 있다. 관점을 운용과 보전 시에 나타나는 인간 오류에 국한할지라도 일반적으로 하드웨어 신뢰도에서의 불확실성이 더 크다는 것을 알 수 있다. 불확실성에는 세 가지 종류가 있다. 첫째, 인간 행동의 가변성에 대해 고려해 볼 수 있다. 사람의 능력이 다를 뿐 아니라 매일, 매 시간마다 개개인의 행동 또한 다양하다. 둘째, 통계학적으로 인간 행동의 다양성을 어떻게 모델링할 것인가에 대한 많은 불확실성이 있다. 그 이유는 환경, 긴장 및 동료와의 상호작용은 극단적으로 복잡하고 대부분이 심리적이기 때문이다. 셋째, 인간 행동의 한정된 양상에 대한 쉬운 모델이 공식화될 수 있을 때라도, 그들을 적용하기 위해 추론되어야 하는 모델변수의 수치적인 확률은 보통 매우 근사적이고, 적용하는 상황의 범위 또한 상대적으로 좁다.

그럼에도 불구하고 복잡한 시스템 분석에도 인간 오류의 영향을 포함하는 것이 필요하다. 왜냐하면 사고의 결과가 심각해질수록, 고신뢰성 하드웨어와 고용장 구조를 강조할수록, 위험의 점점 더 큰 비율이 인간의 실수로부터, 좀 더 정확히 말하면 인간 결점과 장비 문제의 복잡한 상호작용으로부터 초래될 것이기 때문이다. 고장확률의 정확한 예측이 문제이긴 하지만, 하드웨어와 인간 신뢰도의 대조로부터 좋은 대안을 얻을 수 있을 것이

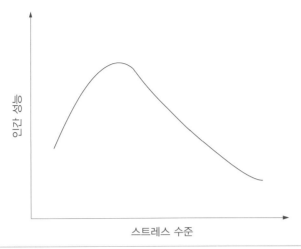

세로축: 인간 성능
가로축: 스트레스 수준

그림 9.1   스트레스 수준이 인간 성능에 미치는 영향

다. 이러한 연구로부터 운용 및 보전 인원이 중요한 역할을 할 시점에서 사고를 최소화하고 완화하기 위해 시스템이 어떻게 운용되고 설계되어야 하는지에 대한 통찰력을 얻을 수 있다. 보다 큰 용량의 전력과 화력 발전, 보다 많은 수의 승객을 태우는 항공기, 또는 보다 많은 수용량 건물이든 간에 시스템은 점점 더 집중화되는 추세이다. 이러한 집중화된 시스템의 운용에 있어 인간 오류는 생명과 재산에 중대한 결과를 미치는 사고를 유발하기 때문에 공장 자동화가 강조되어 왔다. 이러한 자동화에는 확실히 제한이 있다. 특히 운용자가 어떠한 상황에 대해 어떻게 반응할 것인지의 불확실성이 자동 제어 시스템과 합동으로 운용될 수 없는 조건에서 인간 적응성의 필요에 의해 무시된다. 게다가 자동 운용에서도 인간을 고려 대상에서 제외하는 것이 아니라, 오히려 2개의 이질적인 임무로 이전시킬 뿐이다—(1) 보전, 시험, 장비 보정 등의 일상적인 임무, (2) 공장 기능 부전에 대한 감시와 사고 확산을 막는 보호 임무. 이 두 종류의 임무를 통해 다른 방법으로 시스템 안전을 고려할 수 있다. 일상적인 실험, 보전 및 수리에서의 인간 오류가 발생할 때 발전소에 있어 잠재적인 위험 조건을 초래할 것이다. 인간이 비상 조건하에 보호 활동을 취함에 있어서의 오류는 사고의 심각성을 증가시킬 수 있다.

두 종류의 임무에 대한 인간신뢰도를 극대화하는 데 있어서의 고유한 문제를 그림 9.1에서 도식적으로 관찰할 수 있다. 일반적으로 인간 행동에 대한 심리적인 스트레스의 최적 수준이 있다. 수준이 너무 낮으면 인간은 나태하고 부주의한 오류를 범하게 되고, 수준이 너무 높으면 상황에 대해 부적절한 반응을 보인다.

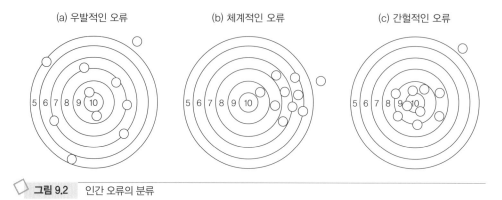

그림 9.2　인간 오류의 분류

9.2.1 일상적인 운용

분석 목적을 위해 인간 오류를 우발적, 체계적, 혹은 간헐적으로 분류하는 것이 유용하다. 이들 분류는 그림 9.2에서와 같이 표적을 맞추는 간단한 예로 설명할 수 있다. 우발적인 오류(그림 9.2a)는 편향되지 않고 희망한 값 사이에 분포된다. 즉 평균은 비슷하나 편차가 너무 큰 경우이다. 이들 오류는 부적절한 도구나 인간 – 기계 계면인 경우에는 교정 가능하다. 유사하게, 특정 임무의 훈련은 우발적인 분포를 줄일 수 있다. 그림 9.2b의 분포는 충분히 작으나 평균으로부터 편향된 체계적인 오류를 설명한다. 이러한 편향은 교정에서 벗어난 도구나 기계를 사용하거나 절차서를 잘못 수행하는 데서 일어난다. 어느 경우거나 교정 대책을 취할 수 있다.

아마도 그림 9.2c에 묘사된 간헐적인 오류가 관찰 가능한 형식을 잘 보여 주지 않기 때문에 다루는 데 매우 어려울 것이다. 이 오류는 극단적이거나 부주의한 방법으로 행동할 때 나타나게 된다. 해야 할 것을 전부 잊거나, 요구되지 않거나 해야 할 것을 역으로 하는 등이 이에 속한다. 예를 들어 검침원이 일련의 검침기를 읽는 데 있어 잘못된 검침기를 읽는 경우이다. 인간 – 기계 계면의 신중한 설계는 간헐적 오류의 수를 줄일 수 있다. 색, 모양 및 다른 방법이 장비를 분화하고 혼동을 최소화하고 통제하기 위해 사용된다. 특히 간헐적인 오류는 낮은 스트레스 상황에서의 고유한 부주의뿐만 아니라 높은 스트레스 상황의 혼동에 의해 증폭된다.

일반적인 상황에서 첫 번째 조사로 간헐적 오류를 행했다고 하자. 확실히, 어떤 상황에서도 잘 설계된 작업 환경은 오류를 최소화한다. 이러한 설계는 모든 표준 사안이나 인적 요소 공학(안락한 착석, 충분한 빛, 온도 및 습도 조절 및 혼란 가능성을 최소화하기 위한 잘 설계된 통제와 계기판)을 고려할 것이다. 일상 임무에 기대되는 주의 지속 시간은 여전히 한정되어 있다. 그림 9.3에서 나타나는 것처럼, 세밀한 감시에 대한 주의 지속 시간은 대략 30분 후 급격히 저하되는 경향이 있다. 최적 수행을 위해 이러한 임무는 잦은 교대

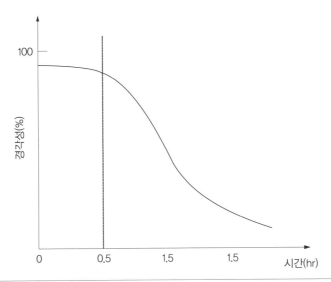

그림 9.3 경각성 대 시간

가 필요하다. 신중한 체크나 이러한 저하가 확실히 일어나지 않게 다른 간섭이 있지 않는 한 매우 반복적인 임무의 경우에도 같은 저하가 예상된다. 시스템 신뢰도를 저하하는 가장 중요한 요인 중 하나가 용장 부품 사이에 일상 보전, 시험 및 수리 동안의 의존성을 통해서이다. 이러한 공통원인 고장에 대해서는 제5장에서 배웠다. 절차들의 독립적인 점검도 고장확률과 의존도를 저감해 준다.

방법론이 간단하지는 않지만 자료는 일상 업무 중에 저지르는 오류에 유효하다. 지금까지 업무 분석과 시뮬레이션 방법을 개발하기 위한 광대한 노력이 지속되어 왔다. 우선 기초 기능에 대한 고장확률을 추정하고, 이들 요소를 결합하여 보다 넓은 절차에 의해 발생하는 오류의 확률을 추정할 수 있다.

그림 9.1에서 보여진 스펙트럼 끝 부분의 높은 스트레스에서 통제 불능 상태로부터 잠재적인 위험 상황을 방지하기 위한 비상 운용 조건에서 운용자에 의해 수행되는 보호 의무가 있다. 이러한 상황에서는 일상 운용에서와 유사하지 않게 행동의 실수가 곧 재앙이라는 것을 알고 신속하게 조치를 취해야 하기 때문에 잘 설계된 인간－기계 계면, 명확한 절차 및 철저한 훈련이 중요하다. 게다가 이러한 상황은 기능 부전의 미묘한 조합에 의해 발생하기 쉬우므로, 운용자는 혼동하기 쉬우며 일상 임무에서 훈련된 기술이나 행동이 아닌 판단 및 문제 해결 능력이 요구된다.

비상 조건하에서 모순된 정보는 운용자가 사고를 확산시키는 방향으로 행동하도록 혼동시킨다. 그러나 심리적인 스트레스 상태에서 기능 수행을 위한 적절한 훈련과 능력을 갖는다면 당면한 문제를 해결할 수 있을 것이다.

시스템을 설계하고 운용 절차를 수립할 때 고려해야 할 비상 상황에 대한 몇 개의 공통적인 반응이 있다. 가장 중요한 것이 불신 반응일 것이다. 주요 사고의 드문 사건에 대하여 보편적으로 운용자는 사고가 발생했다는 것을 믿지 못한다. 운용자는 계기나 경보의 문제로 잘못된 신호가 오고 있다고 생각하기 쉽다.

비상의 두 번째 공통적인 반응은 고정관념으로의 복귀이다. 최근 이에 대비한 훈련이 시행되어 왔지만, 운용자는 그들이 속한 집단의 고정적인 반응으로 복귀한다. 이러한 문제에 대한 명백한 해결책은 인적 요소 공학에 있어 매우 신중하여 계기나 제어 시스템의 설계에 있어 집단의 고정관념을 위해하지 않는 것이다.

마지막으로, 잘못된 위치로 스위치를 전환하는 것과 같이 일단 실수를 저지르면 운용자는 당황하여 문제를 직시하기보다는 오히려 실수를 반복하기 쉽다.

요약하면, 비상 상황에서 높은 수준의 인간신뢰도를 보장하기 위해서는 좋은 인적 공학의 원칙에 따라 신중하게 제어실을 설계해야 한다. 또한 예상되는 모든 상황에 대한 절차를 충분히 이해하고, 마지막으로 운용자가 비상 절차에 대해 빈번한 간격으로 실제 조건을 모델링한 모의 훈련을 실시하는 것이 중요하다.

9.3 보수 시 인적 오류의 평가

9.3.1 사고 전 직무

일상적으로 필요 시 시스템의 하자를 보수할 필요가 있을 때 행하는 보수나 보정, 주기적 점검을 총체적으로 사고 전 직무라고 한다. 원자력 분야에서는 사고 전 직무를 T&M(Test & Maintenance) 직무라고 지칭한다. 일반적으로 사고 전 직무 시 인적 오류는 주로 회복 오류(restoration error)를 의미한다. 회복 오류란 부품 교환이나 점검 후 밸브(수동 Valves 또는 MOVs)를 잘못된 상태로 두는 것, 즉 비정상적인 회복이 이루어지는 경우를 의미한다. 그런데 이 회복 오류는 종종 보수하는 작업자 외에 제어실의 운전 요원들에 의해서도 발생한다. 사고 전 직무는 기술기반, 법칙기반, 지식기반 거동으로 분류되는데 보통의 경우 대부분의 직무는 법칙기반 거동으로 분류된다. 운전자 또는 보수자가 얼마나 절차서 내용을 제대로 수행하는지에 대한 분석이 인적 오류 분석의 중요한 고려대상이다. 인적 오류 수행은 우선 시스템 안전 분석자와 인간신뢰도 분석자로 구성된 연구팀에 의하여 여러 번의 친숙화 작업과 평가를 통하여 중요한 인간-기계 Interface 부분을 찾아내고, 인적 오류로 인한 잠재적인 공통원인 고장의 원인이 간과되지 않도록 Interface 부분을 면밀하게 검토하여 파악해야 한다.

9.3.2 사고 전 직무에 대한 기본 확률값

1995년에 수행된 원자력 설비에 대한 안전성 평가보고서인 Reactor Safety Study(WASH-1400)에서는 제어실에서 상태를 확인할 수 있는 표시계기(display)가 없는 경우 테스트 후 검사 부품을 적절히 제 위치로 환원시키지 못하고 빠뜨리는 오류(omission error)는 사고 전 직무에 대한 기본 확률값(BHEP)이 0.01로, 부품에 대한 수행 오류(commission error)는 0.003의 확률값이 사용되었다. 그 후 더 보수적인 값을 도출하여 근래에는 통상적으로 사고 전 직무에 대하여 0.03의 기본 HEP 값을 보수적으로 사용하고 있다. 최근 미국은 원자력 시설물의 안전평가 시 보수 인적 오류에 대하여 이 값을 사용하고 있다[NUREG/CR-4832]. 이 기본 BHEP 값은 비수행 오류(error of omission) HEP 값 0.02와 수행 오류(error of commission) HEP 값 0.01로부터 유도된 값이다. 수행 오류와 비수행 오류 HEP 값은 HRA Handbook의 20장에 기술된 표에서 인용된 값이다. 유도된 비회복 인적 오류 값은 비수행 오류가 발생하지 않더라도 수행 오류가 일어날 수 있다는 가정에서 유도되었으며 하나의 부품을 갖는 시스템에 대한 인적 오류확률값은 다음과 같이 얻을 수 있다.

$$P_{HEP} = 0.02 + 0.98 \times 0.01 = 0.0298 \sim 0.03$$

9.3.3 사고 전 직무오류의 회복효과

회복효과(recovery factors)는 비수행 오류나 수행 오류의 요소에 고려되지 않고 보수 시 인적 오류확률값에 종합적으로 적용된다. PC(Post Calibration)나 PM(Post Maintenance)을 적절히 수행하지 못하는 회복효과는 0.01이고 그 외에는 0.1의 회복효과 확률값(Recovery Factor HEP)이 사용된다(HRA Handbook Table 20-22). 회복효과 고려 시 현장과 제어실에서 모두 검사할 수 있지만 회복효과는 1회만 고려된다. 또 하나의 중요한 가정은 부품에 대한 검사 필요성이 있더라도 문서상의 체크리스트가 검사 시 요구되지 않는 작업은 회복효과를 고려하지 않는다. 또한 전술한 바와 같이 시스템 내에서 검사해야 할 부품이 둘 이상일 때 회복효과는 각 부품에 대하여 적용하지 않고 검사대상 부품을 한 군으로 간주하여 일괄적으로 적용한다. 따라서 어떤 시스템에 대해서도 그 부품의 수에 상관없이 HRA 사건 수목의 각 고장경로의 말미(End Point)에 0.1의 회복효과 확률값을 곱하여 최종 보수인적 오류값을 계산한다.

9.3.4 사고 전 직무오류의 의존효과

기본 보수인적 오류확률값(BHEP) 0.03은 의존효과(Dependence Effects)를 고려하여 재계산된다. 보수팀 간의 의존효과는 회복의 실패확률 0.1로 반영되므로 한 사람 또는 한 팀이 여러 작업을 수행할 때 작업반 의존성이 무의존(ZD), 완전의존(CD), 그리고 중간의존

(ID)으로 나뉜다.

전술한 바와 같이 기본적으로 인적 오류는 비수행 오류와 수행 오류로 구분된다. 비수행 오류(EOM)는 산만 또는 다른 영향으로 인하여 검사 후 원 상태 회복 작업을 잊어버리는 오류이다. 반면에 수행 오류(ECOM)는 밸브를 충분히 열거나 닫지 않고 부적절한 중간 위치로 열거나 잠그는 경우 발생하는 수행 오류다. 이뿐만 아니라 선택 오류(Selection Error)도 수행 오류에 속한다. 외형상 비슷하고 비슷한 장소에 위치하고 있을 때 선택 오류가 발생할 수 있다. 이 선택 오류는 ZD, 즉 완전히 독립적인 작업으로 분류된다. 따라서 이 경우 EOM의 효과는 일반적으로 무시된다.

비수행 오류는 의존성 평가 시 일관성 있는 법칙이 요구된다. 만약 밸브들이 완전히 다른 공간에 위치하고 체크리스트에서 다른 단계들의 작업일 경우 작업행위 간에 거의 의존성이 없다(ZD). 그러나 밸브가 하나의 공간에 무리를 지어 놓여 있는 경우, 특히 작업자의 가시적인 범위 내에 들어 있으면 통상적으로 의존성이 큰 것으로 평가된다(CD). 이 두 경우의 중간적인 특성을 갖는 경우 중간의존성, 즉 ID(Intermediate Dependency)로 분류된다. 이때

$$직렬 시스템의 보수 오류확률(F) = 1 - a(b \mid a) \tag{9.1}$$

$$or = a(B \mid a) + A(b \mid A + B \mid A) = a(B \mid a) + A \tag{9.2}$$

$$병렬 시스템의 보수 오류확률(F) = A(B \mid A) \tag{9.3}$$

$$or = 1 - [a(b \mid a) + a(B \mid a) + A(b \mid A)] \tag{9.4}$$

이다. 의존성의 정도에 상관없이 병렬과 직렬 시스템에 대한 보수 시 인적 오류확률은 식 (9.1), 식 (9.3)과 같이 동일하다. 그러나 의존성에 따라 조건확률값들($b \mid a$, $B \mid a$, $b \mid A$, $B \mid A$)이 다른 값을 갖는다.

즉 두 밸브가 ZD의 의존성을 갖는 경우 기본 HEP 값은 같다. 따라서

$$A = B \mid A \tag{9.5}$$

이다. 또한 전술한 바와 같이 BHEP = 0.03일 경우 $A = B \mid A = 0.03$이다.

의존성이 CD인 경우에는

$$B \mid A = 1.0 \tag{9.6}$$

$$B \mid a = 0.0 \tag{9.7}$$

이다.

9.4 운전 시 인적 오류 평가

9.4.1 THERP

운전 시 인적 오류 평가를 위한 THERP(Technique for Human Error Rate Prediction) 방법론은 아래와 같이 수행특성인자의 세 가지 분류법에 기초하고 있다.

(1) 운전실 설계, 잡음 및 습도, 교체계획 등과 같이 작업 환경을 정의하는 외부 수행특성인자(External PSFs)

(2) 운전자의 기술, 능력, 훈련 정도 및 자세(Attitude)를 결정하는 내부수행인자(Internal PSFs)

(3) 피로, 실패에 대한 공포, 사건의 급작성 등 정신적, 육체적 스트레스

운전자가 실수를 저질렀을 경우 확률에 영향을 주는 수행특성인자들(PSFs)을 고려하게 된다. 예를 들어 스트레스 정도가 높을 때(Moderately High)는 Handbook의 표에 나타나 있는 기본 HEP 값에 5배수를 곱하고 스트레스 정도가 낮으면(Low) 2배수를 곱한다. Handbook에는 27개의 표가 원전 운전행위에 따라 분류되어 있고 중간값(Median value), 상한값(Upper uncertainty bound) 및 하한값(Lower uncertainty bound)으로 주어지는데 UUB는 로그정규분포표의 95%, LUB는 5% 값을 각각 나타낸다. THERP에서는 각 운전자가 동일한 능력을 가진 것으로 고려되므로 각 운전자는 관련 직무를 수행하는 데 같은 실패확률을 갖는다.

　그때 운전자 간의 의존도는 보수 시 사용되는 의존 정도의 구분과 마찬가지로 다섯 가지 의존도 수준(dependence levels)으로 나타낸다. 이 의존도 수준은 무의존도(zero dependence, ZD), 저의존도(low dependence, LD), 중간의존도(medium dependence, MD), 고의존도(high dependence, HD) 및 완전 의존도(complete dependence, CD)로 구분되며, 아래와 같이 간단한 수식으로 나타낼 수 있다.

$$\text{ZD}: \text{HEP} = \text{BHEP(즉 PSFs가 고려된 후의 HEP)} \tag{9.8}$$

$$\text{LD}: \text{HEP} = (1 + 19 \times \text{BHEP})/20 \tag{9.9}$$

$$\text{MD}: \text{HEP} = (1 + 6 \times \text{BHEP})/7 \tag{9.10}$$

$$\text{HD}: \text{HEP} = (1 + \text{BHEP})/2 \tag{9.11}$$

$$\text{CD}: \text{HEP} = 1.0 \tag{9.12}$$

THERP에서는 대부분의 인간 오류가 스위치를 잘못 선택하거나 수치적 정보를 잘못 읽는 등의 관측실수(observable error)이다. 이러한 오류들은 비수행 오류(omission error)와 수행 오류(commission error)로 분류되는데 비수행 오류는 관련 작업(task)을 완전히 빠뜨리거나 혹은 단계를 빠뜨리고 수행하는 경우이고 수행 오류는 선택, 순서, 시간과 관련된 오류를 말한다. THERP 방법론은 관측 오류의 근본이 되는 관측할 수 없는 오류의 이유(non-observable reason)를 설명하지 못한다. 의도 형성(intention formation)으로 말미암아 발생하는 오류 분석에는 한계가 있다. 근원이 다른 원인에 의한 인간 오류의 결과는 그 성질상 상당히 다르기 때문이다. 예를 들어 어떤 관(pipe)의 유동을 막기 위해 똑같은 모양의 두 밸브 중에 하나가 닫혀야 하는 경우에 운전자는 유사성으로 인한 오류 때문에 혹은 의도 실수(intention failure) 때문에 잘못된 밸브를 선택하여 닫을 수 있다. 이 두 가지 실수에 의한 반응 직후의 결과는 같지만(유동이 멈추지 않는 것), 후자(의도 실수)에 의한 결과는 상당히 심각하다. 나중에 운전자가 그것을 회복하려고 할 때에 이 의도 실수에 크게 좌우되어 회복(recovery)이 더욱 어렵게 된다.

THERP는 오직 두 연속 행위 사이의 연관성만 고려하고 운전자, 선임 운전자, 보조 운전자 등의 동시 다발적 연관성을 고려할 수 없는 제한성을 갖고 있다. 어떠한 수행특성인자(PSFs)가 주어진 작업에 대하여 영향을 주는 정도를 결정함에 있어서 전문가 판단(expert judgements)이 중요한 역할을 한다. THERP에서는 각 수행특성인자가 서로 독립이라고 가정된다. 그러나 수행특성인자는 서로 관련성이 있으며 각 수행특성인자의 조합이 미치는 효과는 이 방법론에서 고려되지 않는다. 가령 기술 정도(skill level)와 스트레스 정도(stress level)는 서로 상관관계가 있을 수 있다. 더 많은 수행특성인자가 동시에 고려될 때에는 더 복잡한 상관관계를 고려해야 할 것인데 서로 독립이라고 가정되는 문제점이 존재한다. 요약하면 THERP의 기술 방법과 방대한 database는 운전자 수행 실수를 모델링하는 데 좋은 출발점을 제공하지만 운전자 거동에 기초가 되는 의도 형성 과정과 원인, 그리고 수행특성인자의 상호 연관성을 설명하지 못하는 제한성을 내포하고 있는 모델이다.

9.4.2 SLIM 방법론

1984년 Embrey에 의하여 발표된 성공률지수 방법론(success likelihood index methodology)은 조직화되고 전문가 의견을 기초로 하는 체계적인 방법이다. 이 방법은 보수 시 인적 오류와 운전 시 인적 오류 방법을 특별히 구분하지 않고 다음에 기술된 일관된 방법으로 작업자의 인적 오류를 수행한다. 이 방법론이 취하는 단계는 다음과 같다.

(1) 같은 수행특성인자를 가지면서 확률값이 요구되는 작업군(group of tasks)을 선정한다.

(2) 각 수행특성인자에 대한 중요도를 할당한다.

(3) 모든 작업에 있어서 각 수행특성인자에 대한 중요도 비율(rating scales)을 할당한다.

(4) 각 해당 작업에 대하여 성공률지수(SLI)를 얻기 위하여 상대 중요도를 만들어 낸다.

(5) 성공률지수(SLI)를 인간 오류확률(HEP)로 환산한다.

SLIM 방법론에서 많이 사용되는 수행특성인자는 설계 수준(design quality), 운전 절차서의 적절성(procedure meaningfulness), 스트레스(stress), 시간적 스트레스(time pressure), 결과의 심각성(seriousness of consequences), 복잡성(task complexity), 조화성(quality of teamwork) 등이다.

같은 수행특성인자를 가진 작업군(tasks)을 선택한 후에(일반적으로 10 tasks 이하) 분석자, 즉 전문가(expert)는 각 수행특성인자에 대한 상대적 중요도를 결정한 후 그 합이 1이 되도록 조정(normalize)한다. 그때 사용자는 모든 작업에 있어서 각 수행특성인자에 대한 중요도 비율(rating scale)을 1~9 중에서 선택한다. 이 과정 동안에 각 수행특성인자에 대한 이상적인 수준(ideal level) 역시 할당되어야 한다. 이 이상적인 수준은 운전자가 그 일을 수행하는 데 있어서 그 일(task)을 가장 잘 수행할 수 있게 해 주는 수준(optimum level)을 나타낸다. 그다음에는 할당된 비율과 이상적인 비율 사이의 차이에 의하여 가장 차이가 적을 때 1, 가장 차이가 큰 것은 0으로 재조정되고 나머지는 비례값으로 조정된다(Rescaling).

각 작업에 대한 성공률지수(SLI)는 재조정률(rescaled rating)과 각 수행특성인자들의 중요도의 곱들의 합이다. 따라서 각 작업에 대한 성공가능지수는 다음과 같다.

$$SLI_j = \sum R_{ij} W_i \tag{9.13}$$

여기서 R_{ij}은 i번째 수행특성인자에 대한 j번째 작업의 상대거리 환산율이고, W_i는 i번째 수행특성인자에 대한 중요 가중치이다.

그리고 이때 그 작업에 대한 인간 오류확률값(HEP)은 다음 식으로 구할 수 있다.

$$Log(HEP) = a \times SLI + b \tag{9.14}$$

여기서 상수 a와 b는 기준값(anchor points) 혹은 전문가가 제공한 경계값(boundary values)으로부터 결정된다. 이 기준값은 시뮬레이터(simulator) 또는 활용 가능한 자료들(available data source)로부터 얻을 수 있다. 하나의 작업(task)에 대한 경계값은 각각 $SLI = 0$과 $SLI = 1$에 해당하는 상한값(UB)과 하한값(LB)인데 이 값들이 주어져도 아래 수식에 의하여 인간 오류확률값(HEP)을 구할 수 있다.

$$HEP = UB^{1-SLI} \times LB^{SLI} \tag{9.15}$$

성공률지수 방법론(SLIM)은 전문가 판단(expert judgement)에 근거하여 운전자 실수확률을 구하는 조직화된 방법이지만 앞 절에서 언급되었던 것처럼 각각 수행특성인자 사이의 상관성 문제는 여전히 존재하고 있다. 그리고 기준값(anchor points)이 필수적으로 필요한 바 database의 확보 문제, 사용자가 다르면 인간 오류확률값이 달라지는 문제 등은 앞으로 해결되어야 할 과제로서 database의 구축과 새로운 인지적 모델의 개발로 극복될 것이다. SLIM이 가진 또 다른 제약성은 분석될 작업군(group of tasks)으로부터 하나의 작업을 더 하거나 감할 때 인간 오류확률값이 크게 변화하는 민감도(sensitivity)의 제한성을 갖는다는 것이다.

9.4.3 HCR 방법론

1984년 Hannaman에 의해 발표된 Human Cognitive Reliability(HCR) 모델은 중요한 변수들을 이용하여 시간의존적 비반응 확률값을 산출해 낸다. 비반응(non-response)이란 운전자가 하나의 일에 대하여 주어진 시간 안에 어떠한 행위도 취하지 않는 상태를 말하는 것으로서 인간 오류의 한 요소에 불과하다. 진단(misdiagnosis)과 바른 진단 후임에도 불구하고 실현 가능한 선택이 없는 경우(non-viable options)에 의한 인간 오류는 이 모델에 포함되지 않는다. 또한 보수 시 인적 오류는 이 방법으로 평가할 수 없는 한계점이 있다.

3개의 중요 변수가 운전자 비반응 확률(operator non-response probability)의 평가 시 사용되며 그 변수의 내용은 다음과 같다.

(1) J. Rasmussen에 의하여 정의된바 기술(skill), 법칙(rule) 및 지식(knowledge)과 관련된 거동을 나타내는 변수
(2) 인식작업(cognitive task)을 수행하는 데 있어서 운전자가 취하는 중간반응시간 (Median response time)
(3) 운전자의 경험, 스트레스 정도, 운전실 설계의 질과 관련된 수행특성인자 값들

또한 인식 거동(cognitive behavior)을 구분하기 위한 사건 수목이 제시되었는데 일상적인 운전행위인지, 관련 기술서가 존재하는지 등을 따져서 기술, 법칙, 지식기반 거동을 분류하였다. 중간반응시간은 시뮬레이터 자료나 전문가 판단, 혹은 운전자와의 면담(interview)을 통하여 얻게 되며 세 수행특성인자(K_1 : 운전자의 경험 정도, K_2 : 운전자의 스트레스 정도, K_3 : 운전실 설계의 수준)의 값을 이용하여 보상한 K 상수가 다음 수식에 의해 결정된다.

$$K = (1 + K_1)(1 + K_2)(1 + K_3) \tag{9.16}$$

이때 보정된 중간반응시간 $T_{1/2}$이 다음 식으로 결정된다.

$$T_{1/2} = T_{1/2\ nominal} * K \tag{9.17}$$

이때 비반응확률(non-response probability)은 Weibull 분포로서 수식을 이용한 확률값은 다음 식으로부터 구할 수 있다.

$$P(t) = \exp - \{[(t/T_{1/2}) - C_i]/A_i\}^{B_i} \tag{9.18}$$

시간 t는 주어진 작업(task)을 수행하는 데 사용 가능한 시간이고, A_i, B_i 및 C_i는 시뮬레이터 자료에 의하여 조율된 상관상수이며 첨자 i는 세 가지 형태의 기술, 법칙 및 지식기반 거동을 나타낸다. 그러므로 HCR 모델은 시뮬레이터로부터 모은 자료에 근거한 실험 모델이다. 이 모델의 중요한 가정은 어떠한 인식 거동도 이 세 가지 구분에 해당된다는 것이고, 수행특성인자가 오로지 중간반응시간 ($T_{1/2}$)에만 영향을 주며 시뮬레이타터 자료도 역시 세 가지 거동 형태로 분류될 수 있다는 것이다.

또한 수행특성인자가 THERP나 SLIM 모델에서와 같이 서로 독립으로 가정되었으며 수행특성인자가 단지 중간반응시간에만 영향을 끼치고 인식 거동과는 무관하다는 가정은 실제와 다르다. 즉 많은 스트레스하에서 그 전에 운전자가 기억했던 법칙이 완전히 망각되는 경우에 법칙기반 거동이 지식기반 거동으로 전이될 수 있는 것이다. 또한 HCR에 관한 최근 검정연구(benchmark study)는 운전자의 반응이 정확히 이 세 가지 유형 중 하나로 귀착되지 않았고 오히려 두 가지 이상의 거동의 조합으로 나타나는 것을 보여 주었다.

9.5 인간신뢰도 분석 방법론 적용

시스템의 안전성을 확보하기 위하여 각 부품들은 주기적으로 점검되어야 하고, 필요 시 교체되어야 한다. 시스템의 불이용도(System Unavailability, Q)는 보수 시 인적 오류확률, 부품 고장률, 점검주기, 점검시간 등의 함수이다. 일반적으로 일정 주기(0, T) 사이의 평균 시스템 불가동 시간비율이 시스템 불이용도로 정의되며 그 물리적 의미는 시간 t 때에 시스템이 고장(down) 날 확률을 나타낸다. 너무 잦은 보수점검은 보수 시 인적 오류 가능성을 증대시켜 시스템의 불이용도(Q)를 크게 하는 효과가 있으며, 반면에 긴 주기를 갖는 보수점검은 고장 시스템을 적시에 찾아내어 교체하지 못함으로 인하여 시스템의 불이용도를 크게 한다. 그러므로 적절한 점검주기가 결정되어야 시스템의 효율성과 안정성을 제고할 수 있다. 이 절에서는 이러한 시스템 불이용도에 미치는 보수 시 인적 오류의 기여도를 평가하여 기계적 고장의 기여도와 비교하였다. 이를 위하여 가스밸브 시스템의 보수 시 인적 오류확률에 THERP 방법론을 적용하였다.

THERP는 원전의 확률론적 위험성 평가(PRA) 시 운전자와 작업자의 인간 오류 평가에 가장 널리 사용되고 있는 방법이다. HRA Handbook이라고도 불리는 이 모델은 운전자 행위를 시스템 부품의 한 요소로 가정하고 인간 오류를 평가한다. 먼저 분석대상 시설을 방문하여 주제어실 배치 및 운전자의 교육방법 및 운영/통제 특성을 조사하고, 제어 패널의 인간공학적 설계특성, 패널 배치 및 계측/제어설비의 특성을 파악하며, 운전자 면담을 통하여 각종 제어의 수행장소, 운전특성 및 운전자 반응시간 및 수행특성인자 평가에 필요한 각종 정보를 수집하는 친숙화 작업이 수행된다. 또한 절차서 검토, 보수작업행위 분류, 직무과제 특성, 인적 오류 형태, 관련 보수 절차서 검토, 운전자 수행특성인자 분석, 운전자 오류확률값의 할당 등의 직무 분석(Task Analysis) 작업을 수행한 후, 직무 분석 결과 도출된 각 행위 단위의 인간 오류를 시간순서별로 이분(Binary Branch) 형태의 수목으로 구성하는 인간 오류 수목(HRA Event Tree)을 구성한다. 이때 인간 오류 수목의 각 가지에 THERP Handbook으로부터 각 행위 단위별 오류확률을 할당한다. 그다음은 운전자 행위에 영향을 미치는 내부적 인자, 외부적 인자 및 스트레스 등의 수행특성인자(Performance Shaping Factors) 평가작업, 무의존성(ZD), 저의존성(LD), 중간의존성(MD), 고의존성(HD), 완전의존성(CD) 등 행위 간 의존 정도를 평가한 다음, 마지막으로 이미 발생한 오류를 성공 상태로 정정해 줄 수 있는 회복인자(Recovery Factor) 효과를 평가하고 고려하는 작업을 수행함으로써 참조 시스템인 가스밸브 기지 보수 시 인적 오류 가능성을 평가하였다.

이 절에서는 이러한 분석 단계를 통해서 가스밸브 시스템의 여러 가지 설비의 보수 시 인적 오류를 평가하여 인적 오류의 기계적 고장에 대한 상대적인 위험 기여도를 정량적으로 평가하였다.

9.5.1 가스밸브 시스템 정압기

정압기(governor)란 가스밸스 시스템의 한 요소로서 높은 압력의 가스를 도시가스로 공급하기 위한 압력제어 시스템이다. 정압기는 높은 1차 압력을 받아서 설정된 2차 압력으로 감압하는 기기로서 정압 조절기와 압력 설정기로 조합되어 있으며 설정된 압력을 유지하도록 되어 있다. 정압 조절기는 정압기 하류측에 설치한 압력 변환기의 신호를 받아 압력을 설계된 압력으로 조절한다. 정압기는 가스의 수송효율을 높이기 위해 설정된 압력에 따라 고압으로 수송된 가스를 사용자에게 공급할 수 있는 적정 압력으로 감압하는 기능을 하며, 압력을 감압 조절하는 정압기와 급격한 감압 시 가스의 팽창에 의한 온도 강하를 보상해 주기 위한 가열 장치, 외부 이물질의 유입으로 인한 기기장치의 보호를 위해 설치되는 가스 여과기, 긴급사태 발생 시 고압가스를 차단하는 긴급차단밸브 및 방산장치와 그 외 여러 가지 계측 장치로 구성된다. 이 기계의 정기점검은 연 1회 이상이어야 하며 분해 수리 후에는 소음, 과압과 누설의 발생 여부를 시운전을 통하여 확인해야 한다.

9.5.2 정압기 보수 시 인적 오류의 평가

THERP를 사용하여 인간 오류를 평가하기 위해서는 우선 참조 시스템을 방문하거나, 작업자를 만나 업무 수행 절차에 대한 요점을 질의, 조사하는 친숙화 작업이 수행되어야 하며, 여기서 얻은 정보를 바탕으로 직무 분석을 수행해야 한다. 직무란 일의 특성상 혹은 운전자가 일반적으로 계통의 목적의 일부분을 달성하기 위하여 필요한 하나의 단위(Unit)이다. 가장 중요한 직무 분석 중 하나는 각 업무를 개인의 행동 단위로 분해하는 것이다. 이러한 분해는 분석대상의 인간 행위에 대한 정보를 표를 만들어 기술한다. 직무 분석을 통하여 정압기의 중요 직무내용을 Main 및 Governor의 상태 점검, Inlet Valve, Outlet Valve, Pilot Block Valve 등을 닫고 라인을 격리하는 작업, Maun Block Valve의 누출 확인, 배관 내 가스의 배기, Governor의 분해 점검, 소손부품이 존재하는 경우에 적절한 교체 및 조정하는 작업, Governor의 재조립 및 최종 누출 확인 등으로 분석하였다. 직무 분석에서 제시한 중요 직무 내용 중에서 계통의 성공과 실패에 영향을 주는 직무만 선별하여 그림 9.4와 같이 그 오류가 일어나는 순서대로 HRA 수목(Event Tree)을 구성하였다. 이때 업무를 수행하는 방식 때문에 작업자의 수행 간에 의존성(Dependence)이 존재하는데 그림 9.4에서와 같이 보수 시의 다른 작업자

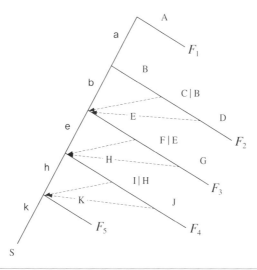

△ **그림 9.4** 　참조 시스템 정압기의 한 Train의 보수 시 인적 오류 평가를 위한 HRA 수목

표 9.1   참조 시스템 정압기 보수 시 발생 가능한 인간 오류에 대한 기본 확률값

작업 (Task)	기본 인적 오류 확률값 (BHEP)	수행 특성인자 (PSF)	인적 오류 확률값 (HEP)	EF	자료의 도출 근거 (THERP)
A	0.003		0.003	3	Table20-7, Item2
B	0.01		0.01	5	Table20-6, Item1
C	0.14	MD	0.228	5	Table20-22, Item1 (Table20-17, Eq.10-16)
D	0.01		0.01	5	Table20-6, Item1
E	0.01		0.01	5	Table20-6, Item1
F	0.1	MD	0.228	5	Table20-22, Item1 (Table20-17, Eq.10-16)
G	0.01		0.01	5	Table20-6, Item
H	0.01		0.01	5	Table20-6, Item1
I	0.1	MD	0.228	5	Table20-22, Item1 (Table20-17, Eq.10-16)
J	0.01		0.01	5	Table20-6, Item1
K	0.001		0.001	5	Table20-11, Item2

(QC)에 의한 상태의 부정확한 확인 의존성은 중간의존성이 있는 것으로 가정하였다. 그림 9.4의 점선은 회복효과를 나타낸다. 개발된 HRA 수목 상의 인간 오류 행위의 확률 추정치는 HRA Handbook으로부터 인용하여 해당 인적 오류확률값을 할당하였다. 할당된 확률값과 도출항목은 표 9.1과 같다.

A : 정압기 분해 점검(qverhaul) 시 작업자의 소손부품 파악 실패
B : 작업자의 보수점검 절차서에 따른 Pilot Block Valve의 Reopen 실패
C : 보수팀의 다른 작업자(QC 작업자)의 Pilot Block Valve Open 상태의 부정확한 확인
D : 매 점검주기마다 작업자의 Valve 및 계기의 정확한 위치 확인 실패
E : 작업자의 보수점검 절차서에 따른 Outlet Valve의 Reopen 실패
F : 보수팀의 다른 작업자(QC 작업자)의 Outlet Valve Open 상태의 부정확한 확인
G : 매 점검주기마다 작업자의 Valve 및 계기의 정확한 위치 확인 실패
H : 작업자의 보수점검 절차서에 따른 Inlet Valve의 Reopen 실패

I : 보수팀의 다른 작업자(QC 작업자)의 Inlet Valve Open 상태의 부정확한 확인

J : 매 점검주기마다 작업자의 Valve 및 계기의 정확한 위치 확인 실패

K : Leak 유무 점검 실패

9.5.3 로그정규분포의 계산

9.5.3.1 각 가지의 로그정규분포의 중간값과 정규분포 평균과 분산의 계산

그림 9.1과 같이 HRA 수목은 5개의 배타적인 인적 오류 경우가 존재한다. 즉 전체 인적 오류확률값은

$$F_T = F_1 + F_2 + F_3 + F_4 + F_5 \tag{9.19}$$

이다. 여기서 로그정규분포인 F_1 분포의 모수값(평균과 분산)은 주어진 중간값(X_{50})과 EF 값을 이용하여 다음 식으로부터 구할 수 있다.

$$F_1 = \Lambda(\mu_1, \sigma_1) \tag{9.20}$$

여기서

$$X_{50} = e^{\mu} \tag{9.21}$$

$$EF = \sqrt{\frac{X_{95}}{X_{05}}} = e^{1.645\sigma} \tag{9.22}$$

의 관계식을 이용하여 모수값을 구하였다. 반면에 F_2는 3개의 로그정규 변수의 곱인데 로그정규 변수의 곱의 분포는 동일한 로그정규분포를 갖는다.

$$F_2 = F_B F_C F_D \tag{9.23}$$

여기서 F_B, F_C, F_D는 각각 표 9.1에서 제시한 B, C, D 직무의 인적 오류확률이다. F_C는 B 직무에 의존성이 있으므로 이 경우에 중간 정도의 의존성(MD)을 따르는 것으로 가정하여 확률값을 구하였다. 따라서 F_2 분포의 모수값(평균과 분산)은 다음 식으로부터 구할 수 있다.

$$\mu_2 = \ln F_B + \ln F_C + \ln F_D \tag{9.24}$$

$$\sigma_2^2 = \sigma_{FB}^2 + \sigma_{FC}^2 + \sigma_{FD}^2 \tag{9.25}$$

F_3, F_4에 대해서도 같은 방법이 적용되었으며 다음의 모수값을 갖는 로그정규분포가 결정되었다. F_5도 식 (9.20)과 같이 다음 식으로 표현된다.

$$F_5 = \Lambda(\mu_5,\ \sigma_5) \tag{9.26}$$

위 식은 식 (9.19)~(9.26)을 이용하여 계산된 각 가지 $F_i(1,\ 2,\ \dots,\ 5)$의 로그정규분포의 중간값과 각 가지의 정규분포 평균과 분산이 계산되었다.

9.5.3.2 각 가지의 로그정규분포의 평균과 분산의 계산

각 분포의 모수가 결정되었으므로 전체 보수 인적 오류 F_T의 분포가 결정되어야 한다. 이 F_T의 평균(α)과 분산(β^2)의 계산은 Taylor's Expansion을 이용한 2차 근사평가(2nd Order Approximate Evaluation)에 의하여 다음과 같이 구할 수 있다.

$$\alpha_{F_T} = \overline{F_1} + \overline{F_2} + \overline{F_3} + \overline{F_4} + \overline{F_5} = \alpha_{F_1} + \alpha_{F_2} + \alpha_{F_3} + \alpha_{F_4} + \alpha_{F_5} \tag{9.27}$$

$$\beta_{F_T}^2 = \beta_{F_1}^2 + \beta_{F_2}^2 + \beta_{F_3}^2 + \beta_{F_4}^2 + \beta_{F_5}^2 \tag{9.28}$$

이때 앞에서 구한 각 가지의 평균(α)과 분산(β^2)을 이용하여 식 (9.27)과 식 (9.28)에 대입하면 F_T의 평균(α_{F_T})과 분산($\beta_{F_T}^2$)을 얻는다. 여기서 이 값을 다음의 상관 관계식에 대입하면 F_T의 정규분포 모수인 최종 평균과 분산을 얻을 수 있다.

$$\alpha_{F_T} = e^{\mu + \frac{\sigma^2}{2}} \tag{9.29}$$

$$\beta_{F_T}^2 = e^{2\mu + \sigma^2}(e^{\sigma^2} - 1) \tag{9.30}$$

따라서 최종 보수 시 인적 오류의 확률은 로그정규분포, $F_T = \Lambda(\mu_T,\ \sigma_T)$로 표현되며 그 모수가 비로소 결정된다.

9.5.3.3 최종 결과인 로그정규분포의 각 모수 계산

전술한 계산 과정으로부터 얻은 값들을 이용하여 최종 인간 오류확률값의 각 모수는 다음 식으로부터 얻을 수 있다.

중간값$(X_{50}) = e^{\mu},$ 5% 하한치$(X_{50}) = e^{\mu - 1.645\sigma}$

95% 상한치$(X_{50}) = e^{\mu + 1.645\sigma},$ $EF = \sqrt{\dfrac{X_{95}}{X_{05}}}$

평균치$(\alpha) = X_{50}\exp\left[\left(\dfrac{\ln EF}{2 \times 1.645}\right)^2\right]$

표 9.2   THERP를 이용한 부분별 보수 시 인적 오류 평가 결과

설비 종류	HEP	EF
정압기(Corvernor)	5.29×10^{-3}	2.41
가스 히터(Heater)	6.47×10^{-2}	2.60
가스 여과기(Filter)	1.94×10^{-3}	2.29
계량 설비(Metering Section)	1.31×10^{-3}	2.97
전전동밸브(MOVs)	6.36×10^{-5}	16.2

이러한 계산은 정압기 보수 시 인적 오류확률값 외에도 가스 히터, 가스 여과기, 계량 설비, 밸브 등 다른 기기의 보수 시 인적 오류 평가에 동일한 절차로 계산이 수행되었으며 그 결과는 표 9.2와 같다.

9.5.4 시스템 불이용도에서의 인적 오류 기여도

9.5.4.1 시스템 불이용도 계산

제7장에서 설명한 시스템 불이용도 보수 시에는 인적 오류 가능성을 고려하지 않았다. 이 장에서는 기계적 불이용도와 인간 오류를 종합적으로 평가하는 방법론을 소개하고자 한다. 시스템의 안전성을 확보하기 위하여 각 부품들은 주기적으로 점검되어야 하고 필요 시 교체되어야 한다. 어떤 시스템의 불이용도(unavailability, Q)는 보수 시 인적 오류확률, 부품 고장률, 점검주기, 점검시간 등의 함수이다. 한 부품이 t시간이 경과할 때 고장 날 확률은 통상 $F(t)$로 표시되며 그 수식은 다음과 같다.

$$F(t) = 1 - \exp(-\lambda t) \cong \lambda t \tag{9.31}$$

λ는 단위 시간당 부품 고장률이다. 이때 일정 주기 $[0, T]$ 사이의 평균 시스템 불가동 시간 비율이 시스템 불이용도로 정의되며 그 물리적 의미는 시간 t 때에 시스템이 고장(Down) 날 확률이다. 따라서 주기적인 점검시간(τ_m)과 운전시간(τ)을 모두 포함하는 주기 T 시간 동안 시스템이 고장 상태에 있을 시스템 불이용도는 다음 식으로 구할 수 있다.

$$Q_w = \frac{1}{T}\left[\int_0^\tau Q(t)dt + \int_\tau^{\tau+\tau_m} Q(t)dt + \mathrm{L} + \int_{\tau+(n-1)\tau_m}^{\tau+n\tau_m} Q(t)dt\right] \tag{9.32}$$

τ : 보수 또는 점검 사이의 시간간격

τ_m : 보수 또는 점검에 걸리는 시간

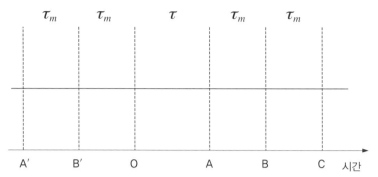

그림 9.5　보수시간계획

통상적으로 점검주기는 $\tau + n\tau_m$으로 표시된다. 가스 기지의 각 부품들은 각각 다양한 점검주기와 점검시간을 갖고 있으며 보수 및 운전 절차서에 따라 계획적인 점검 및 보수 작업을 수행하고 있다.

　정압기 시스템(governor system)은 2개의 Train으로 운영되고 있다. 평상시 한 Train이 사용되다가 이상상태가 발생하면 제어실에서 시그널을 보내어 다른 쪽 Train을 이용하게 함으로써 그 상황에 적절한 기능을 수행하게 된다. 이때 이 Train이 운전보수 상의 인적 오류가 있거나 혹은 요구(Demand) 실패, 점검 중이었거나 또는 작동 중 고장으로 제 기능을 못할 때 정압기 시스템은 고장 상태가 되며 즉각적인 비상대응이 없을 경우 사고로 이어지게 된다. 현재 가스기지 정압기 시스템의 일반적인 양쪽 Train 보수시간계획은 그림 9.5와 같다.

　이때 시스템의 불이용도 Q_{av}는

$$Q_w = \frac{1}{\tau + 2\tau_m}\left[\int_0^\tau Q_{OA}(t)dt + \int_\tau^{\tau+\tau_m} Q_{AB}(t)dt + \int_{\tau+\tau_m}^{\tau+2\tau_m} Q_{BC}(t)dt\right] \tag{9.33}$$

이다. 여기서 정압기 시스템의 점검주기 T는 $\tau + 2\tau_m$이다. 각 구간에서 시스템의 평균 불이용도를 구하여 모두 합하면 전체적인 정압기 시스템이 시간 t 때에 고장 나 있을 확률이 구해진다. 보수 시 발생 가능한 인적 오류를 포함한 시스템의 불이용도를 구하기 위하여 먼저 중요인자를 다음과 같이 정의하였다.

　Q_d : 요구(Demand) 시 Train의 기능이 제대로 작동하지 못할 확률
　F_1 : 첫 번째 Train에서 보수기간 중 발생 가능한 보수 인적 오류확률
　F_2 : 두 번째 Train에서 보수기간 중 발생 가능한 보수 인적 오류확률

각 구간에서의 정압기 시스템의 불이용도를 구해야 한다. 먼저 OA 구간에서는 다음 사건

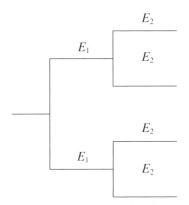

◇ **그림 9.6**　사건 수목

수목에서 보는 바와 같이 네 가지 인적 오류를 포함한 정압기 시스템의 고장경위가 존재하게 된다.

여기서

E_1 : 구간 $A'B'$에서 보수 시 인적 오류가 발생하는 사건

E_2 : 구간 $B'O$에서 보수 시 인적 오류가 발생하는 사건

S : 정압기 시스템의 고장(down) 사건이다.

먼저 구간 O에서 정압기 시스템의 고장확률을 구하기 위하여 Total Probability Theorem을 사용하면 시스템 불이용도 Q_{OA}는 다음과 같이 구해진다.

$$Q_{OA} = \Pr[S\,|\,E_2E_1]\Pr[E_2\,|\,E_1]\Pr[E_1] + \Pr[S\,|\,\overline{E_2}E_1]\Pr[\overline{E_2}E_1]\Pr[E_1]$$
$$+ \Pr[S\,|\,E_2\,\overline{E_1}]\Pr[E_2\,|\,\overline{E_1}]\Pr[\overline{E_1}] + \Pr[S\,|\,\overline{E_2E_1}]\Pr[\overline{E_2}\,|\,\overline{E_1}]\Pr[\overline{E_1}] \tag{9.34}$$

여기서

$$\Pr[S\,|\,E_2E_1] = 1 \tag{9.35}$$

$$\Pr[E_2\,|\,\overline{E_1}]\Pr[\overline{E_1}] = F_1 \tag{9.36}$$

$$\Pr[E_2\,|\,E_1] = F_2 \tag{9.37}$$

$$\Pr[S\,|\,E_2\,|\,\overline{E_1}] = F(t + \tau_m) + Q_d \tag{9.38}$$

$$\Pr[S\,|\,\overline{E_2}\,|\,E_1] = F(t) + Q_d \tag{9.39}$$

$$\Pr[S\,|\,\overline{E_2E_1}] = [F(t) + Q_d][F(t + \tau_m) + Q_d] \tag{9.40}$$

이다. 식 (9.34)를 앞의 식 (9.33)에 대입하면 OA 구간에서의 평균 시스템 불이용도를 구할 수 있다. 식 (9.35)~식 (9.40)을 식 (9.34)에 대입하면 다음과 같다.

$$
\begin{aligned}
Q_{OA}(t) = {} & F_1[F_2 + (1 - F_2)(F(t) + Q_d)] \\
& + (1 - F_1)[F(t + \tau_m) + Q_d][F_1 + (1 - F_1)(F(t) + Q_d)]
\end{aligned}
\tag{9.41}
$$

또한

$$
F(t + \tau_m) = \lambda(t + \tau_m)
\tag{9.42}
$$

임을 가정하면 구간 OA에서의 시스템의 불이용도 $Q_{OA,av}$는 다음과 같다.

$$
\begin{aligned}
Q_{OA,av} = {} & F_1 F_2 + [F_1(1 - F_2) + (1 - F_1)F_1]\left(\frac{\lambda\tau}{2} + Q_d\right) \\
& + (1 - F_1)^2\left[\frac{(\lambda\tau)^2}{3} + Q_d^2 + Q_d\lambda\tau\right]
\end{aligned}
\tag{9.43}
$$

같은 방법으로 구간 AB에서의 시스템 불이용도는 다음과 같다.

$$
Q_{OA,av} = F_1[F_2 + (1 - F_2)(\lambda t + Q_d)] + (1 - F_1)[F_1 + (1 - F_1)(\lambda t + Q_d)]
\tag{9.44}
$$

식 (9.44)를 식 (9.33)에 대입하면 다음과 같다.

$$
Q_{AB,av} = [F_1 F_2 + (1 - F_1)F_1]\frac{\tau_m}{\tau} + [F_1(1 - F_2) + (1 - F_1)^2]\left(\lambda\tau_m + Q_d\frac{\tau_m}{\tau}\right)
\tag{9.45}
$$

같은 방법으로 구간 BC에서의 시스템 불이용도는 비교적 간단하게 구해지며 그 수식은 다음과 같다.

$$
Q_{BC}(t) = F_1 + (1 - F_1)[\lambda(t - \tau - \tau_m) + Q_d]
\tag{9.46}
$$

식 (9.46)을 식 (9.33)에 대입하면

$$
Q_{BC,av} = [F_1 + (1 - F_1)Q_d]\frac{\tau_m}{\tau}
\tag{9.47}
$$

이다. 따라서 이들 전 구간, 즉 식 (9.45), 식 (9.46) 및 식 (9.47)을 합하면 정압기 시스템 불이용도 Q는

$$Q_{정압기} = F_1 F_2 + 2F_1 \left(\frac{\lambda \tau}{2} + Q_d \right) + \left\{ \frac{(\lambda \tau)^2}{3} + Q_d^2 + Q_d \lambda \tau_m \right\} + \left(\lambda \tau_m + 2Q_d \frac{\tau_m}{\tau} \right) + 2F_1 \frac{\tau_m}{\tau}$$

이다. 여기서 시스템 불이용도는 다음 식과 같이 기계 고장으로 인한 기여도와 보수 시 인적 오류로 인한 기여도로 나뉜다.

$$Q_{정압기} = Q_{기계\ 고장} + Q_{인적\ 오류} \tag{9.48}$$

즉

$$Q_{기계고장} = \left\{ \frac{(\lambda \tau)^2}{3} + Q_d^2 + Q_d \lambda \tau_m \right\} + \left(\lambda \tau_m + 2Q_d \frac{\tau_m}{\tau} \right) \tag{9.49}$$

$$Q_{인적오류} = F_1 F_2 + 2F_1 \frac{\tau_m}{\tau} + 2F_1 \left(\frac{\lambda \tau}{2} + Q_d \right) \tag{9.50}$$

이렇게 유도된 계산식을 이용하여 함수의 모수값(변수 λ, τ, τ_m 등)을 대입함으로써 가스 밸브 시스템의 정압기 인적, 기계적 불이용도를 계산하였다.

9.5.4.2 인적 오류의 시스템 불이용도에 대한 기여도 평가

보수 시 인적 오류인 F_1, F_2의 평가 방법은 이미 기술하였고, 나머지 Data인 Train의 자연 고장률 λ와 요구 고장률 Q_d 등은 IAEA와 IEEE 자료로부터 그 값(각각 1E-7/hr, 0.001/demand)을 인용하여 사용하였다. 또한 점검주기 τ에 대해서는 참조 시스템의 실제 점검 주기인 6개월을 사용하였고, 평균 검사 및 보수시간 τ_m은 최근의 TBM 자료로부터 9시간의 값을 사용하였다.

병렬 시스템인 정압기가 보수작업 간에 무의존성(ZD)을 가질 경우에 대한 인적 오류의 기여도는 그림 9.7과 같다. 전체 시스템 불이용도는 7.43×10^{-5}이었고, 보수 시 인적 오류로 인한 정압기 불이용도는 6.75×10^{-5}이었다. 따라서 인적 오류 기여도가 기계 고장으로 인한 시스템 불이용도의 약 9.8배나 되었다. 정압기의 경우 시스템의 고장은 인적 오류로 인한 원인이 기계적 고장보다 상당히 크다는 것을 보여 주고 있으며, 이 결과는 일반적으로 인적 오류의 위험기여도가 기계적 오류로 인한 위험기여도보다 크다는 주장을 뒷받침하고 있다.

이 절에서는 시스템의 불이용도에 미치는 보수 시 인적 오류의 기여도를 평가하여 기계적 고장의 기여도와 비교하여 인적 오류의 중요성을 정량적으로 나타내었다. 인적 오류 기여도를 평가하기 위하여 THERP 방법론을 사용하였으며 이 결과를 사용하여 참조 시스템의 중요 설비인 정압기에 대한 시스템 불이용도 수식을 유도하였다. 가스밸브 시스템의 중요 요소인 정압기 시스템에 대해서는 기계적 오류에 대한 상대적인 인적 오류의 기여도

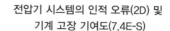

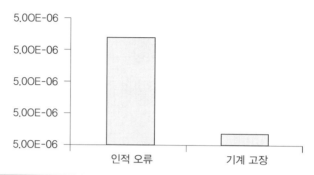

그림 9.7 참조 시스템의 정압기 보수 시 인적 오류의 기계 고장에 대한 시스템 불이용도

를 평가하여 인적 오류의 중요성을 정량적으로 보여 주었다.

9.6 안전 문화

9.6.1 안전 문화 개념

독성물질 누출이나 폭발의 위험이 있는 석유화학 플랜트나 방사성 물질의 누출 위험이 있는 원전의 설계, 건설, 운전에는 인적 오류가 수반될 수 있다. 이 인적 오류는 안전 문화 품질의 부족으로 야기되는 것으로 알려져 있다. 이 장에서는 안전 문화가 계통의 고장, 사고의 예방, 피해 완화에 어떻게 영향을 끼치는지 설명하였다.

다른 동물과 달리 연장을 사용하는 인간은 음식을 지어 먹고 온갖 물건을 생산하여 인간의 생활을 여유롭게 하는 불을 사용하고 있다. 인간의 불 발달사를 얘기할 때 음식을 끓이는 이 불을 제1의 불, 전기를 제2의 불, 원자력을 제3의 불이라고 한다. 어떤 불이던 통상 화재와 같은 제어할 수 없는 불이 발생하면 물로 끈다. 공교롭게도 이번에는 물이 불을 오히려 지폈다. 우리나라는 1978년에 원자력 발전을 도입하였다. 이듬해인 1979년 당시로서는 최신 발전소 중의 하나인 미국 스리마일섬(TMI) 2호기에서 핵연료의 일부가 용융되는 사고가 발생했고, 고리4호기가 불을 밝히던 1986년에는 구소련의 체르노빌 4호기에서 원자로가 폭발하는 사고가 발생했다. 이 두 사고는 프랑스, 캐나다를 제외한 대부분의 선진국이 신규 원전 건설을 중단하는 결정을 내리는 데 결정적인 영향을 미쳤다. 반면에 21기의 원전을 가동하면서 한 차례의 심각한 사고도 없이 평균 90%가 넘는 이용률로 세계 최고 수준의 원전 운영 능력을 인정받고 있는 우리나라는 지속적인 신규 원전 건설 및 기술개발에 힘입어 지난 2009년 미국과 프랑스 등의 원전 선진국을 제치고 1,400MW급 신형 원전을 아랍에미리트에 수출한 바 있다.

이번 후쿠시마 원전사고는 사상 초유의 9.0 강진에 이은 추가 여진으로 비롯된 쓰나미 때문에 비상발전 시스템이 침수되어 비상발전기를 통한 전기공급이 불가능해지고 해수 냉각 시스템의 침수로 열 침수원을 동시에 잃어버려 발생한 사고이다. 소외 전원이 복구 되었음에도 해수냉각 시스템의 파괴로 기존의 붕괴열 제거 시스템이 무용지물 상태이고 공랭식의 새로운 열교환 시스템을 갖춘 폐회로를 가설 중에 있다. 현재 1호기는 반 이상, 2, 3호기는 3분의 1 정도의 핵연료봉이 이미 녹았다. 또한 2호기는 격납용기마저 균열이 생겨 방사능 물질이 외부로 방출되고 있는 상태이다. 향후 원전은 5년 정도의 추가 냉각 후 점차적으로 핵연료를 인출하고 잔존하는 고체, 액체 폐기물을 소외 처분 시설로 보내 고, 부지 시설을 감시하는 형태로 작업 진행되어 향후 10년 이상의 제염과 해체 과정을 밟 게 될 것으로 보인다.

2011년 3월에 발생한 후쿠시마 원전사고에서 안전 문화와 관련한 중요 점검 항목은 다 음과 같다.

- 사고 후 노심 용융 전 해수 적기 주입 여부
- 외부전원 복구 관련 지휘체계와 의사결정 오류 여부
- 감압 관련 운전자 자세와 수행 오류 여부
- 사용 후 핵연료 저장수조 사고 사전지식 여부
- 운전자 포함 사업자, 규제기관 중대사고 가능성 인식 여부
- TMI, 체르노빌 후속조치 설비 보강 여부
- 규제기관의 사업자에 대한 요구 미준수 오류 여부
- 복구 조치자의 전문가적, 지적 수준 여부
- 정상냉각 포기와 공기냉각 추진 의사결정 오류 여부
- 경계구역 및 대피시기 판단 오류 여부

이러한 의문점으로 인한 불확실성이 존재하지만 사고 악화의 주요 원인은 완전 전원 상 실 시 대처능력 부족, 격납용기 설계 특성상 수소폭발 방지 설비 미흡 등 중대사고 대응능 력이 취약했고, 사용 후 핵연료 저장수조의 위치적 취약성, 민간기업 특성으로 인한 복구 능력 취약성, 다중호기 사고 동시발생으로 인한 비상대응체제 미흡 등으로 요약될 수 있 다. 이번 사고로 국내에도 원전으로부터의 부정적인 방사선 공포감이 조성되었고 원전 계 속 운전에 대한 반대 분위기가 형성되고 있다. 아울러 국내 모든 원전에 대한 원자력 시설 안전점검이 실시되었으며 2015년 말까지 1조 440억 원의 예산이 지진, 해일에 대한 구조 안전성 보강, 침수 발생 시 전력, 냉각계통 보강, 중대사고 대응능력 보강, 비상대응체제

구축, 장기가동원전 보완에 투입될 예정이다.

9.6.2 원자력 안전 문화

1997년 미국의 스리마일섬 원자력 발전소에서 발생했던 대형 사고도 그러했고, 그로부터 9년 후에 발생한 1986년 구소련의 체르노빌 원자력 발전소 사고도 결국은 안전 문화의 질이 낮은 데서 비롯된 인적 오류가 사고 발생의 근본적인 원인이었다. 한편 안전 문화(safety culture)라는 용어는 1986년 체르노빌 원자력 발전소 사고 이후에 사고원인의 분석과 사고예방 전략을 세우기 위해 국제적인 전문가들로 구성된 국제원자력안전자문단(International Nuclear Safety Advisory Group, INSAG)에서 처음으로 사용되었다. 이 회의에서 1999년 안전문화평가지침서(ASCOT Guideline)를 발간하고 안전 문화를 정의하고 있다.

안전 문화란 안전에의 주의를 항상 견지하고자 하는 조직과 개인의 총체적인 특징과 마음자세이다. 즉 안전 문화란 개인이나 조직 모두가 안전을 항상 중요하게 생각하고, 어떤 일을 하든지 그 속에 내재해 있는 위험을 평가하고 관리하려는 구성원의 총체적 사고방식이다. 한편 미국의 화학공업계에서도 폭발, 연소, 위해물질의 방출 시에 예상되는 사고에 대하여 화학공업시설의 안전성 평가 및 안전관리를 위한 공정안전관리(process safety management)의 이행을 촉구하고 있는 실정이며, 공정안전관리의 안전감사(Audit) 실시계획서에도 비슷한 의미의 안전 문화의 개념을 사용하고 있다. 국제원자력기구(IAEA) 자문단(INSAG) 회의에서 제시한 조직 차원에서의 원자력 안전 문화 요소를 포함하여 5개 정도의 항목으로 구분할 있다. 그 요소는 최고결정권자의 운영기조(Choice of Plant Performance Goals), 조직 구성원이 교육, 훈련을 통해서 획득한 안전 지식(Safety Knowledge), 운전에 대한 작업자의 자세(Attitude), 책임라인과 의사소통의 원활성(Establishment of Lines of Responsibility and Communication), 그리고 제도적 규제(Regulation Factor)이다.

9.6.2.1 최고결정권자의 운용기조

1985년 미국의 데이비스 베시 발전소에서 증기 발생기로 주입되는 모든 보충수의 공급이 중단되어 증기 발생기가 수위노출(Dryout)되는 사고가 있었다. 비상운전 절차서 상으로 이 상태에서는 원전원이 물 누출/공급(Feed-and-Bleed)을 수행하여 잠열을 제거해야 하는데 감독자(Supervisor)는 누출 후 장기적으로 요구되는 방사능 물질의 제거(clean-up)와 이에 따르는 큰 경제적 손실을 고려하여 운전자는 아무런 조치 없이 안전계통인 보조급수계통이 자동으로 회복되기만을 기다렸고, 급기야 적시에 회복이 되지 않아서 핵연료가 녹는 사고가 발생하였다. 감독자는 언제라도 물 누출/공급이 성공적으로 수행 가능하다고 생각하여 조치를 취할 수 있음에도 경제적인 이유로 마냥 다른 시스템의 회복을 기다리다가 적기를 놓쳐 버린 것이었다. 이처럼 최고결정권자가 이 시설의 운용기조를 안전성에 두고 운영을 하느냐, 아니면 경제성에 두느냐에 따라 운전자의 의사결정에 직접적인 영향을 준다.

그로부터 26년이 지난 이번 후쿠시마 원전사고 때에도 붕괴열 제거를 위해 전기공급이 불가능한 상황에서 유일하게 강구될 수 있는 수단이 해수 투입이었다. 2011년 3월 11일 14시 46분 진도 9.0의 지진이 발생하자 원전은 자동 정지되었고 소외 전원으로부터 가용 전력이 유입되지 못하자 각 호기의 비상 디젤발전기가 정상적으로 작동하였으나 41분 후 약 14m 높이의 쓰나미가 덮쳐 해상 10m에 위치한 원전의 지하에 설치되어 있는 13대의 비상발전기 중 12대가 침수되어 동시에 작동하지 않았다. 17시 50분에는 1호기의 증기를 이용하는 노심냉각계통이 배터리 고갈로 작동하지 못했고 3시간 36분 후인 19시 03분에야 비상을 발령하였다. 선 조치 후 보고가 아닌 선 보고 후 조치의 비상발령 지휘체계가 첫 문제점이었다.

그날 밤 10시 일본원자력보안원(NISA)은 후쿠시마 원전 2호기에 대한 사고 해석을 수행하고 22시 40분에 칸 수상에게 이 분석 결과를 보고하고 조치를 기다렸다. 보고내용은 2호기의 원자로 내 핵연료가 22시 50분에 노출이 발생했고 23시 50분에 피복관이 녹기 시작하며 00시 50분에는 노심 용융이 발생할 것이므로 익일 03시 20분까지는 격납용기를 과압으로부터 보호하기 위하여 안전 감압(safety venting)을 해야 한다는 보고를 하였다. 그러나 익일 새벽 1시 30분에 카이에다 경제산업성 장관이 도쿄전력에 1, 2호기 감압을 지시하였으나 7시간 30분이 경과된 오전 10시 17분에야 비로소 감압을 시작하여 오후 2시 30분에 해수를 주입할 수 있는 수준의 압력으로 강하되었다. 드디어 15시 36분에 1호기에서 첫 수소폭발이 발생하였다. 해수 주입은 발전소 재사용을 어렵게 하는 선택이므로 망설임 가운데 NISA 보고 약 24시간 후인 익일 20시 20분에야 비로소 수상의 지시대로 1호기부터 붕소를 첨가한 해수를 주입하기 시작하였다. 이는 사고 후 발생한 안전 문화 관련 두 번째 문제점인 안전과 경제성의 의사결정 trade-off를 고려한 너무 늦은 결정으로 평가되고 있다.

그로부터 약 30분 후, 즉 사고 약 29시간 후인 20시 50분에야 비로소 2km 내의 주민을 대피시키는 비상대피 발령을 시작하는 세 번째 우를 범하였다. 그 후 대피 범위는 3km, 10km, 20km, 30km로 확대되어 나갔다.

네 번째는 사고 후 9일 만에 외부 전원이 늦게 복구되어 20일 이후에야 전력 공급이 가능해져서 소방 계통을 대신하여 원자로와 저장수조 등에 냉각수를 공급하기 시작하였다. 향후 자세한 사고조사가 진행되면 밝혀지겠지만 수상의 해수 투입 결정이 원전 재사용을 포기하는 상황 앞에서 27시간의 망설임이 안전 문화 관점에서의 인적 오류 중 하나였다.

9.6.2.2 안전 지식

운전자는 시스템의 계통, 설비의 기능, 안전 기준(Safety Limit)이 초과될 때 예상되는 결과, 중대사고 발생 시 예상되는 결과 등에 대해 이해하고 있어야 한다. 체르노빌 사고는 정기적으로 행해지던 소규모의 시험(Test) 수행 중에 운전자의 무지로 인한 수행절차 과정의 연속적인 위반으로 인하여 발생한 사고였으며 운전자의 안전 인식 결여가 얼마나 무서운지를 일깨워 준 사고로서 그 발전소의 안전 문화의 질이 낮음을 보여 준 사례였다. 이 사고에서 보여 준 네 가지의 안전 지식과 관련된 안전 문화의 특징은 다음과 같다.

첫째는 후쿠시마 원전사고의 경우 설계자의 분석을 초월하는 심각한 지진과 해일이 외부사건으로 발생하였다. 이 초기사건은 부지 전체의 다수 호기에 동시에 영향을 끼쳤다. 침수에 따른 완전 중대사고가 현실화되었고, 수소폭발과 격납 기능 손상, 대기, 토양, 해양으로 방사능이 오염되었다.

둘째는 그 전까지 파악하지 못했던 사용 후 핵연료 저장수조의 냉각능력 상실사고도 물 공급이 되지 않으면 발생할 수 있다는 설계자의 무지와 관련한 사고였다.

셋째는 격납용기를 과압으로부터 보호하기 위해 운전자는 Safety Venting System을 이용하여 감압을 시도할 수 있으나 정상운전 중 Safety Venting System은 팬과 필터가 동작해야 방사성 물질을 Stack으로 방출되도록 설계되어 있어 정전사고 시에는 팬이 기능을 발휘하지 못하여 수소혼합물의 대부분이 격납건물의 덕트를 통하여 원자로 건물 내부로 누설되어 폭발성 수소−산소 혼합물이 어떤 점화원에 의하여 폭발할 수 있다는 사실을 알지 못했다. 2호기의 경우 나중에 수소폭발을 방지하기 위하여 격납건물 상부 Wall Panel을 제거하여 격벽의 수소폭발을 막을 수 있었으나 부작용으로 압력제어 풀에서 수소폭발이 발생하였다.

넷째는 PSA 외부사건에 지진과 화재는 고려하여 분석하였으나 쓰나미 초기 사건은 미반영으로 취약성을 파악하지 못하는 우를 범하였다. 2007년 인도네시아 쓰나미 때 원전의 쓰나미 침수가 논의된 바 있으나 규제기관이 대비를 요구하지 않아 사업자가 준비를 하지 못하였다.

9.6.2.3 작업 자세

1987년 미국의 피치버텀 발전소(Peach Bottom-3 Plant)는 미국 원자력 규제기관인 NRC로부터 발전 중지(cold shutdown) 명령을 받았다. 몇 번에 걸쳐 운전자가 운전 중에 수면을 취하는 것이 검열 중 적발되었고, 감독자의 묵인하에 자리를 비운 적이 있었기 때문이었다. 이처럼 원전 운전 시 습관적인 작업(routine task)은 지루한 환경이 조성됨으로써 느슨해지는 작업 자세(working attitude)를 가질 수 있다. 이러한 태만하고 부주의한 자세를 갖는 운전조직의 팀은 사고 시 운전설비를 정상 상태로 환원하기가 매우 어려우므로 안전 문화의 작업 자세(attitude toward facility operation) 요소가 부족한 조직으로 평가받을 수

밖에 없다.

후쿠시마 원전사고에서 살펴보면 경제산업성 장관이 내린 감압 작업지시가 약 13시간 후에야 지연 수행되었다. 전술한 바와 같이 일본원자력보안원(NISA)이 미리 사고해석을 수행하고 원자로 내 핵연료가 22시 50분에 노출이 발생하고 23시 50분에 피복관이 녹기 시작하며 00시 50분에는 노심 용융이 발생하므로 익일 03시 20분까지는 격납용기를 과압으로부터 보호하기 위하여 안전 감압(safety venting)을 해야 한다는 내용을 보고하자 카이에다 경제산업성 장관이 도쿄전력에 1, 2호기 감압을 지시하였으나 오전 10시 17분에야 비로소 감압을 시작하여 오후 2시 30분에야 해수를 주입할 수 있는 수준의 압력으로 강하되었다. 전문성이 부족한 하청업체(sub-contractor) 작업자의 늦은 복구조치는 안전 문화의 작업 자세 요소와 유관하며 지자체의 협조를 통하여 복구조치 지휘체제가 효율적으로 가동되어야 함에도 불구하고 작업자의 자세와 수행의지는 부족하였다고 판단된다.

9.6.2.4 책임과 의사소통 라인

명확한 책임 및 의사소통 라인의 조직화는 산업시설의 안전 운전에 매우 중요하다. 피치 버텀 발전소에서와 같이 운전자가 운전 중에 수면을 취할 때 안전 감독자는 습관적인 오류 행위를 파악하지 못했거나, 그것을 파악했어도 어떤 조치도 취하지 않음으로써 반복하여 작업자가 수면을 취하는 경우가 불시의 검사를 통해서 적발되었다. 이 조직의 책임 회피와 관련한 안전 문화 수준의 단면을 보여 준 것이었다. 또한 의사소통은 직접 대면(face-to-face)으로 하는 것이 가장 효과적이지만 때로는 문서로 작업지시를 받는 경우도 있다. 어떤 기술자는 구두지시에 언짢아하는 경향을 보인다는 보고도 있다. USNRC 보고서에 의하면 미국의 터키포인트 발전소(Turkey Point Plant)는 구두보다 문서를 통해 주로 의사소통을 함으로써 감독자가 직접 확인하고 감독할 충분한 기회와 시간을 갖지 못할 뿐만 아니라 문서가 아니면 작업을 수행하지 않음으로써 그 안전 문화의 의사소통에 취약한 평가를 받게 되었다.

후쿠시마 원전사고에서 살펴보면 사고 후 약 29시간 후에야 비로소 2km 내의 주민을 대피시켰고 사고 후 9일 만에 외부전원이 늦게 복구되었으며, 무엇보다 해수 투입이 늦은 이유는 책임과 의사소통 라인의 문제점에서 그 이유를 찾을 수 있을 것이다. 그리고 현장의 운전책임자, 카이에다 경제산업성 장관, 칸 수상 등 지휘체제의 혼선이 복구조치를 지연시켰고 다수 호기 동시다발 원전사고에 대비하는 비상대응 매뉴얼을 준비하지 못하였다. 이로 인한 소외 전원 복구를 위한 지자체 협조가 부족하였고 규제기관과 사업자 간, 사업자와 하청업체 작업자 간의 소통 문제도 지적되어 향후 일본에서는 비상지휘체제와 규제 시스템의 대폭적인 개선이 있을 것이라고 예상되고 있다.

9.6.2.5 제도적 규제 요소

일반적으로 규제기관의 요구가 있어야 사업자가 안전성 향상을 위한 개선대책을 추진하므로 제도적 규제 요소는 안전 문화의 한 요소이다. 1989년 USNRC가 격납건물로의 수소누설을 방지하기 위한 배기계통 강화를 요구하여 MARK-1형인 미국 Browns Ferry 원전배기계통으로 14인치 구경 탄소강 배관을 마련하여 중대사고에 대비하였다. 후쿠시마 원전은 USNRC의 권고대로 고압에서 견디도록 설계된 Hardened venting systems를 준비하지 않고 질소를 채워서 수소폭발에 대비하면 충분히 사고에 대비하는 것으로 판단하여 Browns Ferry와 같은 원전배기계통을 설치하지 않았다. 따라서 MARK-1 노형의 수소 제어와 관련한 부실한 감독관리가 지적될 수 있고 동시다발 원전사고의 비상지휘체제를 실질적으로 갖추지 못하고 있었다.

그리고 2007년 인도네시아 쓰나미 교훈에 대한 규제기관 간의 사업자에 대한 침수대비 보강 요구를 하지 않았던 안전 감독 부실의 안전 문화적 결함 요소가 있었다. 향후 효율적인 안전관리를 위한 경제산업성 소속의 규제기관(NISA)을 미국 USNRC 성격의 독립 규제기관으로의 규제 시스템 개선에 관한 심층적인 검토가 필요한 것으로 판단된다.

9.6.2.6 안전 문화와 리스크

안전 문화와 밀접한 관계를 갖고 있는 재해 또는 사고는 리스크(risk)라는 개념으로 설명된다. 리스크는 안전(safety)과 대비되는 개념이다. 안전보다 리스크의 개념으로 사고를 분석하며 그 개념은 거시적으로 정량적인 것과 정성적인 것으로 나뉘고 다음과 같이 정의된다.

$$정량적인 리스크 = 사고 빈도(frequency) \times 사고 결과(damage)$$
$$정성적인 리스크 = 위험요소(hazards) / 안전장치(safeguards)$$

여기서 사고 빈도란 사고가 얼마나 자주 일어나는지의 확률값이고 사고 결과는 만일 그러한 사고가 발생했을 때 주변에 주는 피해, 즉 사망자 수나 금전적 손실비용을 말한다. 예를 들어 가스폭발사고로 100명이 사망할 확률이 100만분의 1이면 리스크는 $10^{-6} \times 100$, 즉 10^{-4}이다. 정성적인 리스크와 관련해서 위험요소는 사고 발생의 잠재적인 요인이고, 안전장치는 사고의 방어 수단을 의미하며 엔지니어링을 통하여 확보되는 각종 안전시설, 장치 등이 여기에 포함된다. 예를 들면 태평양을 보트로 건너는 것보다 스웨덴의 Silija 호와 같은 큰 호화 유람선으로 건너는 것이 훨씬 더 안전하다. 이것은 바다라는 위험 요소는 두 배에 동일하게 적용되지만 안전장치의 확보 정도는 큰 배가 훨씬 크므로 호화 유람선의 상대적인 리스크 값이 작아진다. 다시 말해 리스크는 안전장치, 즉 사고예방수단의 증강으로 감소시킬 수 있다는 것이다.

이번 후쿠시마 원전사고 후 37일간 국내 원전에 대하여 자연재해로 인해 발생할 수 있는 최악의 원전사고 시나리오를 가정하여 지진, 해일, 전력, 냉각 시스템, 중대사고 등 6개 분야 총 27개 항목을 점검하고 안전점검 결과가 발표되었다. 최악의 자연재해가 발생하더라도 원전이 안전하게 운영될 수 있도록 6개 분야별 총 50개의 안전 개선대책에 대하여 향후 5년간 1조 원 이상의 재원을 투입하여 안전장치를 보강하여 안전성을 향상시킨다는 것이다.

염두에 두어야 할 것은 지진, 해일에 의한 중대사고 대비책보다 예방책이 훨씬 중요하다는 점이다. 일본 원전사고의 교훈 속에서 안전 문화의 질을 제고하는 지혜를 찾아 현장에 적용해야 한다. 첫째는 경영자의 운용기조, 안전 지식, 작업 자세, 책임과 의사소통 라인, 그리고 제도적 규제 요소와 모두 관련된 인력 확보이다. 1조 원의 재원은 현장 작업자약 2,000명 이상을 고용할 수 있어서 주 사고 요인인 인적 오류를 줄일 수 있기 때문이다.

둘째는 비상대응체제의 개선이다. 방사선 방호약품과 방독면 확충 등 지엽적인 요소보다는 책임과 의사소통 라인적 안전 문화 요소를 고려할 때 선 조치 후 보고 비상발령이 실질적으로 이루어지고 지자체의 적극적 참여 가운데 다수 호기 동시 사고를 반영하는 비상지휘체제의 확보가 필요하다. 계획 수립도 중요하지만 실질적으로 비상지휘체제가 이행될 수 있는지가 더 중요하므로 내실 있는 훈련 프로그램을 개발하고 지자체의 협조 가운데 소내와 소외에서 동시에 실시되는 훈련에 대한 규제기관의 적절한 감독이 필요하다.

셋째는 안전 문화의 제도적 규제 요소와 관련한 규제 시스템의 개선이 필요하다는 것이다. 우리 속담에 '소 잃고 외양간 고친다'는 말이 있다. 사고가 터진 후에 사고 원인을 체계적으로 분석하여 또 다른 비슷한 사고를 막는 것도 중요하지만, 근본 사고의 간접적인 원인은 우리 사회의 안전 문화의 부재에 있으므로 안전 문화 의식의 결여 부분을 파악하는 것이 총체적인 의미에서 중요하다. 일본은 벌써부터 규제 시스템 개선계획이 보도되고 있다. 1989년 USNRC가 격납건물로의 수소누설을 방지하기 위한 배기계통 강화를 요구하여 MARK-1형인 미국 Browns Ferry 원전배기계통으로 14인치 구경 탄소강 배관을 마련하여 중대사고에 대비하였으나 MARK-1형인 후쿠시마 원전은 USNRC 권고대로 고압에서 견디도록 설계된 Hardened venting systems를 준비하지 않았다. 이 부분은 수소 제어와 관련한 감독관리 소홀로 지적될 수 있다. 그리고 2007년 인도네시아 쓰나미 교훈에 대한 규제기관 간의 사업자에 대한 침수대비 보강 요구를 하지 않았던 안전 감독 부실의 안전 문화적 결함 요소가 있었다. 향후 효율적인 안전관리를 위한 경제산업성 소속의 규제기관(NISA)을 미국 USNRC 성격의 독립 규제기관으로의 규제 시스템 개선에 관한 심층적인 검토가 필요한 것으로 판단된다. 일반적으로 규제기관의 요구가 있어야 사업자가 안전성 향상을 위한 개선대책을 추진하기 때문이다.

넷째는 안전 문화의 안전 지식은 시스템의 계통, 설비의 기능, 안전기준이 초과될 때 예상되는 결과, 중대사고 발생 시 예상되는 결과 등에 대하여 체계적 이해이다. 따라서 종합적인 안전해석 도구인 확률론적 안전성 분석(PSA) 등을 통한 원전의 안전성 재점검이 필요하다. 이번 후쿠시마 원전사고는 예상하지 못했던 자연재해적 중대사고였다. 일반적으로 PSA가 고려하는 초기 외부 사건은 지진과 화재다. 쓰나미 초기 사건은 빠져 있었다. 쓰나미 때 원전의 중대사고 시나리오를 개발하여 재평가하고 그 취약점(vulnerabilities)을 파악하여 체계적인 설비를 보강하는 것이 필요하다. 예상되는 PSA 결과물인 취약점 대비 방안은 방수문 또는 방수형 배수펌프를 설치하여 해일 구조물의 안전성을 향상시키는 것 보다 오히려 기기냉각 해수 펌프 모터나 여러 가지 관련 전동기 모터 등의 전기부품에 대한 예비품을 확보하여 준비된 복구절차 매뉴얼에 따라 복구조치를 통한 최종 열침원을 확보하는 대책이 더 중요한 개선책이 될 수 있을 것이다.

9.6.2.7 안전 조치

후쿠시마 사고가 발생한 후 일본 정부, 지자체, 도쿄전력 등은 비상대응체계에 따라 조치를 취하였다. 사고가 급박하게 진행되는 상황에서 다수 기관과 인원이 동원되어야 했을 뿐만 아니라 진도 9.0의 초대형 지진과 14m 높이의 쓰나미라는 최악의 환경 속에서 큰 혼란이 있었다. 초기의 대응은 안전 문화 관점에서 비효율적인 부분이 발견된다. 처음에는 IAEA에 제시한 예방적 보호조치구역(PAZ) 개념에 의해 3km 내부 구역의 주민소개를 지시하지 않고 기존의 매뉴얼대로 2km 소개를 지시하였고, 이어서 IAEA의 PAZ 개념을 반영하여 3km 소개를 지시하였다. 이후의 소개도 풍향과 예측선량 또는 환경감시 결과에

표 9.3　후쿠시마 원전사고 시 안전 조치

일시	주체	소개 범위	안전 조치 내용
3.11(14:46)	NISA		지진 발생에 따라 원자력재해대책본부 설치
3.11(19:03)	총리		원재법15조에 따른 '원자력긴급사태' 선언 및 원자력재해대책본부 및 현지대책본부 설치
3.11(20:50)	현지본부	2km	1원전 반경 2 km 이내 주민소개 지시
3.11(21:23)	중앙본부	3km	3km 소개 지시(IAEA의 PAZ 개념 고려), 10km 옥내 대피 지시 3월 12일 03시 30분 5,862명 소개 완료 확인(해일 대응으로 사전 대피)
3.12(05:44)	중앙본부	10km	격납용기 압력 상승으로 상황 미통제 가능성 고려
3.12(18:25)	중앙본부	20km	상황 악화에 따라 1원전 반경 20km 이내를 소개지역으로 설정
3.15(11:00)	중앙본부		1원전 반경 20~30km를 옥내 대피지역으로 설정
3.15(14:00)			20km 대상 소개 완료
3.25	중앙본부		후쿠시마 1원전 20~30km 반경을 '긴급 시 소개준비구역'으로 정하여 향후 대응에 준비토록 함
4.22	중앙본부		20km 외부의 일부 지역을 '계획적 소개구역'으로 새롭게 정할 것을 지시
9.30	중앙본부		'긴급 시 소개준비구역'은 해제함. Hot Spot에 대해서는 '특정 소개 권장지점'으로 정하고 소개를 권고함

의해 소개를 하지 않고 임의적으로 일정한 반경의 주민소개를 실시함으로써 비상대응체계의 안전 문화 취약점이 있었다. 쓰나미로 인한 비상전기공급의 중단으로 야기된 이 사고의 비상대응 조치를 간략히 정리하면 표 9.3과 같다.

참고문헌

1. "정비절차서정압기(PCV)", 한국가스기술공업㈜ 서울사업소 기계과, 1995.

2. 한국가스공사, 운전 및 보수절차서, 1988.

3. 현대엔지니얼이㈜, 한국가스공사, 수도권 도시가스 공급간선망 세부설계, 1989.

4. A. D. Swain and H. E. Guttman, "Handbook of Human Reliability Analysis with Emphasis on Nuclear Power Plant Application", NUREG/CR1278, 1984.

5. A. D. Swain and H. E. Gutman, "Handbook of Human Reliability Analysis with Emphasis on Nuclear Power Plant Application", NUREG/CR1278, 1984.

6. "Assessing Safety Culture in Nuclear Power Stations", T. Lee, K. Harrison, Safety Science, Vol. 34, 2000.

7. D. E. Embrey, "SLIM−MAUD:An Approach to Assessing Human Error Probabilities Using Structured Expert Judgement", NUREG/CR3518, 1984.

8. E. M. Dougherty, Jr, "Human Reliability Analysiswhere should you trun?", Reliability Engineering and System Safety, 29, 1990.

9. G. E. Apostolakis and T. L. Chu, "The Unavailability of Systems under Periodic Test and Maintenance", Nuclear Technology, Vol. 50, 1980.

10. G. E. Apostolakis, V. M. Bier, and A. Mosleh, "A Critique of Recent Models for Human Error Rate Assessment", Reliability Engineering and System Safety, Vol.22, 1988.

11. G. W. Hannaman, "Human Cognitive Reliability Model for PRA Analysis", NUS4531, Nuclear Utility Service Crop., 1984.

12. G. W. Hannaman, et al., "Human Cognitive Reliability Model for PRA Analysis", NUS−4531, EPRI, 1984.

13. IAEA, "Human Error Classification and Data Collection", IAEATECDOC538, 1990.

14. IAEA, "Human Error Classification and Data Collection", EATETECDOC538, 1990.

15. IAEA, "Survey of Ranges of Component Reliability Data for Use in Probabilstic Safety Assessment", IAEATECDOC508, 1989.

16. J. Rasmussen, "The Definition of Human Error and a Taxonomy for Technical System Design", New Texhnology and Human Error, John Wiley & Sons Inc., 1987.

17. "Managers' Attitudes Towards Safety and Accident Prevention", Torbjorn Rundmo, Andrew R. Hale, Safety Science, Vol. 41, 2003.

18. "Perceived Risk, Safety Status, and Job Stress Among Injured and Noninjured Employees on Offshore Petroleum Installations", Journal of Safety Research,ol. 26, 1995.

19. "Perspectives on safety culture", A.I. Glendon, N.A. Stanton, Safety Science, Vol. 34, 2000.

20. "Safety Culture: an NRC Perspective", Dr. Richard A. Meserve, INPO CEO Conference, Atlanta, Georgia, 2002.

21. "Safety Culture: a Survey of the StateoftheArt", J.N. Sorensen, Reliability Engineering and System Safety, Vol. 76, 2002.

22. "The Nature of Safety Culture: a Review of Theory and Research", F.W. Guldenmund, Safety Science, Vol. 34, 2000.

23. "Towards a Model of Safety Culture", M.D. Cooper Ph.D., Safety Science, Vol. 36, 2000.

 연습문제

9.1 단지 라벨에 의해서만 구별되는 동일한 제어기들 중 하나를 선택해야 하는 임무를 가진 경험 있는 작업자를 생각해 보자. 최적의(optimal) 스트레스 수준에서 잘못된 선택을 할 확률이 0.001~0.01까지의 90% 신뢰구간을 갖고 0.003이라고 가정하자. 다른 3개의 스트레스 수준에 대한 잘못된 선택을 할 확률을 구하라.

9.2 밸브 V_1, V_2와 펌프 P_1, P_2로 구성된 병렬 시스템을 생각해 보자. 펌프가 고장 났을 때 예정에 없는 보수 작업을 한다고 가정하자. 매달 시행하는 정기적인 펌프 보수 작업이나 펌프 고장 시 행하는 일시적 보수 작업 후에 2개의 밸브는 의도치 않게 닫혀 있을 수 있다. 펌프의 고장은 한 달에 0.09의 발생률을 나타낸다. 정기적인 보수나 비정기적인 보수는 한 달에 1.09번이나 4주에 한 번 수행된다. 밸브가 닫혀 있는 것으로 인한 인간 오류에 의해 2개의 시스템 중 하나가 실패할 HEP를 구하라.

9.3 performance-shaping factors를 나열하라.

9.4 안전 시스템을 제어하는 4개의 여분의 전자석이 한 명의 전기 기술자에 의해 모두 조정

된다. 만약 4개의 전자석 모두가 잘못 조정되면 failed-dangerous 상태가 된다. HRA의 사건 수목을 구성하라.

9.5 (a) 모델에서 사용된 performance-shaping factors를 구하라.

(b) 명목상 중간반응시간으로부터 실제의 응답시간을 결정하는 공식을 설명하라.

(c) 무응답 확률을 결정하는 HCR 모델의 방정식을 설명하라.

9.6 다음의 원자력 안전 문화 요소를 설명하라.

(a) 최고결정권자의 안전우선 운영기조

(b) 작업자의 습득된 안전 지식

(c) 작업자의 작업 자세

(d) 책임과 의사소통의 체계

(e) 제도적 규제 요소

9.7 후쿠시마 원전사고의 다음과 같은 안전 문화 관련 의문점을 제시하라.

(a) 사고 후 노심 용융 전 적기 해수 주입(~27h) 여부

(b) 외부 전원 복구 관련 지휘체계와 의사결정 오류 여부

(c) 감압 관련 운전자 자세와 수행 오류 여부

(d) 사용 후 핵연료 저장수조 사고 사전지식 여부

(e) 운전자 포함 사업자, 규제기관 중대사고 가능성 인식 여부

(f) TMI , 체르노빌 후속조치 설비 보강 여부

(g) 규제기관의 사업자에 대한 요구 오류 여부

(h) 복구 조치자의 전문가적, 지적 수준 여부

(i) 정상냉각 포기와 공기냉각 추진 의사결정 오류 여부

(j) 경계구역 판단 오류 여부

9.8 일본 칸 수상의 해수 주입 결정과 관련하여 최후 수단으로서 해수 주입이라는 방법은 적절하였으나 수행 시기가 늦었다고 평가되고 있다. 이러한 지연 의사결정은 안전 문화 요소 가운데 어떤 항목과 밀접한 관련이 있는가?

10 계통신뢰도 분석의 적용

10.1 위험도 분석

계통신뢰도 분석 방법을 이용하는 확률론적 리스크 평가 방법(probabilistic risk assessment)은 어떤 사건의 발생을 위험도 프로파일로 체계적으로 전환하는 방법으로 사건의 발생 가능성과 이와 연관된 모든 사고 시나리오를 고려하여 그 영향을 분석한다. 일반적으로 다음과 같은 다섯 가지 절차를 통하여 수행된다.

- 사고 빈도 평가(Accident Frequency Analysis)
- 사고 발전 경위 분석(Accident Progression Analysis)
- 위험도원 평가(Source-Term Analysis)
- 소외 영향 분석(Off-site Analysis)
- 위험도 평가(Risk Calculation)

확률론적 리스크 평가는 원전 계통에 대해서는 3단계로 구분된다. 1단계는 불확실성이 상대적으로 적은 노심손상빈도를 계산하고, 2단계는 노심으로부터 격납건물을 뚫고 환경으로 방사성 물질이 방출되는 사건의 발생빈도와 핵종별 방사능 방출량을 계산하는 방법론이 적용된다. 3단계 PSA(또는 PSA)는 환경으로 방출되는 방사성 물질이 주변의 대중에게 미치는 건강 장해를 정량적으로 평가하는 방법론이다. 미국의 MACCS2 코드가 주로 사용되는데 이때 얻어지는 개인의 평균 사망 리스크는 안전 목표의 충족 여부를 판단하는 수단으로 현재 위험도 정보 활용 규제에 사용되고 있다.

10.2 적용 배경

계통신뢰도 분석 방법이 근간이 되는 위험도 정보 활용 규제(Risk Informed Regulation, RIR)는 원전 규제 의사결정 과정에서 기존의 결정론적인 접근 방법에서 발생할 수 있는 규제 자원의 낭비 및 안전성 확보의 불완전성을 개선하기 위해 확률론적 안전성 평가 기법(Probabilistic Safety Assessment)을 활용하여 규제의 효율화 및 사업자에게 유연성을 제공할 수 있는 새로운 방식이라 할 수 있다. RIR의 장점을 살펴보면 규제 측면에서는 안전 규제 인력 및 재원 활용의 비효율성을 초래할 가능성이 있는 각종 규제 제도 및 요건들을 위험도 정보를 활용하여 최적화할 수 있다는 데 있다. 한정된 규제 자원을 효율적으로 배분하여 잠재 안전 위협 사건들에 대한 규제 범위 확장 및 안전 중요 분야에 규제 자원을 집중하며, 전력산업계의 규제 최적화에 대한 요구로 인한 대처방안으로서 기존 규제 체제의 변화 요구에 적극적으로 대응할 수 있다. 또한 사업자 적용 측면에서는 안전성 중요도를 바탕으로 운영 및 정비체제와 조직을 재정비하여 원전 운영 인력 및 재원 활용의 극대화를 도모할 수 있고, 이용률 향상을 위한 운전 중 정비, 시험주기 연장 등의 운영체제 개선에 합리적인 도구로 적용할 수 있다.

1990년대 중반부터 위험도 정보/성능기반 체제를 추진해 온 미국의 경우, 미국 원전의 산업체들은 괄목할 만한 발전소 성능 개선을 이루어 냈다. 일부에서는 위험도 정보/성능기반 적용에 따라 산업체의 성능 향상 노력에 의해 발전소의 안전성이 저해되지 않았는가를 의문시하기도 하였지만, 실제는 그 반대이며, 발전소의 경제성 관련 성능 인자들이 크게 향상되고, 아울러 위험도도 감소했다. 위험도 정보/성능기반 체제의 단점으로는 규제 형태의 변화로 규제자/사업자 간의 혼란이 생길 수 있고, 공감대 형성에 많은 노력이 필요하며, 체제에 맞는 기반(PSA, 위험도 감시 등)을 구축하기 위하여 많은 비용이 투자되고 교육 훈련이 요구된다. 성능기반체제로 인해 규제기관에 대한 사업자의 대응이 유연해졌지만, 상대적으로 사업자의 책임이 증가하고 기술적 근거를 확보하는 데 많은 노력을 해야 할 것이다.

10.3 국내외 적용 현황

자원이 부족한 우리나라는 국가 발전의 핵심 요소인 에너지의 안정적인 확보를 위해 원자력을 주요 에너지원으로 채택하여 이용하고 있으며, 국내 기술의 발전과 안전관리의 강화에 노력하여 선진국 수준의 안전성, 규제체계 및 기술의 괄목할 만한 성장을 이루었다. 현재 미국에서 가장 큰 화두 중 하나인 위험도 정보 활용 규제(RIR)는 1988년에 미국 NRC가 미국 내 모든 원전 인허가 취득자에게 발전소의 안전성을 확인하고 중대사고의 취약점을 파악하기 위하여 발전소별 안전성 점검(Individual Plant Examination, IPE)을 이행하도록 요구한 시점부터 시작되었다고 볼 수 있다.

1992년에 이르러 미국 발전소 운영자들은 미국 내 106개 원전을 포괄하는 총 74개 위험성 평가(PSA)를 수행 완료하고, 위험도 평가 지표로서 노심손상빈도(Core Damage Frequency, CDF)와 초기대량방출빈도(Large Early Release Frequency, LERF)를 계산하였다. 미국은 이러한 PSA 모델을 자체적으로 유지해 오면서 그 결과를 다양한 위험도 정보 활용 규제 의사결정에 사용해 왔다.

초기 원전의 안전 설계 개념은 특정 설계기준사고(Design Basis Accidents)를 기초로 한 결정론적 접근 방법(Deterministic Approach)이었다. 1970대 초에 확률론적 방법을 도입한 대규모의 PSA 연구가 수행되었고 그 결과로 1974년 미국 NRC에서 WASH-1400 보고서(Rasmussen Report)를 발간하였다. 이 연구를 통하여 원전의 모든 가능한 초기사건 및 고장을 고려하여 정량적인 위험도 분석 결과를 도출하였다. 이후 1979년 TMI 원전사고 후 검토 결과, WASH-1400 보고서에서 TMI 사고를 유발한 Failure Sequence가 발생확률이 높은 것으로 이미 분석되었음이 나타났지만 그때 당시 USNRC나 사업자 모두 이 보고서의 연구 결과를 간과해 온 것으로 나타났다.

NRC는 TMI 사고 후 도출된 상당수의 설비 및 운영상의 문제점을 보완토록 하는 TMI 후속조치사항을 즉각적으로 제정하였다. 이후 원전 설계에 중대사고(Severe Accident) 평가개념을 가시화하기 위해 1985년 8월 공포한 중대사고 정책성명에서 확률론적 위험도 평가 수행 등 4개 항의 기본 기준을 적용하여 원전을 더욱 안전하게 설계, 운영하도록 하는 방안을 제시하였다. 또한 미국 NRC는 1986년 8월의 안전성목표 정책성명을 통해 원전에서 중대사고가 발생할 가능성이 적음을 합리적으로 보증하도록 하였다. 특히 발전소별 안전성 점검 및 사고관리계획 등을 포함한 6개의 주요계획으로 구성된 가동 중 원전의 중대사고과제 종결 종합계획과 향후 원전 설계에 대한 정책을 공포하였다.

미국은 1980년 이후 PSA와 같은 정량적인 안전성 분석 기법의 필요성 및 유용성을 크게 인식하고 Generic Letter(GL) 88~20을 통해 미국 내 가동 중인 발전소를 대상으로 Individual Plant Examination(IPE)을 수행하도록 하였다. 그 후 IPE 수행 결과를 규제 과정에 결합하기 위한 연구를 계속 수행해 왔으며, 1993년 3개의 high-level review group을 구성하여 규제행위에 있어 PRA 활용 필요성을 검토하였다. 1995년 8월에는 60FR42622 를 통해 'PSA 이용에 대한 정책성명'을 발표하고, 미국 원전 산업계에 PSA를 이용한 RIR 수용을 구체화하였다. 정책성명의 주요 골자는 PSA 기법을 활용하여 기존의 결정론적인 방법을 보완하고 심층방어 개념을 지원하면서, 최신 기술의 PSA 방법과 자료가 지원하는 한도까지 모든 규제 업무에 활용이 증진되어야 한다는 것이다.

NRC 정책성명에 따라 PRA를 이용한 RIR 적용을 구체화하기 위한 연구가 수행되고, PRA 이행계획(PRA Implementation Plan, PRAIP)을 통하여 1996년 3월부터 분기별로 Risk Informed Standards 및 Guidance 개발 동향을 점검하고 있다. 그 결과로 NRC에서는 1998년 7월 SRP 19장 및 RG 1.174를 발행하여 위험도 기준을 이용한 발전소 고유의 인 허가 변경 의사결정에 대한 일반 지침을 제시하였다. 아울러 RG 1.175~1.178을 발행하 여 위험도 정보활용 가동 중 시험(RI-IST), 가동 중 검사(RI-ISI) 등 네 가지 구체적인 사 안에 대한 규제지침을 제시하였다.

한편, 미국 NRC에서는 1988년 원전 정비에 대한 정책성명(Policy Statement on Maintenance of Nuclear Power Plants)을 발행하고 정비의 중요성을 인식하게 되었다. 이 에 따라 1991년 '원자력 발전소에서의 정비효율성 감시'라는 제목하의 정비규정을 발표 하였다. 그리고 5년간의 유예기간을 두어 사업자로 하여금 준비하도록 하여 1996년부터 본격적으로 시행하였다. 정비규정은 미국에서 최초로 공표된 위험도 정보(RI)/성능기반 (PB) 규제로 이를 통해 안전 관련 구조물, 계통 및 기기(SSC)의 성능 및 운전 중 정비, 점 검에 의해 유발되는 위험도 변화(Risk Change)를 감시하도록 하고 있다. 정비규정을 이행 하는 수단에 있어 PSA 결과가 필수적으로 적용되게 되어 위험도(Risk)라는 용어는 발전 소 운영 및 안전에 있어 규제자와 사업자가 같이 공유하고 판단하는 척도가 되었다.

이러한 과정을 통하여 안전성 확보를 위한 우선순위의 새로운 이해와 이용률, 신뢰도 및 비용을 효과적으로 향상시키면서도 안전성이 향상됨을 증명할 수 있는 능력을 배양 하였다. 여기서 중요한 것은 기존의 결정론적 관점에서 위험도 정보 활용 관점으로, 그 리고 규정적인 관점에서 성능기준 관점으로 원자력 발전소의 거시적 의미에서의 안전 성을 염두에 두고 있다는 점이다. 그리하여, 원전 선진국들과 IAEA, OECD 등의 국제 기관에서는 원전을 더욱 효율적으로 규제하기 위하여 기존의 결정론적인 규제 방법을 보완하기 위한 차원에서 PSA 등의 기법을 활용한 RIR에 관해 활발하게 연구 및 활용 시도를 하고 있다.

위험도 정보 활용을 위해서는 기기 상태에 따른 위험도 감시가 필요하며 미 NRC RG- 1.174 및 정비규정(MR)의 요건에도 제시되어 있기 때문에 위 시스템이 필요하다. 그래 서 먼저 고리 3, 4호기 전 출력 위험도 감시 시스템(RIMS) 개발 완료를 2003년까지 이행하고 계획 예방 정비 기간 중 위험도 감시 시스템(KORAM)을 개발하여 위험도 정보 활용 및 정비규정 이행 요건을 충족하려고 한다.

또한 AOT/STI(허용 정지 시간 및 정기 점검 주기 연장)을 함으로써 안전성 및 경제성을 향상하려는 추진 내용을 가지고 있다. 현재 지나치게 보수적으로 설정된 기존의 AOT/STI 요건이 완화될 필요가 있고, T/S 이행 과정의 인적 오류, 기기 마모, 불시 정지 감소가 필요한 실정이다. 그래서 먼저 고리 3, 4 및 영광 1, 2호기 RPS/ESFAS AOT/STI 연장을 완료하고 영광 3, 4, 5, 6 및 울진 3, 4호기 HPSI, LPSI, SIT, EDG, AOT 연장을 진행하고 있다. 이로 인해 T/S의 보수성 해소 및 가동 중 정비 수행 기반 구축을 마련하게 될 것이다.

RI-ISI(위험도 정보 가동중 검사)는 배관 파손 확률과 그 영향을 고려하여 합리적인 ISI 배관을 선정하는 것이다. 최근 압력 경계에 따라 결정된 ASME Sec XI 요건의 획일성을 탈피하고 안전성이 저하되지 않는 범위에서 ISI 배관을 합리적으로 선정하는 것이 필요한 상황이다. 그래서 울진 4호기에 시범 적용하는 기술 개발 후, 시범 적용 결과에 따라 전 원전에 확대 적용할 방침이다. 이를 통해 안전성의 저하 없이 종사자 피폭 저감 및 경제성 향상을 얻을 수 있으리라 예상된다.

가동중정비(On-Line Maintenance)를 통해서는 계획 예방 정비 기간 중 정비물량을 축소하여 OH 기간을 단축하는 목표를 가지고 있으나 일본 후쿠시마 원전사고 후 적용이 주춤하고 있다. 그럼에도 불구하고 미국 내 다수 발전소에서 적용 중이나 국내에는 적용한 사례가 없다. Graded QA(차등 품질 보증)을 계획하여 위험 중요도에 따라 기존의 품질 등급을 재분류한다. 기존의 10CFR50.65에 따른 품질 등급을 위험 중요도에 따라 재분류하는 것이 필요하고, 안전 중요 기기에 집중된 관리가 필요하다. 또한 안전에 중요하지 않은 기기는 등급을 하향하는 것이 바람직하다. 현재 이것은 미국 STP 원전에 적용 중이나 역시 국내에 적용한 사례가 없고 차등 품질 보증 기술 개발을 추진하고 있다.

원전은 아주 많은 기기 및 계통으로 구성되어 있을 뿐 아니라, 원전의 안전을 유지하면서 발전을 하기 위해 운영, 점검, 정비 등 많은 업무가 수행된다. 그러나 원전을 규제하는 데 있어서 지금까지는 주로 결정론적인 안전성 분석의 결과를 기반으로 의사결정을 보수직으로 해 왔다. 내표적인 예가 기술지침서의 운전제한조건(Limiting Conditions for Operation, LCO)인데, 이에 대해서는 이미 미국을 비롯한 선진 원전보유국 및 국내에서도 PSA 등의 위험도 분석 기법을 활용하여 많은 개선을 하고 있는 중이다. 안전성의 관점에서 특히 너무 빈번한 점검(즉, 너무 짧은 점검주기로 인한)에 의한 여러 가지 역효과와 너무 짧은 허용정지시간(Allowed Outage Time, AOT)으로 인한 부작용 등에 관한 연구가 수행 중이다.

또 다른 예는 현재 미국에서 시행하고 있는 SALP(Systematic Assessment of Licensee

Performance)라는 제도인데, 이 제도는 명확한 논리성의 부족 및 전문가들의 주관적인 판단에 의존하는 결점이 있다고 일반적으로 알려져 있다. 마지막으로 현재 미국에서 시행되고 있는 정비규정은 이 규정의 적용을 받는 안전계통에 대해 성능 목표를 만족하도록 요구하고 있으며, 이는 일종의 성능에 근거한 규제에 속한다. 현재까지 PSA 등의 신뢰도와 위험도를 분석하는 기법들이 아주 많이 발전해 왔으므로, 이들 종합적 위험도 분석 결과를 활용하여 원전을 더욱 효율적으로 규제할 수 있을 것이다. 그러나 정량적 위험도 분석에는 불확실성 등의 여러 한계가 있으므로 심층방어, 다중성 및 다양성 등 기존의 원칙들은 고수해야 할 것이다. 따라서 전 세계는 지금 Risk-Based Regulation에서 Risk-Informed Regulation의 방향으로 전환하고 있다. 더구나 후쿠시마 원전사고 후 국제적으로 규제에 PSA 이용이 증대하고 있고, 특히 미국과 일본의 경우 각 원전의 성능에 따라 규제의 심도를 달리하는 리스크 정보 성능기반 규제(Risk-Informed Performance-Based Regulation)의 방향으로 안전에 관한 리스크 규제 체계 수립이 점진적으로 진행 중에 있다. 우리나라도 향후 원자력 안전위원회가 리스크 정보 성능기반 규제 철학으로 사업자의 규제에 대한 의사결정 체제를 발전시켜 나갈 것으로 보인다.

참고문헌

1. 김승평 외, "위험도기준 규제도입 영향평가," 한국원자력안전기술원, KINS/HR-309, 2000. 3.

2. 김효정 외, "원자력 안전규제 기술개발," 한국원자력안전기술원, KINS/GR-239, 2002. 3.

3. J.Gaertner and D.True, "Safety Benefits of Risk Assessment at U.S. Nuclear Power Plants," EPRI, 2001. 6.

4. Regulatory Guide 1. 174, "An Approach for Using Probabilistic Risk Assessment in Risk-Informed Decisions on Plant-Specific Changes to the Licensing Basis," 1998. 7.

5. Regulatory Guide 1.177, "An Approach for Plant-Specific, Risk-Informed Decision-Making: Technical Specifications," 1998. 8.

6. Samanta, P. K, Kim, I. S, Mankamo, T., and Vesely, W. E., "Handbook of Methods for Risk-Based Analyses of Technical Specifications," NUREG/CR-6141, 1994. 11.

7. U. S. NRC, 50FR32138, "Policy Statement on Severe Reactor Accidents Regarding Future Design and Existing Plants," 1985.

8. U. S. NRC, SECY-01-0133, "Status Report on Study of Risk-Informed Changes to the Technical Requirements of 10CFR Part 50(Option 3) and Recommendations on Risk-Informed Changes," 2001.

9. U. S. NRC, SECY-98-300, "Proposed Staff Plan for Risk-Informed Technical Requirement in 10CFR50," 1998. 11.

10. U. S. NRC, Presentation to WOG, "Status of Current Risk-Informed Initiatives at NRC," 2002. 3.

11. Y.H.In, "Risk-Informed Regulation Status in USA," IAEA National Workshop on Risk-Informed Optimization of NPP Operation, 2001. 12.

부록 A.1 표준정규분포표

x	0.00	0.01	0.02	0.03	0.04	0.05	0.06	0.07	0.08	0.09
−3.4	0.0003	0.0003	0.0003	0.0003	0.0003	0.0003	0.0003	0.0003	0.0003	0.0002
−3.3	0.0005	0.0005	0.0005	0.0004	0.0004	0.0004	0.0004	0.0004	0.0004	0.0003
−3.2	0.0007	0.0007	0.0006	0.0006	0.0006	0.0006	0.0006	0.0005	0.0005	0.0005
−3.1	0.0010	0.0009	0.0009	0.0009	0.0008	0.0008	0.0008	0.0008	0.0007	0.0007
−3.0	0.0013	0.0013	0.0013	0.0012	0.0012	0.0011	0.0011	0.0011	0.0010	0.0010
−2.9	0.0019	0.0018	0.0017	0.0017	0.0016	0.0016	0.0015	0.0015	0.0014	0.0014
−2.8	0.0026	0.0025	0.0024	0.0023	0.0023	0.0022	0.0021	0.0021	0.0020	0.0019
−2.7	0.0035	0.0034	0.0033	0.0032	0.0031	0.0030	0.0029	0.0028	0.0027	0.0026
−2.6	0.0047	0.0045	0.0044	0.0043	0.0041	0.0040	0.0039	0.0038	0.0037	0.0036
−2.5	0.0062	0.0060	0.0059	0.0057	0.0055	0.0054	0.0052	0.0051	0.0049	0.0048
−2.4	0.0082	0.0080	0.0078	0.0075	0.0073	0.0071	0.0069	0.0068	0.0066	0.0061
−2.3	0.0107	0.0104	0.0102	0.0099	0.0096	0.0094	0.0091	0.0089	0.0087	0.0084
−2.2	0.0139	0.0136	0.0132	0.0129	0.0125	0.0122	0.0119	0.0116	0.0113	0.0110
−2.1	0.0179	0.0174	0.0170	0.0166	0.0162	0.0158	0.0154	0.0150	0.0146	0.0143
−2.0	0.0228	0.0222	0.0217	0.0212	0.0207	0.0202	0.0197	0.0192	0.0188	0.0183
−1.9	0.0287	0.0281	0.0274	0.0268	0.0262	0.0256	0.0250	0.0244	0.0239	0.0233
−1.8	0.0359	0.0352	0.0344	0.0336	0.0329	0.0322	0.0314	0.0307	0.0301	0.0294
−1.7	0.0446	0.0436	0.0427	0.0418	0.0409	0.0401	0.0392	0.0384	0.0375	0.0367
−1.6	0.0548	0.0537	0.0526	0.0516	0.0505	0.0495	0.0485	0.0475	0.0465	0.0455
−1.5	0.0668	0.0655	0.0643	0.0630	0.0618	0.0606	0.0594	0.0582	0.0571	0.0559
−1.4	0.0808	0.0793	0.0778	0.0764	0.0749	0.0735	0.0722	0.0708	0.0694	0.0681
−1.3	0.0968	0.0951	0.0934	0.0918	0.0901	0.0885	0.0869	0.0853	0.0838	0.0823
−1.2	0.1151	0.1131	0.1112	0.1093	0.1075	0.1056	0.1038	0.1020	0.1003	0.0985
−1.1	0.1357	0.1335	0.1314	0.1292	0.1271	0.1251	0.1230	0.1210	0.1190	0.1170
−1.0	0.1587	0.1562	0.1539	0.1515	0.1492	0.1469	0.1446	0.1423	0.1401	0.1379
−0.9	0.1841	0.1814	0.1788	0.1762	0.1736	0.1711	0.1685	0.1660	0.1635	0.1611
−0.8	0.2119	0.2090	0.2061	0.2033	0.2005	0.1977	0.1949	0.1922	0.1894	0.1867
−0.7	0.2420	0.2389	0.2358	0.2327	0.2296	0.2266	0.2236	0.2206	0.2177	0.2148
−0.6	0.2743	0.2709	0.2676	0.2643	0.2611	0.2578	0.2546	0.2514	0.2483	0.2451
−0.5	0.3085	0.3050	0.3015	0.2981	0.2946	0.2912	0.2877	0.2843	0.2810	0.2776
−0.4	0.3446	0.3409	0.3372	0.3336	0.3300	0.3264	0.3228	0.3192	0.3156	0.3121
−0.3	0.3821	0.3783	0.3745	0.3707	0.3669	0.3632	0.3594	0.3557	0.3520	0.3483
−0.2	0.4207	0.4168	0.4129	0.4090	0.4052	0.4013	0.3974	0.3936	0.3897	0.3859
−0.1	0.4602	0.4562	0.4522	0.4483	0.4443	0.4404	0.4364	0.4325	0.4286	0.4247
−0.0	0.5000	0.4960	0.4920	0.4880	0.4840	0.4801	0.4761	0.4721	0.4681	0.4641

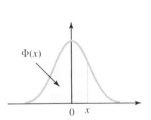

$\Phi(x)$

0 x

Critical Points

Area α

z_α

α	z_α
0.10	1.282
0.05	1.645
0.025	1.960
0.01	2.326
0.005	2.576

표 A.1 표준정규분포표(계속)

x	0.00	0.01	0.02	0.03	0.04	0.05	0.06	0.07	0.08	0.09
0.0	0.5000	0.5040	0.5080	0.5120	0.5160	0.5199	0.5239	0.5279	0.5319	0.5339
0.1	0.5398	0.5438	0.5478	0.5517	0.5557	0.5596	0.5636	0.5675	0.5714	0.5753
0.2	0.5793	0.5832	0.5871	0.5910	0.5948	0.5987	0.6026	0.6064	0.6103	0.6141
0.3	0.6179	0.6217	0.6255	0.6293	0.6331	0.6368	0.6406	0.6443	0.6480	0.6517
0.4	0.6554	0.6591	0.6628	0.6664	0.6700	0.6736	0.6772	0.6808	0.6844	0.6879
0.5	0.6915	0.6950	0.6985	0.7019	0.7054	0.7088	0.7123	0.7157	0.7190	0.7224
0.6	0.7257	0.7291	0.7324	0.7357	0.7389	0.7422	0.7454	0.7486	0.7517	0.7549
0.7	0.7580	0.7611	0.7642	0.7673	0.7704	0.7734	0.7764	0.7794	0.7823	0.7852
0.8	0.7881	0.7910	0.7939	0.7967	0.7995	0.8023	0.8051	0.8078	0.8106	0.8133
0.9	0.8159	0.8186	0.8212	0.8238	0.8264	0.8289	0.8315	0.8340	0.8365	0.8389
1.0	0.8413	0.8438	0.8461	0.8485	0.8508	0.8531	0.8554	0.8577	0.8599	0.8621
1.1	0.8643	0.8665	0.8686	0.8708	0.8729	0.8749	0.8770	0.8790	0.8810	0.8830
1.2	0.8849	0.8869	0.8888	0.8907	0.8925	0.8944	0.8962	0.8980	0.8997	0.9015
1.3	0.9032	0.9019	0.9066	0.9082	0.9099	0.9115	0.9131	0.9147	0.9162	0.9177
1.4	0.9192	0.9207	0.9222	0.9236	0.9251	0.9265	0.9278	0.9292	0.9306	0.9319
1.5	0.9332	0.9345	0.9357	0.9370	0.9382	0.9394	0.9406	0.9418	0.9429	0.9441
1.6	0.9452	0.9463	0.9474	0.9484	0.9495	0.9505	0.9515	0.9525	0.9535	0.9545
1.7	0.9554	0.9564	0.9573	0.9582	0.9591	0.9599	0.9608	0.9610	0.9625	0.9633
1.8	0.9641	0.9649	0.9656	0.9664	0.9671	0.9678	0.9686	0.9693	0.9699	0.9706
1.9	0.9713	0.9719	0.9726	0.9732	0.9738	0.9744	0.9750	0.9756	0.9761	0.9767
2.0	0.9772	0.9778	0.9783	0.9788	0.9793	0.9798	0.9803	0.9808	0.9812	0.9817
2.1	0.9821	0.9826	0.9830	0.9834	0.9838	0.9842	0.9846	0.9850	0.9854	0.9857
2.2	0.9861	0.9864	0.9868	0.9871	0.9875	0.9878	0.9881	0.9884	0.9887	0.9890
2.3	0.9893	0.9896	0.9898	0.9901	0.9904	0.9906	0.9909	0.9911	0.9913	0.9916
2.4	0.9918	0.9920	0.9922	0.9925	0.9927	0.9929	0.9931	0.9932	0.9934	0.9936
2.5	0.9938	0.9940	0.9941	0.9943	0.9945	0.9946	0.9948	0.9949	0.9951	0.9952
2.6	0.9953	0.9955	0.9956	0.9957	0.9959	0.9960	0.9961	0.9962	0.9963	0.9964
2.7	0.9965	0.9966	0.9967	0.9968	0.9969	0.9970	0.9971	0.9972	0.9973	0.9974
2.8	0.9974	0.9975	0.9976	0.9977	0.9977	0.9978	0.9979	0.9979	0.9980	0.9981
2.9	0.9981	0.9982	0.9982	0.9983	0.9984	0.9984	0.9985	0.9985	0.9986	0.9986
3.0	0.9987	0.9987	0.9987	0.9988	0.9988	0.9989	0.9989	0.9989	0.9990	0.9990
3.1	0.9990	0.9991	0.9991	0.9991	0.9992	0.9992	0.9992	0.9992	0.9993	0.9993
3.2	0.9993	0.9993	0.9994	0.9994	0.9994	0.9994	0.9994	0.9995	0.9995	0.9995
3.3	0.9995	0.9995	0.9995	0.9996	0.9996	0.9996	0.9996	0.9996	0.9996	0.9997
3.4	0.9997	0.9997	0.9997	0.9997	0.9997	0.9997	0.9997	0.9997	0.9997	0.9998

표 A.2   카이제곱분포표

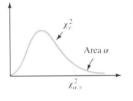

Degrees of freedom ν	α									
	0.995	0.99	0.975	0.95	0.90	0.10	0.05	0.025	0.01	0.005
1	0.000	0.000	0.001	0.004	0.016	2.706	3.841	5.024	6.635	7.879
2	0.010	0.020	0.051	0.103	0.211	4.605	5.991	7.378	9.210	10.597
3	0.072	0.115	0.216	0.352	0.584	6.251	7.815	9.348	11.345	12.838
4	0.207	0.297	0.484	0.711	1.064	7.779	9.488	11.143	13.277	14.860
5	0.412	0.554	0.831	1.145	1.610	9.236	11.071	12.833	15.086	16.750
6	0.676	0.872	1.237	1.635	2.204	10.645	12.592	14.449	16.812	18.548
7	0.989	1.239	1.690	2.167	2.833	12.017	14.067	16.013	18.475	20.278
8	1.344	1.646	2.180	2.733	3.490	13.362	15.507	17.535	20.090	21.955
9	1.735	2.088	2.700	3.325	4.168	14.684	16.919	19.023	21.666	23.589
10	2.156	2.558	3.247	3.940	4.865	15.987	18.307	20.483	23.209	25.188
11	2.603	3.053	3.816	4.575	5.578	17.275	19.675	21.920	24.725	26.757
12	3.074	3.571	4.404	5.226	6.304	18.549	21.026	23.337	26.217	28.299
13	3.565	4.107	5.009	5.892	7.042	19.812	22.362	24.736	27.688	29.819
14	4.075	4.660	5.629	6.571	7.790	21.064	23.685	26.119	29.141	31.319
15	4.601	5.229	6.262	7.261	8.547	22.307	24.996	27.488	30.578	32.801
16	5.142	5.812	6.908	7.962	9.312	23.542	26.296	28.845	32.000	34.267
17	5.697	6.408	7.564	8.672	10.085	24.769	27.587	30.191	33.409	35.718
18	6.265	7.015	8.231	9.390	10.865	25.989	28.869	31.526	34.805	37.156
19	6.844	7.633	8.907	10.117	11.651	27.204	30.144	32.852	36.191	38.582
20	7.434	8.260	9.591	10.851	12.443	28.412	31.410	34.170	37.566	39.997
21	8.034	8.897	10.283	11.591	13.240	29.615	32.671	35.479	38.932	41.401
22	8.643	9.542	10.982	12.338	14.042	30.813	33.924	36.781	40.289	42.796
23	9.260	10.196	11.689	13.091	14.848	32.007	35.172	38.076	41.638	44.181
24	9.886	10.856	12.401	13.848	15.659	33.196	36.415	39.364	42.980	45.559
25	10.520	11.524	13.120	14.611	16.473	34.382	37.652	40.646	44.314	46.928
26	11.160	12.198	13.844	15.379	17.292	35.563	38.885	41.923	45.642	48.290
27	11.808	12.879	14.573	16.151	18.114	36.741	40.113	43.194	46.963	49.645
28	12.461	13.565	15.308	16.928	18.939	37.916	41.337	44.461	48.278	50.993
29	13.121	14.257	16.017	17.708	19.768	39.087	42.557	45.722	49.588	52.336
30	13.787	14.954	16.791	18.493	20.599	40.256	43.773	46.979	50.892	53.672
40	20.707	22.164	24.433	26.509	29.051	51.805	55.758	59.342	63.691	66.766
50	27.991	29.707	32.357	34.764	37.689	63.167	67.505	71.420	76.154	79.490
60	35.534	37.485	40.482	43.188	46.459	74.397	79.082	83.298	88.379	91.952
70	43.275	45.442	48.758	51.739	55.329	85.527	90.531	95.023	100.425	104.215
80	51.172	53.540	57.153	60.391	64.278	96.578	101.879	106.629	112.329	116.321
90	59.196	61.754	65.647	69.126	73.291	107.565	113.145	118.136	124.116	128.299
100	67.328	70.065	74.222	77.929	82.358	118.498	124.342	129.561	135.807	140.169

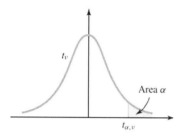

표 A.3   t-student 분포표

Degrees of freedom ν	α						
	0.10	0.05	0.025	0.01	0.005	0.001	0.0005
1	3.078	6.314	12.706	31.821	63.657	318.31	636.62
2	1.886	2.920	4.303	6.965	9.925	22.326	31.598
3	1.638	2.353	3.182	4.541	5.841	10.213	12.924
4	1.533	2.132	2.776	3.747	4.604	7.173	8.610
5	1.476	2.015	2.571	3.365	4.032	5.893	6.869
6	1.440	1.943	2.447	3.143	3.707	5.208	5.959
7	1.415	1.895	2.365	2.998	3.499	4.785	5.408
8	1.397	1.860	2.306	2.896	3.355	4.501	5.041
9	1.383	1.833	2.262	2.821	3.250	4.297	4.781
10	1.372	1.812	2.228	2.764	3.169	4.144	4.587
11	1.363	1.796	2.201	2.718	3.106	4.025	4.437
12	1.356	1.782	2.179	2.681	3.055	3.930	4.318
13	1.350	1.771	2.160	2.650	3.012	3.852	4.221
14	1.345	1.761	2.145	2.624	2.977	3.787	4.140
15	1.341	1.753	2.131	2.602	2.947	3.733	4.073
16	1.337	1.746	2.120	2.583	2.921	3.686	4.015
17	1.333	1.740	2.110	2.567	2.898	3.646	3.965
18	1.330	1.734	2.101	2.552	2.878	3.610	3.922
19	1.328	1.729	2.093	2.539	2.861	3.579	3.883
20	1.325	1.725	2.086	2.528	2.845	3.552	3.850
21	1.323	1.721	2.080	2.518	2.831	3.527	3.819
22	1.321	1.717	2.074	2.508	2.819	3.505	3.792
23	1.319	1.714	2.069	2.500	2.807	3.485	3.767
24	1.318	1.711	2.064	2.492	2.797	3.467	3.745
25	1.316	1.708	2.060	2.485	2.787	3.450	3.725
26	1.315	1.706	2.056	2.479	2.779	3.435	3.707
27	1.314	1.703	2.052	2.473	2.771	3.421	3.690
28	1.313	1.701	2.048	2.467	2.763	3.408	3.674
29	1.311	1.699	2.045	2.462	2.756	3.396	3.659
30	1.310	1.697	2.042	2.457	2.750	3.385	3.646
40	1.303	1.684	2.021	2.423	2.704	3.307	3.551
60	1.296	1.671	2.000	2.390	2.660	3.232	3.460
120	1.289	1.658	1.980	2.358	2.617	3.160	3.373
∞	1.282	1.645	1.960	2.326	2.576	3.090	3.291

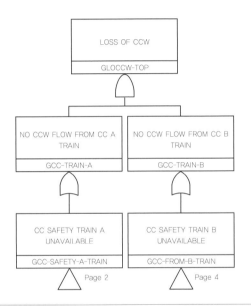

그림 B.1 일차측 기기냉각수계통 고장 수목

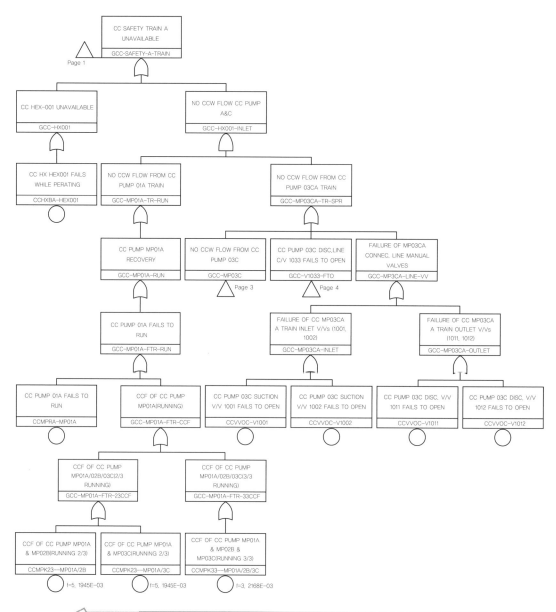

그림 B.2 일차측 기기냉각수계통 고장 수목

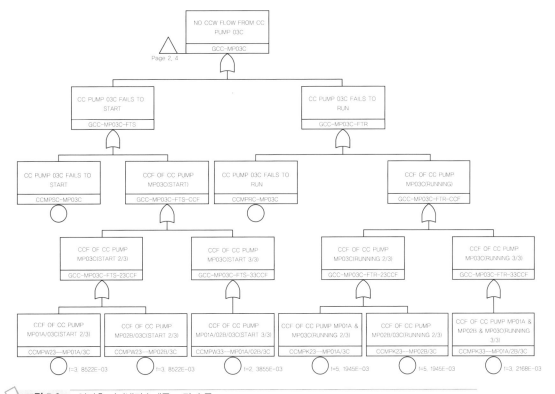

그림 B.3   일차측 기기냉각수계통 고장 수목

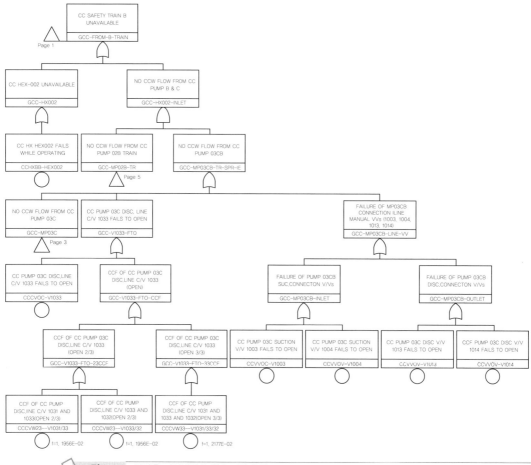

△ **그림 B.4** 일차측 기기냉각수계통 고장 수목

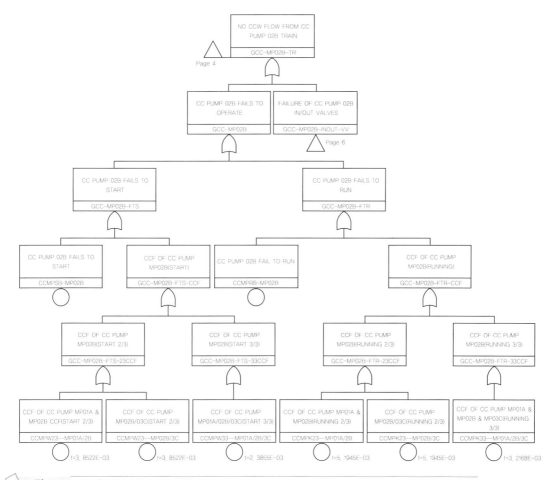

Page 4

Page 6

그림 B.5 일차측 기기냉각수계통 고장 수목

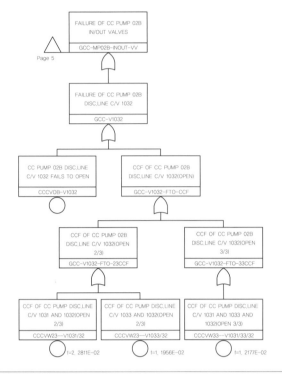

그림 B.6   일차측 기기냉각수계통 고장 수목

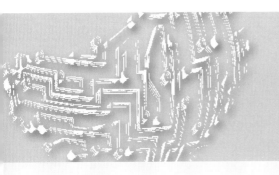

Index
찾아보기

ㅈ

ㅊ

저자 소개

제 무 성

서울대학교 원자핵공학과 학사, 석사
미국 UCLA 원자핵공학과 박사
현재 한양대학교 원자력공학과 교수